수 매씨ㅇ

MATHING

개념
연산

중학 수학

1·1

수매씽 개념연산
알차게 활용하기

반복 개념 정리와 집중 연산 훈련을 통해 기초를 다지는 개념 연산서

빠르고 정확한 연산 강화 학습 시스템으로 실수를 줄이는 개념 연산서

학교 시험 기출 문제 수록으로 내신 준비까지 알찬 개념 연산서

---

step 1

개념을 한눈에 쏙~!
개념 한바닥

❶ 개념을 학습하면서 생길 수 있는 궁금증을 해결할 수 있게 질문과 답변을 담았어요.

> 처음 배우는 개념에서는 정의와 약속을 꼭 확인해.

---

step 2

개념의 원리를 이해하기 쉽게!
VISUAL 개념연산

❷ 꼭 알아야 할 핵심 개념을 한 마디로 정리했어요.

❸ 자주 실수하는 부분을 미리 짚어 주었으니 실수하지 마세요.

❹ 문제 해결 과정을 따라가면서 문제 푸는 방법을 익힐 수 있게 했어요.

> 다양한 연산 문제를 풀다 보면 자연스럽게 연산 기본기가 올라갈 거야.

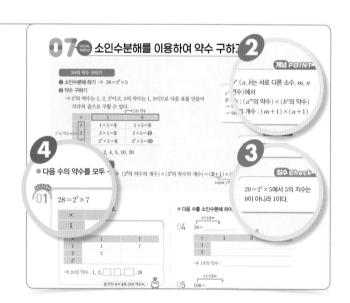

한눈에 쏙 개념 한바닥 | 중단원별로 핵심 개념을 한눈에 파악할 수 있습니다.
VISUAL 개념연산 | 도식화된 개념 설명을 통해 개념과 원리를 쉽게 이해할 수 있습니다.
10분 연산 TEST | 2회씩 제공되는 연산 TEST를 통해 계산 능력을 향상시킬 수 있습니다.
학교 시험 PREVIEW | 시험에 잘 나오는 실전 문제로 스스로 실력을 점검할 수 있습니다.

step 3

빠르고 정확하게 !
10분 연산 TEST

10분 연산 TEST로
내 실력을 확인해 보자.
빠르게! 정확하게!

step 4

실전 문제로 자신감 쑥쑥 !
학교 시험 PREVIEW

5 핵심 개념을 정확하게 이해하고 있는지 스스로 점검해 보세요.

6 틀리기 쉬운 문제들이니 실수하지 않도록 주의하여 풀어 보세요.

7 학교 시험에 잘 나오는 문제들을 선별하여 출제율을 표시했어요.

8 서술형 문제에 대비할 수 있게 채점 기준을 함께 제시했어요.

연산 문제가
학교 시험에 어떻게
나오는지 궁금하지?

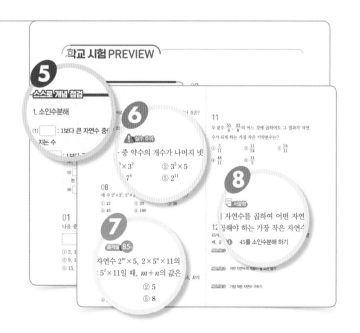

쉬운 개념 + 집중 연산 훈련
수매씽 개념연산

Contents

I

소인수분해

 소인수분해는 왜 배우나요?

자연수의 소인수분해를 배우고 나면
최대공약수, 최소공배수를 쉽게 구할 수 있어요.
그리고 소인수분해는 중학교 2, 3학년에서
수와 식의 계산을 배울 때도 이용돼요.

한눈에 쏙 개념 한바닥
소인수분해

Q. 자연수를 소수와 합성수만으로 구분할 수 있을까?

A. 자연수는 1, 소수, 합성수로 이루어져 있다.

01 소수와 합성수

(1) **소수** : 1보다 큰 자연수 중에서 1과 그 수 자신만을 약수로 가지는 수

　예 2, 3, 5, 7, …

(2) **합성수** : 1보다 큰 자연수 중에서 소수가 아닌 수

　예 4, 6, 8, 9, …

　참고 1은 소수도 아니고 합성수도 아니다.

02 소인수분해

(1) **거듭제곱** : 2^2, 2^3, 2^4, …과 같이 같은 수를 여러 번 곱할 때, 곱하는 수와 곱하는 횟수를 이용하여 간단히 나타낸 것

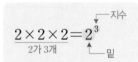

　① **밑** : 거듭하여 곱한 수

　② **지수** : 거듭하여 곱한 횟수

　참고 2^1은 간단히 2로 나타낸다.

(2) **인수** : 자연수 a, b, c에 대하여 $a=b \times c$일 때, b, c를 a의 인수라 한다.

(3) **소인수** : 어떤 자연수의 소수인 인수

　예 $10 = 1 \times 10 = 2 \times 5$ → 10의 인수 : 1, 2, 5, 10

　　　　　　　　　　　　　→ 10의 소인수 : 2, 5

Q. 60을 소인수분해 한 결과를 $60 = 3 \times 4 \times 5$로 나타내도 될까?

A. 4는 소수가 아니므로 소수들만의 곱으로 나타낼 수 있을 때까지 더 나누어 $60 = 2^2 \times 3 \times 5$로 나타내야 한다.

(4) **소인수분해** : 1보다 큰 자연수를 소인수들만의 곱으로 나타내는 것

　예 60을 소인수분해 하면 $60 = 2^2 \times 3 \times 5$

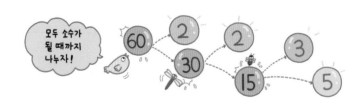

　참고 소인수분해 한 결과는 보통 크기가 작은 소인수부터 차례로 쓰고, 같은 소인수의 곱은 거듭제곱으로 나타낸다.

Q. 자연수 $A = a^l \times b^m \times c^n$ (a, b, c는 서로 다른 소수, l, m, n은 자연수)의 약수는 어떻게 구할까?

A. ① A의 약수 :
　(a^l의 약수)×(b^m의 약수)
　　　　　×(c^n의 약수)

② A의 약수의 개수 :
　$(l+1) \times (m+1)$
　　　　　$\times (n+1)$

(5) **소인수분해를 이용하여 약수 구하기**

　자연수 A가 $A = a^m \times b^n$ (a, b는 서로 다른 소수, m, n은 자연수)으로 소인수분해 될 때

　① A의 약수 : (a^m의 약수)×(b^n의 약수)

　② A의 약수의 개수 : $(m+1) \times (n+1)$

　예 $12 = 2^2 \times 3$이므로 오른쪽 표에서

　　① 12의 약수 : 1, 2, 3, 4, 6, 12

　　② 12의 약수의 개수 : $(2+1) \times (1+1) = 6$

×	1	2	2^2
1	$1 \times 1 = 1$	$1 \times 2 = 2$	$1 \times 2^2 = 4$
3	$3 \times 1 = 3$	$3 \times 2 = 6$	$3 \times 2^2 = 12$

03 최대공약수

(1) **최대공약수**

　① 공약수 : 두 개 이상의 자연수의 공통인 약수

　② 최대공약수 : 공약수 중에서 가장 큰 수

　예 6의 약수 : 1, 2, 3, 6 ⎤
　　　8의 약수 : 1, 2, 4, 8 ⎦ → 공약수 : 1, 2 → 최대공약수 : 2

　③ 최대공약수의 성질 : 두 개 이상의 자연수의 공약수는 그 수들의 최대공약수의 약수이다.

(2) **서로소** : 최대공약수가 1인 두 자연수

　예 2와 3의 최대공약수는 1이므로 2와 3은 서로소이다.

(3) **소인수분해를 이용하여 최대공약수 구하기**

　❶ 두 수를 각각 소인수분해 한다.

　❷ 공통인 소인수를 모두 곱한다.

　　예
$$12 = 2^2 \times 3$$
$$\underline{30 = 2 \ \times 3 \times 5}$$
$$2 \ \times 3 \quad = 6$$

　　이때 공통인 소인수의 거듭제곱에서 지수가 같으면 그대로,

　　지수가 다르면 지수가 작은 것을 택하여 곱한다.

　참고 세 수 이상의 최대공약수를 구할 때도 두 수의 최대공약수를 구할 때와 같은 방법으로 한다.

04 최소공배수

(1) **최소공배수**

　① 공배수 : 두 개 이상의 자연수의 공통인 배수

　② 최소공배수 : 공배수 중에서 가장 작은 수

　예 6의 배수 : 6, 12, 18, 24, 30, 36, 42, 48, … ⎤
　　　8의 배수 : 8, 16, 24, 32, 40, 48, … ⎦ → 공배수 : 24, 48, … → 최소공배수 : 24

　③ 최소공배수의 성질 : 두 개 이상의 자연수의 공배수는 그 수들의 최소공배수의 배수이다.

(2) **소인수분해를 이용하여 최소공배수 구하기**

　❶ 두 수를 각각 소인수분해 한다.

　❷ 공통인 소인수와 공통이 아닌 소인수를 모두 곱한다.

　　예
$$12 = 2^2 \times 3$$
$$\underline{30 = 2 \ \times 3 \times 5}$$
$$2^2 \times 3 \times 5 = 60$$

　　이때 공통인 소인수의 거듭제곱에서 지수가 같으면 그대로,

　　지수가 다르면 지수가 큰 것을 택하여 곱한다.

　참고 세 수 이상의 최소공배수를 구할 때도 두 수의 최소공배수를 구할 때와 같은 방법으로 한다.

05 최대공약수와 최소공배수의 관계

두 자연수 A, B의 최대공약수를 G, 최소공배수를 L이라 할 때,

$A = G \times a$, $B = G \times b$ (a, b는 서로소)이면 다음이 성립한다.

(1) $L = G \times a \times b$　　　　　　(2) $A \times B = G \times L$

$$G \underline{) A \ \ B}$$
$$\quad a \ \ b$$
서로소

Q. 최소공약수도 구할 수 있을까?

A. 공약수 중 가장 작은 수는 항상 1이므로 최소공약수는 생각하지 않는다.

Q. 서로 다른 두 소수는 항상 서로소일까?

A. 서로 다른 두 소수의 최대공약수는 1이므로 항상 서로소이다.

Q. 최대공배수도 구할 수 있을까?

A. 공배수 중 가장 큰 수는 알 수 없으므로 최대공배수는 생각하지 않는다.

Q. 두 수의 곱과 최대공약수와 최소공배수의 관계는?

A. 두 수의 곱은 두 수의 최대공약수와 최소공배수의 곱과 같다.

01 VISUAL 개념연산 약수와 배수 [초등] 5학년

 정답 및 풀이 17쪽

약수 ── 어떤 수를 나누어떨어지게 하는 수	
$6 \div 1 = 6$	$6 \div 4 = 1 \cdots 2$
$6 \div 2 = 3$	$6 \div 5 = 1 \cdots 1$
$6 \div 3 = 2$	$6 \div 6 = 1$

→ 6의 약수는 1, 2, 3, 6

배수 ── 어떤 수를 1배, 2배, 3배, … 한 수	
$3 \times 1 = 3$	$3 \times 4 = 12$
$3 \times 2 = 6$	$3 \times 5 = 15$
$3 \times 3 = 9$	⋮

→ 3의 배수는 3, 6, 9, 12, 15, …

참고 모든 수의 약수에는 1과 자기 자신이 포함되고, 모든 수의 배수에는 자기 자신이 포함된다.

✿ 다음 수의 약수를 모두 구하시오.

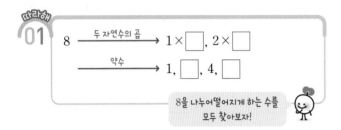

01 8 두 자연수의 곱 → $1 \times \square$, $2 \times \square$
        약수 → 1, $\square$, 4, $\square$

8을 나누어떨어지게 하는 수를 모두 찾아보자!

02 7 _____

03 10 _____

04 16 _____

16=4×4에서 16의 약수로 4는 한 번만 써!

05 28 _____

✿ 30 이하의 자연수 중 다음 수의 배수를 모두 구하시오.

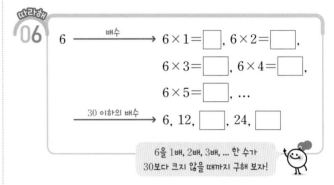

06 6 배수 → $6 \times 1 = \square$, $6 \times 2 = \square$,
             $6 \times 3 = \square$, $6 \times 4 = \square$,
             $6 \times 5 = \square$, …
        30 이하의 배수 → 6, 12, $\square$, 24, $\square$

6을 1배, 2배, 3배, … 한 수가 30보다 크지 않을 때까지 구해 보자!

07 4 _____

08 9 _____

09 11 _____

10 15 _____

02 VISUAL 개념연산 소수와 합성수

↪ 정답 및 풀이 17쪽

(1) **소수** : 1보다 큰 자연수 중에서 1과 그 수 자신만을 약수로 가지는 수
(2) **합성수** : 1보다 큰 자연수 중에서 소수가 아닌 수

$$3 \xrightarrow[\text{구하면}]{\text{약수를}} 1, 3 \xrightarrow[\text{2개}]{\text{약수가}} \boxed{\text{소수}}$$

$$6 \xrightarrow[\text{구하면}]{\text{약수를}} 1, 2, 3, 6 \xrightarrow[\text{3개 이상}]{\text{약수가}} \boxed{\text{합성수}}$$

1은 소수도 아니고 합성수도 아니야.

개념 POINT

약수의 개수에 따른 자연수의 분류

자연수 ┌ 1 → 약수가 1개
　　　　├ 소수 → 약수가 2개
　　　　└ 합성수 → 약수가 3개 이상

❋ 다음 수의 약수를 모두 구하고, 그 수가 소수인지 합성수 인지 알맞은 것에 ○표를 하시오.

따라하기

01 　5 → 약수 : _____ → (소수, 합성수)

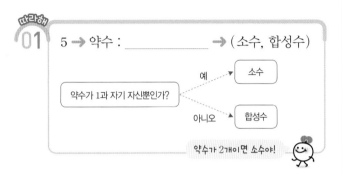

약수가 1과 자기 자신뿐인가? --- 예 → 소수
　　　　　　　　　　　　　　　 아니오 → 합성수

약수가 2개이면 소수야!

02 　12 → 약수 : _____ → (소수, 합성수)

03 　17 → 약수 : _____ → (소수, 합성수)

04 　25 → 약수 : _____ → (소수, 합성수)

❋ 다음 수 중 소수인 것에는 '소', 합성수인 것에는 '합'을 써 넣으시오.

05 　13　　　　　　　　　　　（　　　）

06 　22　　　　　　　　　　　（　　　）

07 　31　　　　　　　　　　　（　　　）

08 　49　　　　　　　　　　　（　　　）

---

09 다음은 '에라토스테네스의 체'라 불리는 소수를 찾는 방법이다. 이를 이용하여 1부터 50까지의 자연수 중 소수를 모두 구하시오.

❶ 1은 소수가 아니므로 지운다.
❷ 소수 2는 ○를, 2의 배수는 모두 지운다.
❸ 소수 3은 ○를, 3의 배수는 모두 지운다.
❹ 이와 같은 방법으로 남은 수 중 가장 작은 수 에 ○를, 그 수의 배수는 모두 지우는 작업을 반복한다.

1	2	3	4	5	6	7	8	9	10
11	12	13	14	15	16	17	18	19	20
21	22	23	24	25	26	27	28	29	30
31	32	33	34	35	36	37	38	39	40
41	42	43	44	45	46	47	48	49	50

소수 : _____

❋ 다음 중 옳은 것에는 ○표, 옳지 않은 것에는 ×표를 하시오.

10 가장 작은 소수는 1이다.　　　　　（　　　）

11 소수의 약수의 개수는 2이다.　　　（　　　）

12 짝수는 모두 합성수이다.　　　　　（　　　）

13 모든 자연수는 소수이거나 합성수이다. （　　　）

VISUAL 개념연산 거듭제곱으로 나타내기 (1)

정답 및 풀이 17쪽

2^2, 2^3, 2^4, ...을 통틀어 2의 **거듭제곱**이라 하고, 곱하는 수 2를 거듭제곱의 **밑**, 곱하는 횟수를 나타낸 수 2, 3, 4, ... 를 거듭제곱의 **지수**라 한다.

$$\underset{2개}{2 \times 2} = 2^2 \qquad \underset{3개}{2 \times 2 \times 2} = 2^3 \qquad \underset{n개}{2 \times 2 \times \cdots \times 2} = 2^n \ {\leftarrow \text{지수} \atop \leftarrow \text{밑}}$$

참고 읽는 방법 : 2^2 ➡ 2의 제곱, 2^3 ➡ 2의 세제곱, 2^n ➡ 2의 엔제곱

❋ 다음 수의 밑과 지수를 각각 쓰시오.

01 2^4 밑 : _____ , 지수 : _____

02 3 밑 : _____ , 지수 : _____

지수 1은 생략해.
즉, $3^1 = 3$

03 5^2 밑 : _____ , 지수 : _____

04 x^3 밑 : _____ , 지수 : _____

05 6^a 밑 : _____ , 지수 : _____

❋ 다음을 거듭제곱을 이용하여 나타내시오.

따라해 06
$$3 \times 3 \times 3 \times 3 = 3^{\square}$$
$$\underset{\square 개}{\underbrace{}}$$

곱하는 수인 밑을 아래에,
곱하는 횟수인 지수를 그 위에 써!

07 $5 \times 5 \times 5$ _____

08 $7 \times 7 \times 7 \times 7$ _____

09 $2 \times 2 \times 2 \times 2 \times 2 \times 2$ _____

10 $11 \times 11 \times 11 \times 11 \times 11$ _____

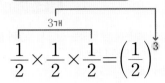
거듭제곱으로 나타내기 (2)

➜ 정답 및 풀이 17쪽

분수 꼴로 주어질 때

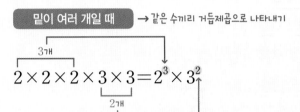

$$\frac{1}{2} \times \frac{1}{2} \times \frac{1}{2} = \left(\frac{1}{2}\right)^3$$

$$\frac{1}{2 \times 2 \times 2} = \frac{1}{2^3}$$

밑이 여러 개일 때 → 같은 수끼리 거듭제곱으로 나타내기

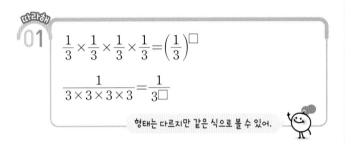

$$2 \times 2 \times 2 \times 3 \times 3 = 2^3 \times 3^2$$

개념 POINT

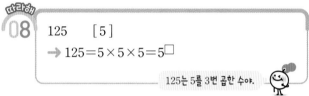

$$2 \times 2 \times \cdots \times 2 \times 3 \times 3 \times \cdots \times 3$$
$$= 2^n \times 3^m$$
➜ 밑이 다르므로 더 이상 간단히 나타낼 수 없다.

✿ **다음을 거듭제곱을 이용하여 나타내시오.**

따라해
01
$$\frac{1}{3} \times \frac{1}{3} \times \frac{1}{3} \times \frac{1}{3} = \left(\frac{1}{3}\right)^{\square}$$

$$\frac{1}{3 \times 3 \times 3 \times 3} = \frac{1}{3^{\square}}$$

형태는 다르지만 같은 식으로 볼 수 있어.

02 $\dfrac{1}{7} \times \dfrac{1}{7} \times \dfrac{1}{7}$ _____

03 $\dfrac{1}{5 \times 5 \times 5 \times 5}$ _____

04 $\dfrac{1}{3 \times 3 \times 7 \times 7 \times 7 \times 7}$ _____

05 $2 \times 2 \times 2 \times 5 \times 5 \times 5$ _____

06 $\dfrac{1}{3} \times \dfrac{1}{3} \times \dfrac{2}{11} \times \dfrac{2}{11} \times \dfrac{2}{11}$ _____

07 $\dfrac{1}{5 \times 5 \times 7 \times 7}$ _____

✿ **다음 수를 [ ] 안의 수의 거듭제곱으로 나타내시오.**

따라해
08
125   [5]
➜ $125 = 5 \times 5 \times 5 = 5^{\square}$

125는 5를 3번 곱한 수야.

09 16   [2] _____

10 100000   [10] _____

11 $\dfrac{1}{27}$ $\left[\dfrac{1}{3} \right]$ _____

12 $\dfrac{4}{49}$ $\left[\dfrac{2}{7} \right]$ _____

05 VISUAL 개념연산 소인수분해 하기

정답 및 풀이 17쪽

(1) **소인수** : 어떤 자연수의 소수인 인수
(2) **소인수분해** : 1보다 큰 자연수를 소인수들만의 곱으로 나타내는 것
(3) **소인수분해 하는 방법**
    12를 다음과 같은 방법으로 소인수분해 해 보자.

실수 Check

소인수분해 한 결과는 반드시 소인수들만의 곱으로 나타낸다.
→ $12 = 4 \times 3$ (×)
         └─ 소인수가 아니다.
$12 = 2^2 \times 3$ (○)

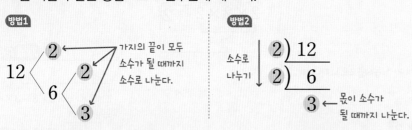

방법1

$$12 \Big\langle \begin{array}{c} 2 \\ 6 \end{array} \Big\langle \begin{array}{c} 2 \\ 3 \end{array}$$

가지의 끝이 모두 소수가 될 때까지 소수로 나눈다.

방법2

소수로 나누기 ↓
$$\begin{array}{r} 2\,) \underline{\,12\,} \\ 2\,) \underline{\,6\,} \\ 3 \end{array}$$
몫이 소수가 될 때까지 나눈다.

→ 소인수분해 한 결과 : $12 = 2 \times 2 \times 3 = \underline{2^2} \times 3$
   같은 소인수의 곱은 거듭제곱으로! ┘

크기가 작은 소인수부터 순서대로 써!

✿ **다음 수를 소인수분해 하시오.**

따라해 01

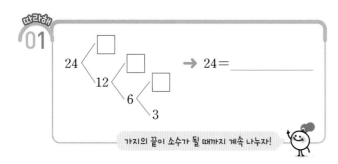

→ 24 = _____

가지의 끝이 소수가 될 때까지 계속 나누자!

02 $36 \Big\langle$ → 36 = _____

03 $75 \Big\langle$ → 75 = _____

04 $84 \Big\langle$ → 84 = _____

✿ **다음 수를 소인수분해 하시오.**

따라해 05

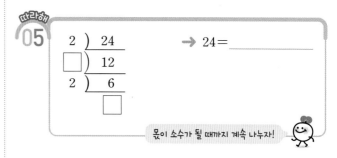

→ 24 = _____

몫이 소수가 될 때까지 계속 나누자!

06 $\,) \underline{\,28\,}$ → 28 = _____

07 $\,) \underline{\,90\,}$ → 90 = _____

08 $\,) \underline{\,108\,}$ → 108 = _____

❋ 다음 수를 소인수분해 하시오.

09 18   → 18 = _____

10 20   → 20 = _____

11 42   → 42 = _____

12 60   → 60 = _____

13 105   → 105 = _____

14 180   → 180 = _____

❋ 다음 수를 소인수분해 하고, 소인수를 모두 구하시오.

15

```
 3 ) 27
 □ ) □
     □
```

❶ 소인수분해 하면 27 = □³

❷ 소인수는 □

16 16   ❶ 소인수분해 하면 _____

          ❷ 소인수는 _____

17 45   ❶ 소인수분해 하면 _____

          ❷ 소인수는 _____

소인수분해 한 결과에서
각 거듭제곱의 밑이 소인수야!

18 78   ❶ 소인수분해 하면 _____

          ❷ 소인수는 _____

19 135   ❶ 소인수분해 하면 _____

          ❷ 소인수는 _____

20 150   ❶ 소인수분해 하면 _____

          ❷ 소인수는 _____

모든 소인수들의 지수가 짝수

72에 자연수를 곱하거나 72를 자연수로 나누어 어떤 자연수의 제곱이 되도록 만들어 보자.

방법1 자연수를 곱하기

지수가 홀수

$72 = 2^3 \times 3^2$이고 2의 지수가 짝수가 되어야 하므로

$72 \times 2 = 2^3 \times 3^2 \times 2$ ← 2를 곱한다.

짝수

$= 2^4 \times 3^2 = 144 = 12^2$

→ 곱할 수 있는 가장 작은 자연수는 2이다.

방법2 자연수로 나누기

지수가 홀수

$72 = 2^3 \times 3^2$이고 2의 지수가 짝수가 되어야 하므로

$72 \div 2 = 2^3 \times 3^2 \div 2$ ← 2로 나눈다.

짝수

$= 2^2 \times 3^2 = 36 = 6^2$

→ 나눌 수 있는 가장 작은 자연수는 2이다.

✱ 다음 수에 자연수를 곱하여 어떤 자연수의 제곱이 되도록 할 때, 곱해야 하는 가장 작은 자연수를 구하시오.

01 20

❶ 20을 소인수분해 하면 $20 = 2^2 \times$ □

❷ 모든 소인수의 지수가 짝수가 되어야 하므로 곱해야 하는 가장 작은 자연수는 □이다.

지수가 홀수인 소인수는 5야.

02 28

❶ 소인수분해 하면 _____

❷ 곱해야 하는 수는 _____

03 40

❶ 소인수분해 하면 _____

❷ 곱해야 하는 수는 _____

04 84

❶ 소인수분해 하면 _____

❷ 곱해야 하는 수는 _____

✱ 다음 수를 자연수로 나누어 어떤 자연수의 제곱이 되도록 할 때, 나누어야 하는 가장 작은 자연수를 구하시오.

05 24

❶ 24를 소인수분해 하면 $24 = 2^3 \times$ □

❷ 모든 소인수의 지수가 짝수가 되어야 하므로 나누어야 하는 가장 작은 자연수는

$2 \times$ □ $=$ □

지수가 홀수인 소인수는 2와 3이야.

06 48

❶ 소인수분해 하면 _____

❷ 나누어야 하는 수는 _____

07 98

❶ 소인수분해 하면 _____

❷ 나누어야 하는 수는 _____

08 126

❶ 소인수분해 하면 _____

❷ 나누어야 하는 수는 _____

소인수분해를 이용하여 약수 구하기

 정답 및 풀이 18쪽

20의 약수 구하기

❶ 소인수분해 하기 → $20 = 2^2 \times 5$

❷ 약수 구하기

→ 2^2의 약수는 1, 2, 2^2이고, 5의 약수는 1, 5이므로 다음 표를 만들어 각각의 곱으로 구할 수 있다.

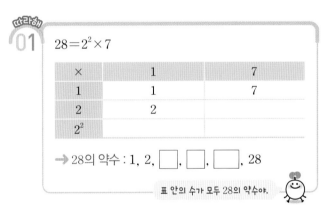

×	1	5
1	$1 \times 1 = 1$	$1 \times 5 = 5$
2	$2 \times 1 = 2$	$2 \times 5 = 10$
2^2	$2^2 \times 1 = 4$	$2^2 \times 5 = 20$

→ 20의 약수는 1, 2, 4, 5, 10, 20

20의 약수의 개수 구하기

$20 = 2^2 \times 5$의 약수의 개수 → (2^2의 약수의 개수) × (5^1의 약수의 개수) = (2+1) × (1+1) = 6

지수에 1씩 더하기

개념 POINT

$a^m \times b^n$ (a, b는 서로 다른 소수, m, n은 자연수)에서

→ 약수 : (a^m의 약수) × (b^n의 약수)

→ 약수의 개수 : $(m+1) \times (n+1)$

실수 Check

$20 = 2^2 \times 5$에서 5의 지수는 0이 아니라 1이다.

✿ 다음 수의 약수를 모두 구하시오.

따라해 01 $28 = 2^2 \times 7$

×	1	7
1	1	7
2	2	
2^2		

→ 28의 약수 : 1, 2, ☐, ☐, ☐, 28

표 안의 수가 모두 28의 약수야.

02 $36 = 2^2 \times 3^2$

×	1	3	3^2
1			
2			
2^2			

→ 36의 약수 :

03 $54 = 2 \times 3^3$

×	1	3	3^2	3^3
1				
2				

→ 54의 약수 :

✿ 다음 수를 소인수분해 하여 약수를 모두 구하시오.

04 소인수분해
$18 = $ _____

×	1	3	
1			
2			

→ 18의 약수 :

05 소인수분해
$108 = $ _____

×	1	
1		
2		

→ 108의 약수 :

06 소인수분해
$135 = $ _____

×	1	5
1		

→ 135의 약수 :

✿ 다음 수의 약수의 개수를 구하시오.

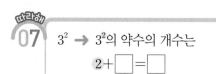
07 3^2 ➡ 3^2의 약수의 개수는

$2 + \boxed{} = \boxed{}$

소인수의 지수에 1을 더해.

08 2^3 _____

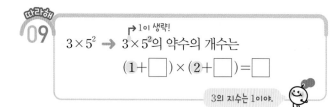
09 3×5^2 ➡ 3×5^2의 약수의 개수는
↗ 1이 생략!

$(1 + \boxed{}) \times (2 + \boxed{}) = \boxed{}$

3의 지수는 1이야.

10 7×11^3 _____

11 $2^2 \times 5^3$ _____

$a^l \times b^m \times c^n$ (a, b, c는 서로 다른 소수, l, m, n은 자연수)
의 약수의 개수는 $(l+1) \times (m+1) \times (n+1)$

12 $2 \times 3^2 \times 7$ _____

✿ 소인수분해를 이용하여 다음 수의 약수의 개수를 구하시오.

13 24

❶ 소인수분해 하면 $24 = 2^{\boxed{}} \times \boxed{}$

❷ 약수의 개수는

$(\boxed{} + 1) \times (\boxed{} + 1) = \boxed{}$

14 55

❶ 소인수분해 하면 _____

❷ 약수의 개수는 _____

15 75

❶ 소인수분해 하면 _____

❷ 약수의 개수는 _____

16 100

❶ 소인수분해 하면 _____

❷ 약수의 개수는 _____

17 144

❶ 소인수분해 하면 _____

❷ 약수의 개수는 _____

18 315

❶ 소인수분해 하면 _____

❷ 약수의 개수는 _____

10분 연산 TEST 1회

01 다음 수 중 소수를 모두 골라 ○표를 하시오.

> 1, 2, 7, 18, 19, 27, 29, 35

02 다음 수 중 합성수를 모두 골라 ○표를 하시오.

> 2, 13, 21, 26, 31, 37, 43, 51

[03~04] 다음을 거듭제곱을 이용하여 나타내시오.

03 $5 \times 5 \times 5 \times 5 \times 11 \times 11$

04 $\dfrac{1}{3 \times 3 \times 7 \times 7 \times 7}$

[05~06] 다음 수를 [　] 안의 수의 거듭제곱으로 나타내시오.

05 27 　　[3]

06 $\dfrac{1}{16}$ 　　$\left[\dfrac{1}{2} \right]$

[07~09] 다음 수를 소인수분해 하고, 소인수를 모두 구하시오.

07 30

08 68

09 189

10 48에 자연수를 곱하여 어떤 자연수의 제곱이 되도록 할 때, 곱해야 하는 가장 작은 자연수를 구하시오.

11 225의 약수를 모두 구하시오.

❶ 225를 소인수분해 하면 _____

❷ 표를 만들면

×	1	
1		
3		

❸ 225의 약수는 _____

[12~14] 다음 수의 약수의 개수를 구하시오.

12 5^5

13 $2^4 \times 7^2$

14 $5^3 \times 11^3$

[15~16] 소인수분해를 이용하여 다음 수의 약수의 개수를 구하시오.

15 125

16 162

맞힌 개수 　개 / 16개

10분 연산 TEST 2회

맞힌 개수 ___개／16개

01 다음 수 중 소수를 모두 골라 ○표를 하시오.

> 1, 3, 11, 15, 21, 27, 41, 47

02 다음 수 중 합성수를 모두 골라 ○표를 하시오.

> 2, 4, 17, 20, 23, 25, 53, 57

[03~04] 다음을 거듭제곱을 이용하여 나타내시오.

03 $3 \times 3 \times 3 \times 11 \times 11$

04 $\dfrac{1}{2 \times 2 \times 2 \times 5 \times 5 \times 5}$

[05~06] 다음 수를 [ ] 안의 수의 거듭제곱으로 나타내시오.

05 32　　[2]

06 $\dfrac{27}{125}$　　$\left[\dfrac{3}{5} \right]$

[07~09] 다음 수를 소인수분해 하고, 소인수를 모두 구하시오.

07 50

08 99

09 126

10 80을 자연수로 나누어 어떤 자연수의 제곱이 되도록 할 때, 나누어야 하는 가장 작은 자연수를 구하시오.

11 63의 약수를 모두 구하시오.

❶ 63을 소인수분해 하면 _____

❷ 표를 만들면

×		1	
1			
3			

❸ 63의 약수는 _____

[12~14] 다음 수의 약수의 개수를 구하시오.

12 $3^4 \times 5$

13 $2^3 \times 3^2$

14 $3^2 \times 11^4$

[15~16] 소인수분해를 이용하여 다음 수의 약수의 개수를 구하시오.

15 216

16 500

(1) **공약수** : 두 개 이상의 자연수의 공통인 약수

(2) **최대공약수** : 공약수 중에서 가장 큰 수

| 8의 약수 : 1, 2, 4, 8 | → | 8과 12의 공약수 | → | 8과 12의 최대공약수 |
| 12의 약수 : 1, 2, 3, 4, 6, 12 | | 1, 2, 4 | | 4 |

1, 2, 4는 4의 약수

개념POINT

두 개 이상의 자연수의 공약수
→ 최대공약수의 약수

참고 공약수 중 가장 작은 수는 1이므로 최소공약수는 생각하지 않는다.

(3) **서로소** : 최대공약수가 1인 두 자연수

| 5와 7 | → | 최대공약수는 1 | → | 서로소이다. |

1은 모든 자연수와 서로소야.

❋ 다음 수들의 약수를 구하여 그 수들의 공약수와 최대공약수를 각각 구하시오.

따라해
01 15, 20

❶ 15의 약수 : 1, 3, ☐, ☐

❷ 20의 약수 : _____

❸ 15와 20의 공약수 : _____

❹ 15와 20의 최대공약수 : _____

두 수의 공약수는 두 수의 공통인 약수!
두 수의 최대공약수는 공약수 중 가장 큰 수!

02 18, 24

❶ 18의 약수 : _____

❷ 24의 약수 : _____

❸ 18과 24의 공약수 : _____

❹ 18과 24의 최대공약수 : _____

03 16, 32, 40

❶ 16의 약수 : _____

❷ 32의 약수 : _____

❸ 40의 약수 : _____

❹ 16, 32, 40의 공약수 : _____

❺ 16, 32, 40의 최대공약수 : _____

❋ 어떤 두 자연수의 최대공약수가 다음과 같을 때, 이 두 자연수의 공약수를 모두 구하시오.

04 16 _____

최대공약수가 16인 두 자연수의
공약수는 16의 약수와 같아.

05 22 _____

❋ 다음 두 수의 최대공약수를 구하고, 두 수가 서로소인 것에는 ○표, 서로소가 아닌 것에는 ×표를 하시오.

따라해
06 6, 13

→ 6의 약수 : 1, 2, 3, 6

13의 약수 : 1, ☐

→ 최대공약수 : _____ → (☐)

두 수의 최대공약수가 1이면 두 수는 서로소야!

07 10, 14

→ 최대공약수 : _____ → (☐)

08 21, 26

→ 최대공약수 : _____ → (☐)

# 소인수분해를 이용하여 최대공약수 구하기
➜ 정답 및 풀이 20쪽

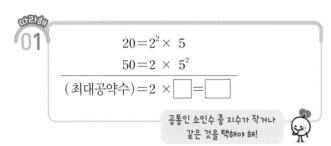

❶ 두 수를 각각 소인수분해 한다.
❷ 공통인 소인수를 모두 곱한다.

개념 POINT

공통인 소인수의 지수
_{같으면} → 그대로 곱한다.
_{다르면} → 작은 것을 택하여 곱한다.

✿ **다음 수들의 최대공약수를 소인수분해를 이용하여 구하시오.**

01

$$20 = 2^2 \times 5$$
$$50 = 2 \times 5^2$$
$$(\text{최대공약수}) = 2 \times \boxed{} = \boxed{}$$

공통인 소인수 중 지수가 작거나 같은 것을 택해야 해!

02

$$42 = 2 \times 3 \times 7$$
$$54 = 2 \times 3^3$$
$$(\text{최대공약수}) =$$

03

$$56 = 2^3 \quad \times 7$$
$$70 = 2 \times 5 \times 7$$
$$98 = 2 \quad \times 7^2$$
$$(\text{최대공약수}) =$$

세 수의 공통인 소인수만을 곱하도록 해!

04

$$30 = 2 \times 3 \times 5$$
$$45 = \quad 3^2 \times 5$$
$$84 = 2^2 \times 3 \quad \times 7$$
$$(\text{최대공약수}) =$$

✿ **다음 수들을 소인수분해 하고, 그 최대공약수를 구하시오.**

05

$$24 = 2^3 \times \boxed{}$$
$$36 = 2^2 \times \boxed{}$$
$$(\text{최대공약수}) = \boxed{} \times \boxed{} = \boxed{}$$

공통인 소인수의 지수를 비교해 봐.

06

$$63 =$$
$$72 =$$
$$(\text{최대공약수}) =$$

07

$$126 =$$
$$180 =$$
$$(\text{최대공약수}) =$$

08

$$42 =$$
$$56 =$$
$$84 =$$
$$(\text{최대공약수}) =$$

09

$$60 =$$
$$96 =$$
$$144 =$$
$$(\text{최대공약수}) =$$

✱ 다음 수들의 최대공약수를 소인수의 곱으로 나타내시오.

10 $2^2 \times 3,\ 2 \times 3^3$ _____

11 $3 \times 5^2 \times 7,\ 3^2 \times 5 \times 11$ _____

12 $2^2 \times 3^3 \times 7,\ 2 \times 3^2 \times 7^2$ _____

13 $2^2 \times 5^2,\ 2^3 \times 3^2,\ 2^2 \times 3 \times 5^3$ _____

14 $2^3 \times 3 \times 5^2,\ 2^5 \times 5^3,\ 2^4 \times 3^2 \times 5^2$ _____

15 $3^3 \times 5^2,\ 2^3 \times 3^2 \times 7^2,\ 3^2 \times 5 \times 7^3$ _____

✱ 다음 수들의 최대공약수를 구하시오.

16 18, 30 _____

17 36, 84 _____

18 54, 81 _____

19 16, 28, 44 _____

20 32, 40, 56 _____

21 24, 60, 72 _____

10 VISUAL 개념연산 공배수와 최소공배수

정답 및 풀이 21쪽

(1) **공배수** : 두 개 이상의 자연수의 공통인 배수
(2) **최소공배수** : 공배수 중에서 가장 작은 수

4의 배수 : 4, 8, 12, 16, 20, 24, ...	4와 6의 공배수	4와 6의 최소공배수
6의 배수 : 6, 12, 18, 24, 30, ...	12, 24, ...	12

12, 24, ...는 12의 배수

개념 POINT

두 개 이상의 자연수의 공배수
→ 최소공배수의 배수

참고 (1) 공배수 중 가장 큰 수는 알 수 없으므로 최대공배수는 생각하지 않는다.
(2) 서로소인 두 자연수의 최소공배수는 두 자연수를 곱한 수이다.

❋ **다음 수들의 배수를 구하여 그 수들의 공배수와 최소공배수를 각각 구하시오.**

따라해 01 6, 9

❶ 6의 배수 : 6, 12, 18, ☐, ☐, ☐, ...

❷ 9의 배수 :

❸ 6과 9의 공배수 :

❹ 6과 9의 최소공배수 :

> 두 수의 공배수는 두 수의 공통인 배수!
> 두 수의 최소공배수는 공배수 중 가장 작은 수!

02 8, 12

❶ 8의 배수 :

❷ 12의 배수 :

❸ 8과 12의 공배수 :

❹ 8과 12의 최소공배수 :

03 10, 15, 20

❶ 10의 배수 :

❷ 15의 배수 :

❸ 20의 배수 :

❹ 10, 15, 20의 공배수 :

❺ 10, 15, 20의 최소공배수 :

❋ **100 이하의 자연수 중에서 다음 두 자연수의 공배수의 개수를 구하시오.**

따라해 04 2, 3

❶ 2와 3의 최소공배수 → ☐

❷ 2와 3의 공배수 → 두 수의 최소공배수인 ☐의 배수

❸ 따라서 100 이하의 공배수의 개수는 $100 \div 6 = 16 \cdots 4$에서 ☐이다.

> 두 수의 공배수는 두 수의 최소공배수의 배수야!

05 4, 6

06 6, 8

07 12, 18

11 소인수분해를 이용하여 최소공배수 구하기

→ 정답 및 풀이 21쪽

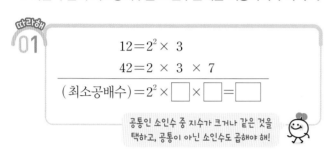

❶ 소인수분해 하기
$24=2^3 \times 3$
$30=2 \times 3 \times 5$ → 공통이 아닌 소인수도 곱하기!
❷ 소인수 모두 곱하기
(최소공배수)$=2^3 \times 3 \times 5=120$
지수가 다르면 지수가 같으면
큰 것 그대로

❶ 두 수를 각각 소인수 분해 한다.
❷ 공통인 소인수와 공통 이 아닌 소인수를 모두 곱한다.

개념 POINT

공통인 소인수의 지수
같으면 → 그대로 곱한다.
다르면 → 큰 것을 택하여 곱한다.

✳ 다음 수들의 최소공배수를 소인수분해를 이용하여 구하시오.

01
$12=2^2 \times 3$
$42=2 \times 3 \times 7$
───────────────
(최소공배수)$=2^2 \times \boxed{} \times \boxed{} = \boxed{}$

공통인 소인수 중 지수가 크거나 같은 것을 택하고, 공통이 아닌 소인수도 곱해야 해!

02
$28=2^2 \quad \times 7$
$40=2^3 \times 5$
───────────────
(최소공배수)$=$

03
$30=2 \times 3 \times 5$
$54=2 \times 3^3$
$90=2 \times 3^2 \times 5$
───────────────
(최소공배수)$=$

세 수의 공통이 아닌 소인수도 모두 곱해!

04
$18=2 \times 3^2$
$28=2^2 \quad \times 7$
$56=2^3 \quad \times 7$
───────────────
(최소공배수)$=$

✳ 다음 수들을 소인수분해 하고, 그 최소공배수를 구하시오.

05
$15= \quad 3 \times \boxed{}$
$60=2^2 \times 3 \times \boxed{}$
───────────────
(최소공배수)$=2^2 \times \boxed{} \times \boxed{} = \boxed{}$

공통인 소인수의 지수를 비교해 봐.

06
$24=$
$36=$
───────────────
(최소공배수)$=$

07
$63=$
$84=$
───────────────
(최소공배수)$=$

08
$18=$
$20=$
$30=$
───────────────
(최소공배수)$=$

09
$21=$
$35=$
$70=$
───────────────
(최소공배수)$=$

❀ 다음 수들의 최소공배수를 소인수의 곱으로 나타내시오.

10 $2^2 \times 3^2,\ 2^4 \times 3$ _____

❀ 다음 수들의 최소공배수를 구하시오.

16 $16,\ 28$ _____

11 $3^2 \times 5^3,\ 2^2 \times 3 \times 5^2$ _____

17 $24,\ 60$ _____

12 $2^3 \times 5^2 \times 7,\ 3 \times 5^3 \times 11^2$ _____

18 $45,\ 75$ _____

13 $2^2 \times 3^3,\ 2 \times 5^2,\ 3^2 \times 5^3$ _____

19 $8,\ 20,\ 32$ _____

14 $2 \times 5^3,\ 2^2 \times 3 \times 7^2,\ 2 \times 7$ _____

20 $12,\ 18,\ 21$ _____

15 $2 \times 3 \times 7,\ 2 \times 3^2 \times 5^2,\ 3^3 \times 5 \times 7^2$ _____

21 $15,\ 42,\ 63$ _____

12 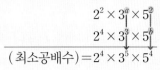 최대공약수와 최소공배수가 주어질 때, 지수 구하기

$$2^a \times 3^2 \times 5^3$$
$$2^2 \times 3 \times 5^b$$
$$(최대공약수) = 2 \times 3 \times 5^2$$

❶ a와 2 중 작거나 같은 수가 1이다.
→ $a = 1$
❷ 3과 b 중 작거나 같은 수가 2이다.
→ $b = 2$

$$2^2 \times 3^a \times 5^2$$
$$2^4 \times 3^3 \times 5^b$$
$$(최소공배수) = 2^4 \times 3^5 \times 5^4$$

❶ a와 3 중 크거나 같은 수가 5이다.
→ $a = 5$
❷ 2와 b 중 크거나 같은 수가 4이다.
→ $b = 4$

❋ 주어진 두 수의 최대공약수가 다음과 같을 때, 자연수 a, b 의 값을 각각 구하시오.

01

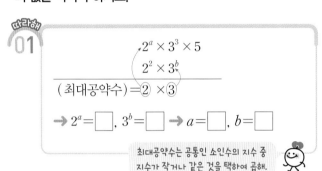

$$2^a \times 3^3 \times 5$$
$$2^2 \times 3^b$$
$$(최대공약수) = 2 \times 3$$

→ $2^a = \boxed{}$, $3^b = \boxed{}$ → $a = \boxed{}$, $b = \boxed{}$

최대공약수는 공통인 소인수의 지수 중 지수가 작거나 같은 것을 택하여 곱해.

02

$$2^a \times 3^4 \times 5^2$$
$$2^3 \times 3^b \times 5$$
$$(최대공약수) = 2 \times 3^3 \times 5$$

→ _____

03

$$2^3 \times 3^a \times 7$$
$$2^b \times 3^3 \times 7^2$$
$$(최대공약수) = 2^2 \times 3^2 \times 7$$

→ _____

04

$$2^5 \times 3^a \times 5$$
$$2^b \times 3^2 \times 7$$
$$(최대공약수) = 2^3 \times 3$$

→ _____

❋ 주어진 두 수의 최소공배수가 다음과 같을 때, 자연수 a, b 의 값을 각각 구하시오.

05

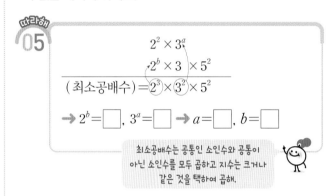

$$2^2 \times 3^a$$
$$2^b \times 3 \times 5^2$$
$$(최소공배수) = 2^3 \times 3^2 \times 5^2$$

→ $2^b = \boxed{}$, $3^a = \boxed{}$ → $a = \boxed{}$, $b = \boxed{}$

최소공배수는 공통인 소인수와 공통이 아닌 소인수를 모두 곱하고 지수는 크거나 같은 것을 택하여 곱해.

06

$$2^a \times 3^2 \times 5$$
$$2 \times 5^b \times 7$$
$$(최소공배수) = 2^3 \times 3^2 \times 5^2 \times 7$$

→ _____

07

$$2^3 \times 3^2 \times 5^2$$
$$2^a \times 3^b \times 7$$
$$(최소공배수) = 2^4 \times 3^4 \times 5^2 \times 7$$

→ _____

08

$$3 \times 5^3 \times 7^a$$
$$3^b \times 5 \times 11$$
$$(최소공배수) = 3^2 \times 5^3 \times 7^2 \times 11$$

→ _____

13 VISUAL 개념연산 어떤 자연수로 나누기, 어떤 자연수를 나누기

정답 및 풀이 23쪽

어떤 자연수로 나누기

어떤 자연수로 23을 나누면 1이 남고, 36을 나누면 3이 남는다고 할 때, 어떤 자연수 중 가장 큰 수를 구해 보자.

❶ 어떤 자연수로 23을 나누면 1이 남는다. ➡ 어떤 자연수로 $(23-1)$을 나누면 나누어떨어진다.
❷ 어떤 자연수로 36을 나누면 3이 남는다. ➡ 어떤 자연수로 $(36-3)$을 나누면 나누어떨어진다.
❸ 어떤 자연수는 $(23-1)$과 $(36-3)$을 동시에 나누어떨어지게 하는 수이다. ➡ $(23-1)$과 $(36-3)$의 공약수
❹ 어떤 자연수 중 가장 큰 수는 $(23-1)$과 $(36-3)$의 공약수 중 가장 큰 수이다.
  ➡ $(23-1)$과 $(36-3)$의 최대공약수

어떤 자연수를 나누기

두 자연수 4와 5 중 어떤 수로 나누어도 나머지가 1인 자연수 중 가장 작은 수를 구해 보자.

❶ 어떤 자연수를 4로 나누면 1이 남는다. ➡ (어떤 자연수)=(4의 배수)+1
❷ 어떤 자연수를 5로 나누면 1이 남는다. ➡ (어떤 자연수)=(5의 배수)+1
❸ {(어떤 자연수)-1}은 4와 5의 공배수이다. ➡ (어떤 자연수)=(4와 5의 공배수)+1
❹ 어떤 자연수 중 가장 작은 수는 {(4와 5의 공배수)+1} 중 가장 작은 수이다. ➡ (4와 5의 최소공배수)+1

따라해 01 어떤 자연수로 38을 나누면 2가 남고, 85를 나누면 1이 남는다고 할 때, 어떤 자연수 중 가장 큰 수를 구하시오. ____

❶ 어떤 자연수로 38을 나누면 2가 남는다.
  ➡ 어떤 자연수로 $(38-\boxed{})$를 나누면 나누어떨어진다.
❷ 어떤 자연수로 85를 나누면 1이 남는다.
  ➡ 어떤 자연수로 $(85-\boxed{})$을 나누면 나누어떨어진다.
❸ 어떤 자연수는 36과 $\boxed{}$를 동시에 나누어떨어지게 하는 수이다.
  ➡ 그중 가장 큰 수는 $\boxed{}$과 84의 최대공약수인 $\boxed{}$이다.

> 두 수를 동시에 나누어떨어지게 하는 수는 두 수의 공약수!

따라해 04 두 자연수 6과 9 중 어떤 수로 나누어도 나머지가 4인 자연수 중 가장 작은 수를 구하시오.

❶ 어떤 자연수를 6으로 나누면 4가 남는다.
  ➡ (어떤 자연수)=(6의 배수)+$\boxed{}$
❷ 어떤 자연수를 9로 나누면 4가 남는다.
  ➡ (어떤 자연수)=(9의 배수)+$\boxed{}$
❸ 어떤 자연수는 {(6과 9의 공배수)+$\boxed{}$}이다.
  ➡ 그중 가장 작은 수는 6과 9의 최소공배수인 $\boxed{}$보다 4만큼 큰 수인 $\boxed{}$이다.

> 두 수 중 어떤 수로 나누어도 나누어떨어지는 수는 두 수의 공배수!

02 어떤 자연수로 51을 나누면 3이 남고, 95를 나누면 5가 남는다고 할 때, 어떤 자연수 중 가장 큰 수를 구하시오. ____

05 두 자연수 9와 15 중 어떤 수로 나누어도 나머지가 3인 자연수 중 가장 작은 수를 구하시오. ____

03 어떤 자연수로 74를 나누면 4가 남고, 100을 나누면 2가 남는다고 할 때, 어떤 자연수 중 가장 큰 수를 구하시오. ____

06 두 자연수 20과 30 중 어떤 수로 나누어도 나머지가 5인 자연수 중 가장 작은 수를 구하시오. ____

14 ^{VISUAL 개념연산} 두 분수를 자연수로 만들기

➡ 정답 및 풀이 23쪽

분모가 같은 두 분수를 자연수로 만들기

$\dfrac{a}{n}, \dfrac{b}{n}$가 모두 자연수 → n은 a의 약수이면서 b의 약수

→ n은 a와 b의 공약수

분자가 같은 두 분수를 자연수로 만들기

$\dfrac{n}{a}, \dfrac{n}{b}$이 모두 자연수 → n은 a의 배수이면서 b의 배수

→ n은 a와 b의 공배수

개념 POINT

- $\dfrac{\bullet}{n}, \dfrac{\blacktriangle}{n}$가 모두 자연수
  → n은 ●와 ▲의 공약수
- $\dfrac{n}{\bullet}, \dfrac{n}{\blacktriangle}$이 모두 자연수
  → n은 ●와 ▲의 공배수

✽ 다음 두 분수가 자연수가 되게 하는 가장 큰 자연수 n의 값을 구하시오.

 01 $\dfrac{12}{n}, \dfrac{16}{n}$ _____

❶ $\dfrac{12}{n}$가 자연수 → n은 ☐의 약수

❷ $\dfrac{16}{n}$이 자연수 → n은 ☐의 약수

❸ n의 값 중 가장 큰 자연수는 12와 ☐의 최대공약수이므로 ☐이다.

n은 12의 약수이면서 16의 약수야.

02 $\dfrac{24}{n}, \dfrac{32}{n}$

03 $\dfrac{21}{n}, \dfrac{49}{n}$ _____

✽ 다음 두 분수가 자연수가 되게 하는 가장 작은 자연수 n의 값을 구하시오.

 04 $\dfrac{n}{10}, \dfrac{n}{15}$ _____

❶ $\dfrac{n}{10}$이 자연수 → n은 ☐의 배수

❷ $\dfrac{n}{15}$이 자연수 → n은 ☐의 배수

❸ n의 값 중 가장 작은 자연수는 ☐과 15의 최소공배수이므로 ☐이다.

n은 10의 배수이면서 15의 배수야.

05 $\dfrac{n}{12}, \dfrac{n}{18}$ _____

06 $\dfrac{n}{24}, \dfrac{n}{36}$ _____

 07 두 분수 $\dfrac{10}{21}, \dfrac{35}{6}$의 어느 것에 곱하여도 그 결과가 자연수가 되게 하는 가장 작은 기약분수를 구하시오.

_____

가장 작은 기약분수를 $\dfrac{B}{A}$라 하면

❶ $\dfrac{10}{21} \times \dfrac{B}{A}$가 자연수 → A는 10의 약수, B는 ☐의 배수

❷ $\dfrac{35}{6} \times \dfrac{B}{A}$가 자연수 → A는 ☐의 약수, B는 6의 배수

❸ A는 10과 ☐의 최대공약수이고, B는 ☐과 6의 최소공배수이므로

$\dfrac{B}{A} = \dfrac{☐}{☐}$

 $\dfrac{B}{A}$가 가장 작은 분수가 되려면 A는 최대한 크고 B는 최소로 작아야 해!

08 두 분수 $\dfrac{14}{9}, \dfrac{16}{21}$의 어느 것에 곱하여도 그 결과가 자연수가 되게 하는 가장 작은 기약분수를 구하시오.

_____

[01~03] 어떤 두 자연수의 최대공약수가 다음과 같을 때, 이 두 자연수의 공약수를 모두 구하시오.

01 12

02 15

03 32

[04~07] 다음 두 수가 서로소인 것에는 ○표, 서로소가 아닌 것에는 ×표를 하시오.

04 5, 11   (   )

05 9, 15   (   )

06 12, 35   (   )

07 22, 33   (   )

[08~10] 다음 수들의 최대공약수를 소인수의 곱으로 나타내시오.

08 $2^2 \times 3 \times 5^3$, 2×3^2

09 $2 \times 3^3 \times 5^4$, $2^2 \times 3^2 \times 5^3$

10 $2^2 \times 3^2 \times 7$, $2^2 \times 3 \times 7$, $2 \times 3^3 \times 7^2$

[11~13] 다음 수들의 최대공약수를 구하시오.

11 50, 120

12 30, 60, 96

13 45, 75, 105

[14~16] 어떤 두 자연수의 최소공배수가 다음과 같을 때, 이 두 자연수의 공배수를 작은 것부터 차례로 3개 구하시오.

14 4

15 9

16 13

[17~19] 다음 수들의 최소공배수를 소인수의 곱으로 나타내시오.

17 $2^2 \times 5$, $2^3 \times 3^2 \times 5$

18 $2 \times 3^2 \times 5^2$, $2^2 \times 3^4 \times 5$

19 $2 \times 3^3 \times 5$, 3×5^2, $2^2 \times 5 \times 7$

[20~22] 다음 수들의 최소공배수를 구하시오.

20 30, 42

21 24, 54

22 36, 60, 72

[23~24] 주어진 두 수의 최대공약수 또는 최소공배수가 다음과 같을 때, 자연수 a, b의 값을 각각 구하시오.

23
$$2^a \times 3^3 \times 5$$
$$2^3 \times 3^b \times 5^2$$
$$\overline{(최대공약수)=2 \ \times 3^2 \times 5}$$

24
$$2^2 \times 3^a \times 5$$
$$2^b \times 3^2 \ \ \ \times 7^2$$
$$\overline{(최소공배수)=2^4 \times 3^3 \times 5 \times 7^2}$$

[25~26] 어떤 자연수로 130을 나누면 4가 남고, 95를 나누면 5가 남는다고 할 때, 다음 □ 안에 알맞은 수를 써넣으시오.

25 어떤 자연수로 130−□를 나누면 나누어떨어지고, 95−□를 나누면 나누어떨어진다.

26 어떤 자연수 중 가장 큰 수는 □이다.

[27~28] 어떤 자연수를 세 자연수 12, 18, 54 중 어떤 수로 나누어도 나머지가 2일 때, 다음 □ 안에 알맞은 수를 써넣으시오.

27 (어떤 자연수)=(12의 배수)+□
(어떤 자연수)=(18의 배수)+□
(어떤 자연수)=(54의 배수)+□

28 어떤 자연수 중 가장 작은 수는 □이다.

29 두 분수 $\dfrac{24}{n}$, $\dfrac{36}{n}$이 모두 자연수가 되게 하는 가장 큰 자연수 n의 값을 구하시오.

30 두 분수 $\dfrac{n}{15}$, $\dfrac{n}{21}$이 모두 자연수가 되게 하는 가장 작은 자연수 n의 값을 구하시오.

31 두 분수 $\dfrac{28}{15}$, $\dfrac{35}{6}$의 어느 것에 곱하여도 그 결과가 자연수가 되게 하는 가장 작은 기약분수를 구하시오.

맞힌 개수 □개/31개

[01~03] 어떤 두 자연수의 최대공약수가 다음과 같을 때, 이 두 자연수의 공약수를 모두 구하시오.

01 14

02 27

03 45

[04~07] 다음 두 수가 서로소인 것에는 ○표, 서로소가 아닌 것에는 ×표를 하시오.

04 3, 9   (   )

05 8, 21   (   )

06 14, 35   (   )

07 22, 39   (   )

[08~10] 다음 수들의 최대공약수를 소인수의 곱으로 나타내시오.

08 $2^2 \times 5$, $2^3 \times 5^2$

09 $2 \times 3^3 \times 5^2$, $2^2 \times 3^4 \times 5$

10 $2^3 \times 7$, $2 \times 5 \times 7$, 2×7^2

[11~13] 다음 수들의 최대공약수를 구하시오.

11 16, 24

12 60, 80

13 18, 30, 48

[14~16] 어떤 두 자연수의 최소공배수가 다음과 같을 때, 이 두 자연수의 공배수를 작은 것부터 차례로 3개 구하시오.

14 5

15 11

16 18

[17~19] 다음 수들의 최소공배수를 소인수의 곱으로 나타내시오.

17 $2^2 \times 3$, 2×3^3

18 $2^2 \times 3 \times 5$, $2 \times 3^2 \times 5^3$

19 $2^2 \times 5$, $2 \times 5^2 \times 7^2$, $2^3 \times 5 \times 7$

[20~22] 다음 수들의 최소공배수를 구하시오.

20 18, 72

21 42, 63

22 14, 21, 28

[23~24] 주어진 두 수의 최대공약수 또는 최소공배수가 다음과 같을 때, 자연수 a, b의 값을 각각 구하시오.

23
$$2^2 \times 3^a \times 5^2$$
$$2 \times 3^3 \times 5^b$$
$$(최대공약수) = 2 \times 3^2 \times 5$$

24
$$2 \times 3^a \times 7$$
$$2^2 \times 3 \times 5^b$$
$$(최소공배수) = 2^2 \times 3 \times 5^3 \times 7$$

25 어떤 자연수로 58을 나누면 2가 남고, 73을 나누면 1이 남는다고 할 때, 어떤 자연수 중 가장 큰 수를 구하시오.

26 어떤 자연수로 18, 36, 42를 나누면 모두 나누어떨어진다고 할 때, 어떤 자연수 중 가장 큰 수를 구하시오.

27 두 자연수 16과 24 중 어떤 수로 나누어도 나머지가 3인 자연수 중 가장 작은 수를 구하시오.

28 세 자연수 6, 10, 15 중 어떤 수로 나누어도 나머지가 1인 자연수 중 가장 작은 수를 구하시오.

29 두 분수 $\dfrac{30}{n}$, $\dfrac{48}{n}$이 모두 자연수가 되게 하는 가장 큰 자연수 n의 값을 구하시오.

30 두 분수 $\dfrac{n}{14}$, $\dfrac{n}{35}$이 모두 자연수가 되게 하는 가장 작은 자연수 n의 값을 구하시오.

31 두 분수 $\dfrac{25}{12}$, $\dfrac{15}{8}$의 어느 것에 곱하여도 그 결과가 자연수가 되게 하는 가장 작은 기약분수를 구하시오.

맞힌 개수　　개／31개

학교 시험 PREVIEW

스스로 개념 점검

1. 소인수분해

(1) ☐ : 1보다 큰 자연수 중에서 1과 그 수 자신만을 약수로 가지는 수

(2) ☐ : 1보다 큰 자연수 중에서 소수가 아닌 수

(3) 2^2, 2^3, 2^4, ... 과 같이 같은 수를 거듭하여 곱한 것을 2의 ☐ 이라 한다. 또, 거듭하여 곱한 수 2를 거듭제곱의 ☐, 거듭하여 곱한 횟수 2, 3, 4, ...를 거듭제곱의 ☐ 라 한다.

(4) ☐ : 어떤 자연수의 소수인 인수

(5) ☐ : 1보다 큰 자연수를 소인수들만의 곱으로 나타내는 것

(6) ☐ : 최대공약수가 1인 두 자연수

01

다음 수 중 소수를 모두 고른 것은?

> 2, 9, 11, 15, 19, 21, 23

① 2, 11, 19, 23   ② 2, 15, 19, 21

③ 9, 11, 19, 23   ④ 11, 15, 21, 23

⑤ 15, 19, 21, 23

02

소수와 합성수에 대한 다음 설명 중 옳지 <u>않은</u> 것을 모두 고르면? (정답 2개)

① 가장 작은 소수는 1이다.

② 서로 다른 두 소수는 서로소이다.

③ 2가 아닌 짝수는 모두 합성수이다.

④ 소수이면서 합성수인 자연수가 있다.

⑤ 합성수는 자신보다 작은 두 자연수의 곱으로 나타낼 수 있다.

03

다음 중 옳은 것은?

① $2^4 = 8$

② $3 + 3 + 3 = 3^3$

③ $5 \times 5 = 2^5$

④ $4 \times 4 \times 4 \times 4 = 2^4$

⑤ $2 \times 2 \times 2 \times 7 \times 7 = 2^3 \times 7^2$

04

다음 중 소인수분해 한 것으로 옳지 <u>않은</u> 것은?

① $45 = 3^2 \times 5$ ② $64 = 2^6$

③ $76 = 2^2 \times 19$ ④ $98 = 2 \times 49$

⑤ $120 = 2^3 \times 3 \times 5$

05 출제율 80%

다음 중 420의 소인수가 <u>아닌</u> 것은?

① 2   ② 3   ③ 5

④ 7   ⑤ 11

06 ⚠️ 실수 주의

다음 중 약수의 개수가 나머지 넷과 다른 하나는?

① $2^3 \times 3^2$　　　② $3^5 \times 5$　　　③ $2 \times 5 \times 7^2$

④ 2×7^4　　　⑤ 2^{11}

07

다음 중 서로소인 두 자연수로 짝 지어진 것이 아닌 것은?

① 2와 7　　　② 8과 15　　　③ 9와 24

④ 16과 21　　　⑤ 10과 27

08

세 수 $2^3 \times 3^2$, $2^2 \times 3^2 \times 5$, $2^4 \times 3^3$의 최대공약수는?

① 12　　　② 20　　　③ 36

④ 45　　　⑤ 180

09

두 수 A, B의 최소공배수가 15일 때, 다음 중 A, B의 공배수를 모두 고르면? (정답 2개)

① 55　　　② 63　　　③ 75

④ 90　　　⑤ 102

10 출제율 85%

두 자연수 $2^m \times 5$, $2 \times 5^n \times 11$의 최소공배수가 $2^4 \times 5^2 \times 11$일 때, $m+n$의 값은? (단, m, n은 자연수)

① 4　　　② 5　　　③ 6

④ 7　　　⑤ 8

11

두 분수 $\dfrac{55}{6}$, $\dfrac{33}{8}$의 어느 것에 곱하여도 그 결과가 자연수가 되게 하는 가장 작은 기약분수는?

① $\dfrac{3}{11}$　　　② $\dfrac{11}{24}$　　　③ $\dfrac{24}{11}$

④ $\dfrac{48}{11}$　　　⑤ $\dfrac{11}{2}$

12 📋 서술형

45에 자연수를 곱하여 어떤 자연수의 제곱이 되도록 할 때, 곱해야 하는 가장 작은 자연수를 구하시오.

채점기준 1 　 45를 소인수분해 하기

채점기준 2 　 어떤 자연수의 제곱이 될 조건 알기

채점기준 3 　 가장 작은 자연수 구하기

숨은 그림 찾기

아이스크림, 종이비행기, 촛불, 버섯, 피자, 컵케이크, 단추, 체리, 물고기, 지렁이, 높은음자리표, 풍선

정답

Ⅱ

정수와 유리수

 정수와 유리수는 왜 배우나요?

중학교 1학년 수의 범위는 정수, 유리수로
확장되고, 각각의 수 체계에서 계산 방법과
원리는 일관되게 유지됨을 알 수 있어요.
이는 이후 수학 학습의 기초가 돼요.

한눈에 쏙 개념 한바닥
정수와 유리수

01 정수와 유리수

(1) **양수와 음수** : 서로 반대되는 성질을 가지는 양을 어떤 기준을 중심으로 한쪽은 '+', 다른 쪽은 '−'를 붙여 나타낼 수 있다. 이때 +를 **양의 부호**, −를 **음의 부호**라 하며, 양의 부호 +를 붙인 수를 **양수**, 음의 부호 −를 붙인 수를 **음수**라 한다.

(2) **정수**

> 양의 정수는 양의 부호 +를 생략하여 1, 2, 3, ...과 같이 나타내기도 한다. 즉, 양의 정수는 자연수와 같다.

① **양의 정수** : 자연수에 양의 부호 +를 붙인 수 〔예〕 +1, +2, +3, ...

② **음의 정수** : 자연수에 음의 부호 −를 붙인 수 〔예〕 −1, −2, −3, ...

③ 양의 정수, 0, 음의 정수를 통틀어 **정수**라 한다.
> 0은 양의 정수도 아니고 음의 정수도 아니다.

(3) **유리수**

① **양의 유리수** : 분모와 분자가 모두 자연수인 분수에 양의 부호 +를 붙인 수

〔예〕 $+\dfrac{1}{2}, +\dfrac{2}{3}, +\dfrac{3}{4}, \cdots$

② **음의 유리수** : 분모와 분자가 모두 자연수인 분수에 음의 부호 −를 붙인 수

〔예〕 $-\dfrac{1}{2}, -\dfrac{2}{3}, -\dfrac{3}{4}, \cdots$

③ 양의 유리수, 0, 음의 유리수를 통틀어 **유리수**라 한다.
> 0은 양의 유리수도 아니고 음의 유리수도 아니다.

02 수직선과 절댓값

(1) **수직선** : 직선 위에 기준이 되는 점을 정하여 그 점에 0을 대응시키고, 그 점의 오른쪽과 왼쪽에 일정한 간격으로 점을 잡은 후, 오른쪽 점에 양의 정수를, 왼쪽 점에 음의 정수를 대응시킨 직선

(2) **절댓값** : 수직선 위에서 어떤 수에 대응하는 점과 원점 사이의 거리를 그 수의 절댓값이라 한다. 〔기호〕 | |

−3의 절댓값 : |−3|=3
+2의 절댓값 : |+2|=2

(3) **절댓값의 성질**

① 절댓값이 a $(a>0)$인 수는 $+a$, $-a$의 2개이다.

② 원점에서 멀리 떨어질수록 절댓값이 커진다.

(4) **정수와 유리수의 대소 관계**

① 음수는 0보다 작고, 양수는 0보다 크다. → (음수)<0<(양수) 〔예〕 −3<0, 0<+2

② 양수끼리는 절댓값 큰 수가 더 크고, 음수끼리는 절댓값 큰 수가 더 작다.

〔예〕 +2<+5, −3<−1

(5) **부등호의 사용**

$x>a$	$x<a$	$x\geq a$	$x\leq a$
x는 a보다 크다. x는 a 초과이다.	x는 a보다 작다. x는 a 미만이다.	x는 a보다 크거나 같다. x는 a보다 작지 않다. x는 a 이상이다.	x는 a보다 작거나 같다. x는 a보다 크지 않다. x는 a 이하이다.

개념 Q&A

Q. 모든 정수는 유리수일까?

A. 모든 정수는 분수로 나타낼 수 있으므로 모든 정수는 유리수이다.

유리수 $\begin{cases} \text{정수} \begin{cases} \text{양의 정수(자연수)} \\ 0 \\ \text{음의 정수} \end{cases} \\ \text{정수가 아닌 유리수} \end{cases}$

Q. 수직선에서 기준이 되는 점을 무엇이라 할까?

A. 수직선에서 0을 나타내는 기준이 되는 점을 원점이라 한다.

Q. 절댓값은 음수가 될 수 있을까?

A. 절댓값은 거리를 나타내므로 항상 0 또는 양수이다.

Q. 절댓값이 0인 수는?

A. 절댓값이 0인 수는 0뿐이다.

Q. 양수와 음수의 대소 관계는 어떻게 될까?

A. 양수는 0보다 크고 음수는 0보다 작으므로 양수는 항상 음수보다 크다.

어떤 수가 더 크고 작은지 파악하는 것을 수의 대소 관계라 해!

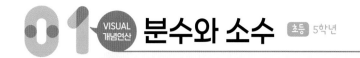

01 VISUAL 개념연산 **분수와 소수** 초등 5학년

↪ 정답 및 풀이 27쪽

(1) **기약분수** : 분모와 분자의 공약수가 1뿐인 분수
(2) **약분** : 분모와 분자를 공약수로 나누어 간단한 분수로 만드는 것
(3) **통분** : 분모가 다른 분수들의 분모를 같게 하는 것

예 ① $\frac{25}{30}$ 를 약분하여 기약분수로 나타내기 : $\frac{25}{30}$ → 분모, 분자를 공약수 5로 나누기 → $\frac{\overset{5}{\cancel{25}}}{\underset{6}{\cancel{30}}} = \frac{5}{6}$

② $\frac{3}{4}$ 과 $\frac{5}{6}$ 를 통분하기 : $\frac{3}{4} = \frac{3 \times 3}{4 \times 3} = \frac{9}{12}$, $\frac{5}{6} = \frac{5 \times 2}{6 \times 2} = \frac{10}{12}$

→ 4와 6의 최소공배수 12로 분모를 같게 한다.

❋ 다음에서 분수는 소수로, 소수는 분수로 나타내시오.

01 $\frac{3}{10}$ → _____

02 0.9 → _____

03 $\frac{21}{100}$ → _____

04 0.37 → _____

❋ 다음 분수를 약분하여 기약분수로 나타내시오.

05 $\frac{3}{6} = \frac{1}{\square}$

06 $\frac{6}{8} = \frac{\square}{4}$

07 $\frac{11}{33} = \frac{\square}{3}$

08 $\frac{35}{49} = \frac{5}{\square}$

09 $\frac{12}{18} = \square$

10 $\frac{36}{63} = \square$

❋ 다음 두 분수를 분모의 최소공배수를 공통분모로 하여 통분하시오.

따라해
11 $\frac{1}{3} , \frac{1}{4}$ _____

$\frac{1}{3} = \frac{1 \times 4}{3 \times 4} = \frac{\square}{12}$, $\frac{1}{4} = \frac{1 \times 3}{4 \times 3} = \frac{\square}{12}$

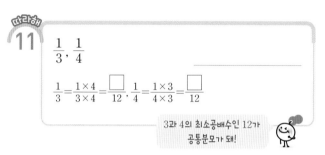

3과 4의 최소공배수인 12가 공통분모가 돼!

12 $\frac{3}{10} , \frac{2}{5}$ _____

13 $\frac{1}{4} , \frac{7}{6}$ _____

14 $\frac{1}{6} , \frac{5}{9}$ _____

15 $\frac{3}{11} , \frac{2}{3}$ _____

16 $\frac{5}{24} , \frac{3}{40}$ _____

서로 반대되는 성질을 가지는 양을 어떤 기준을 중심으로 한쪽은 ⊕ 부호를, 다른 쪽은 ⊖ 부호를 붙여 나타낼 수 있다.

＋(양의 부호)	크다	동쪽	해발	영상	～후	수입	증가	득점	이익
－(음의 부호)	작다	서쪽	해저	영하	～전	지출	감소	실점	손해

음수 ←(0보다 작은 수) 0 (0보다 큰 수)→ 양수

음수 ↳음의 부호 ⊖를 붙인 수 예 −2, −7

양수 ↳양의 부호 ⊕를 붙인 수 예 ＋3, ＋5

실수 Check

0은 양수도 아니고 음수도 아니다.

❋ 다음을 부호 ＋, −를 사용하여 나타내시오.

01 이익 3000원 → ＋3000원
└─＋

손해 2000원 → _____
└─−

02 현재보다 2시간 후 → ＋2시간

현재보다 1시간 전 → _____

03 영하 5 ℃ → −5 ℃

영상 12 ℃ → _____

04 해발 150 m → ＋150 m

해저 130 m → _____

05 2점 실점 → −2점

5점 득점 → _____

06 학생 수 10명 증가 → ＋10명

학생 수 13명 감소 → _____

❋ 다음 수를 부호 ＋, −를 사용하여 나타내고, 나타낸 수가 양수인 것에는 '양', 음수인 것에는 '음'을 써넣으시오.

07 0보다 3만큼 큰 수 → _____ ( )
└─＋

08 0보다 7만큼 작은 수 → _____ ( )
└─−

09 0보다 $\frac{4}{5}$만큼 큰 수 → _____ ( )

10 0보다 $\frac{3}{8}$만큼 작은 수 → _____ ( )

11 0보다 1.2만큼 큰 수 → _____ ( )

12 0보다 3.5만큼 작은 수 → _____ ( )

03 VISUAL 개념연산 정수와 유리수

(1) **정수** : 양의 정수, 0, 음의 정수

자연수에 ┌ 양의 부호 +를 붙인 수 ➡ **양의 정수** 예 +1, +2, +3, ...
　　　　└ 음의 부호 −를 붙인 수 ➡ **음의 정수** 예 −1, −2, −3, ...

└ 분수($\frac{▲}{■}$)로 나타낼 수 있는 수

(2) **유리수** : 양의 유리수, 0, 음의 유리수

분모, 분자가 자연수인 분수에

┌ 양의 부호 +를 붙인 수 ➡ **양의 유리수** 예 $+7, +\frac{1}{3}, +1.2, ...$

└ 음의 부호 −를 붙인 수 ➡ **음의 유리수** 예 $-3, -\frac{5}{2}, -2.3, ...$
　　　　　　　　　　　　　　　　　　　$-\frac{3}{1}$ ┘　　　┌ $-\frac{23}{10}$

개념 POINT

유리수 ┌ 정수 ┌ 양의 정수(자연수)
　　　　│　　　├ 0
　　　　│　　　└ 음의 정수
　　　　└ 정수가 아닌 유리수

참고 (1) 양의 정수와 양의 유리수는 양의 부호 +를 생략하여 나타낼 수 있다.
　　　 (2) 모든 정수와 소수는 분수로 나타낼 수 있으므로 유리수이다.

❋ 다음 수를 보기에서 모두 고르시오.

보기
$-8, \ +3, \ 2.5, \ 0, \ 10, \ -\frac{5}{4}, \ +\frac{7}{3}, \ \frac{8}{2}$

01 양의 정수 _____

　　　　분수는 약분해서 정수가 되는지 확인해!

02 음의 정수 _____

03 정수 _____

04 양의 유리수 _____

05 음의 유리수 _____

06 정수가 아닌 유리수 _____

07 양의 유리수도 음의 유리수도 아닌 수
_____

❋ 다음 중 옳은 것에는 ○표, 옳지 않은 것에는 ×표를 하시오.

08 자연수는 양의 정수이다. (　　　)

09 자연수에 음의 부호 −를 붙인 수는 음의 정수이다. (　　　)

10 0은 정수가 아니다. (　　　)

11 양의 유리수, 0, 음의 유리수를 통틀어 유리수라 한다. (　　　)

12 모든 정수는 유리수이다. (　　　)

13 음의 정수는 음의 부호 −를 생략하여 나타낼 수 있다. (　　　)

14 모든 유리수는 분수로 나타낼 수 있다.
(　　　)

 **VISUAL 개념연산** 수직선

정답 및 풀이 27쪽

수직선 : 직선 위에 기준이 되는 점을 정하여 그 점에 0을 대응시키고, 그 점의 오른쪽과 왼쪽에 일정한 간격으로 점을 잡은 후, 오른쪽 점에 양의 정수 +1, +2, +3, ...을, 왼쪽 점에 음의 정수 −1, −2, −3, ...을 대응시킨 직선

개념 POINT

모든 유리수는 수직선 위의 점에 대응시킬 수 있다.

점 A에 대응하는 수
→ 원점에서 **왼쪽**으로 2만큼 이동
→ A : **−2**

점 B에 대응하는 수
→ 원점에서 **오른쪽**으로 3만큼 이동
→ B : **+3**

0에 대응하는 점을 기준으로 양수에 대응하는 점은 오른쪽에, 음수에 대응하는 점은 왼쪽에 있어.

❋ 다음 수직선에서 두 점 A, B에 대응하는 수를 각각 구하시오.

01

(수직선: A는 −3, B는 +2 위치)

A : _____ , B : _____

02

(수직선: A는 −1, B는 +4 위치)

A : _____ , B : _____

03 따라해

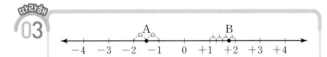

A : 원점에서 **왼쪽**으로 1만큼 이동한 후 $\frac{1}{2}$만큼 더 이동

→ $-1\frac{1}{2} = -\dfrac{\boxed{}}{2}$

B : 원점에서 **오른쪽**으로 1만큼 이동한 후 $\frac{3}{4}$만큼 더 이동

→ $+1\frac{3}{4} = +\dfrac{7}{\boxed{}}$

수직선 위의 한 칸이 일정한 간격으로 몇 등분 되었는지 확인해 봐!

04

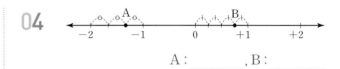

A : _____ , B : _____

05

A : _____ , B : _____

❋ 다음 수에 대응하는 점을 각각 수직선 위에 나타내시오.

06 A : −3, B : +1

(수직선: −4 −3 −2 −1 0 +1 +2 +3 +4)

07 A : −4, B : 0

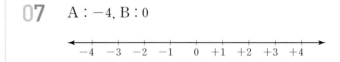

❋ 다음 수에 대응하는 점을 각각 수직선 위에 나타내시오.

08
A : $+\frac{3}{2}$

→ $+\frac{3}{2} = +1\frac{1}{2}$ 이므로

+1에서 오른쪽으로 ☐ 만큼 이동

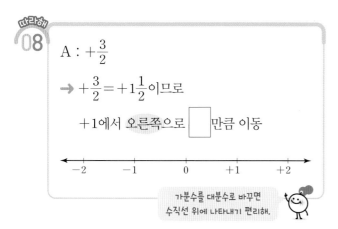

가분수를 대분수로 바꾸면
수직선 위에 나타내기 편리해.

09
A : $-\frac{5}{2}$

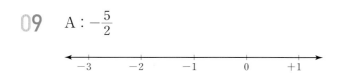

10
A : $+\frac{4}{3}$, B : $+\frac{5}{2}$

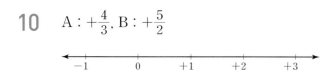

11
A : $-\frac{7}{3}$, B : $+\frac{11}{3}$

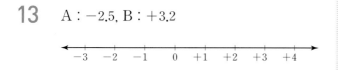

12
A : $+1.5$

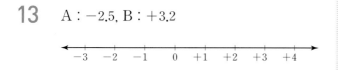

13
A : -2.5, B : $+3.2$

❋ 다음 수에 대응하는 점을 수직선 위에 나타내시오.

14
0보다 3만큼 큰 수 → ☐3

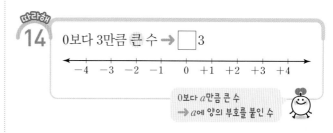

0보다 a만큼 큰 수
→ a에 양의 부호를 붙인 수

15
0보다 4만큼 작은 수

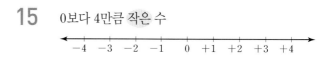

16
0보다 $\frac{7}{2}$만큼 큰 수

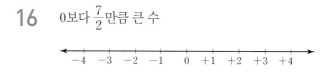

17
0보다 $\frac{4}{3}$만큼 작은 수

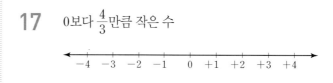

18
0보다 1.4만큼 큰 수

19
0보다 3.5만큼 작은 수

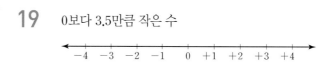

10분 연산 TEST 1회

맞힌 개수 ___ 개/18개

[01~04] 다음을 부호 +, −를 사용하여 나타내시오.

01
영상 4 ℃
영하 9 ℃

02
수입 5000원
지출 3000원

03
15분 전
20분 후

04
지상 5층
지하 2층

[05~08] 다음 수를 부호 +, −를 사용하여 나타내시오.

05 0보다 5만큼 큰 수

06 0보다 3만큼 작은 수

07 0보다 $\frac{1}{2}$만큼 큰 수

08 0보다 2.5만큼 작은 수

[09~11] 다음 수를 보기에서 모두 고르시오.

• 보기 •
$$5.4, \quad +\frac{9}{3}, \quad -5, \quad 0, \quad +9$$
$$+2\frac{1}{3}, \quad -\frac{5}{2}, \quad -0.5, \quad -\frac{16}{4}$$

09 양의 정수

10 음의 정수

11 정수

[12~14] 아래 보기의 수에 대하여 다음을 구하시오.

• 보기 •
$$3, \quad +\frac{15}{3}, \quad -\frac{7}{3}, \quad -1\frac{1}{2}, \quad 0, \quad -\frac{5}{11}$$

12 정수의 개수

13 양의 유리수의 개수

14 유리수의 개수

[15~16] 다음 수직선에서 네 점 A, B, C, D에 대응하는 수를 각각 구하시오.

15
```
   A        B        C        D
◄──┼────┼────┼────┼────┼────┼───►
  −3   −2   −1    0   +1   +2   +3
```

16
```
      A        B        C    D
◄──┼────┼────┼────┼────┼────┼───►
  −3   −2   −1    0   +1   +2   +3
```

[17~18] 다음 수에 대응하는 점을 각각 수직선 위에 나타내시오.

17
$$-4, \quad -\frac{2}{3}, \quad +5, \quad +\frac{5}{2}$$

```
◄──┼──┼──┼──┼──┼──┼──┼──┼──┼──┼──►
  −4 −3 −2 −1  0 +1 +2 +3 +4 +5
```

18
$$+1.5, \quad -2, \quad -\frac{5}{2}, \quad +\frac{8}{3}$$

```
◄──┼────┼────┼────┼────┼────┼───►
  −3   −2   −1    0   +1   +2   +3
```

10분 연산 TEST 2회

[01~04] 다음을 부호 +, ㅡ를 사용하여 나타내시오.

01 { 6점 득점
     { 1점 실점

02 { 2000원 손해
     { 1000원 이익

03 { 2 kg 감소
     { 3 kg 증가

04 { 해발 1000 m
     { 해저 500 m

[05~08] 다음 수를 부호 +, ㅡ를 사용하여 나타내시오.

05 0보다 4만큼 큰 수

06 0보다 9만큼 작은 수

07 0보다 $\frac{1}{3}$만큼 큰 수

08 0보다 3.7만큼 작은 수

[09~11] 다음 수를 보기에서 모두 고르시오.

┌ 보기 ┐

$3.6, \quad +\frac{4}{2}, \quad 0, \quad +7, \quad \frac{10}{2}$

$-2.5, \quad -6, \quad -\frac{12}{3}, \quad 8, \quad -4\frac{3}{5}$

09 양의 정수

10 음의 정수

11 정수

[12~14] 아래 보기의 수에 대하여 다음을 구하시오.

┌ 보기 ┐

$+5, \quad \frac{8}{2}, \quad -\frac{9}{5}, \quad 0, \quad -3.2, \quad -6$

12 정수의 개수

13 양의 유리수의 개수

14 유리수의 개수

[15~16] 다음 수직선에서 네 점 A, B, C, D에 대응하는 수를 각각 구하시오.

15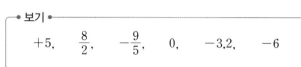

16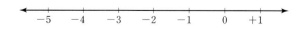

[17~18] 다음 수에 대응하는 점을 각각 수직선 위에 나타내시오.

17

$-3, \quad -\frac{1}{3}, \quad +\frac{9}{4}, \quad +2$

```
←―――――――――――――――→
  -3  -2  -1   0  +1  +2  +3
```

18

$-5, \quad -\frac{7}{2}, \quad -1, \quad +\frac{1}{2}$

```
←―――――――――――――――→
  -5  -4  -3  -2  -1   0  +1
```

맞힌 개수 ☐ 개 / 18개

 **VISUAL 개념연산** **절댓값**

↪ 정답 및 풀이 29쪽

(1) **절댓값** : 수직선 위에서 어떤 수에 대응하는 점과 원점 사이의 거리

기호 | |

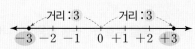

(2) **절댓값의 성질**

① 절댓값이 $a\,(a>0)$ 인 수는 $+a$, $-a$의 2개이다.

참고 0의 절댓값은 0이다. → $|0|=0$

② 절댓값은 항상 0 또는 양수이다.

③ 원점에서 멀리 떨어질수록 절댓값이 커진다.

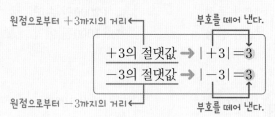

❊ 다음 ☐ 안에 알맞은 수를 써넣으시오.

01

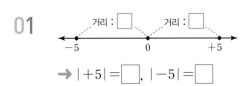

→ $|+5|=$ ☐ , $|-5|=$ ☐

02

거리 : ☐ 거리 : ☐

$-\dfrac{5}{3}$ 0 $+\dfrac{5}{3}$

→ $\left|+\dfrac{5}{3}\right|=$ ☐ , $\left|-\dfrac{5}{3}\right|=$ ☐

❊ 다음 수의 절댓값을 기호를 사용하여 나타내고, 그 값을 구하시오.

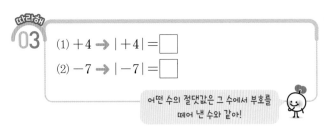

03

(1) $+4$ → $|+4|=$ ☐

(2) -7 → $|-7|=$ ☐

어떤 수의 절댓값은 그 수에서 부호를 떼어 낸 수와 같아!

04 $+\dfrac{8}{3}$ _____

05 $-\dfrac{3}{4}$ _____

06 $+2.6$ _____

07 -0.3 _____

❊ 다음 값을 구하시오.

08 $|+6|$ _____

09 $|-10|$ _____

10 $\left|+\dfrac{4}{5}\right|$ _____

11 $\left|-\dfrac{7}{12}\right|$ _____

12 $|+0.9|$ _____

13 $|-2.1|$ _____

❊ 다음 □ 안에 알맞은 수를 써넣으시오.

14

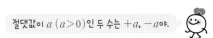

→ 절댓값이 4인 두 수 : □ , □

절댓값이 $a\ (a>0)$인 두 수는 $+a,\ -a$야.

15

거리 : $\frac{4}{3}$ 거리 : $\frac{4}{3}$

→ 원점으로부터 거리가 $\frac{4}{3}$인 두 수 : □ , □

❊ 다음을 모두 구하시오.

16 절댓값이 7인 수 _____

17 절댓값이 0인 수 _____

18 절댓값이 3.7인 수 _____

19 절댓값이 $\frac{2}{5}$인 수 _____

20 절댓값이 $\frac{7}{3}$인 음수 _____

21 절댓값이 5.3인 양수 _____

22 원점으로부터 거리가 6인 수 _____

❊ 절댓값이 같고 부호가 반대인 두 수를 수직선 위에 나타내면 두 수에 대응하는 두 점 사이의 거리가 다음과 같을 때, 두 수를 구하시오.

23

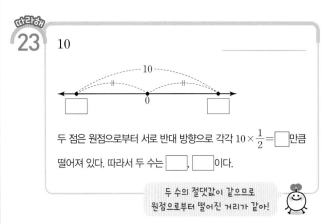

10

두 점은 원점으로부터 서로 반대 방향으로 각각 $10 \times \frac{1}{2} = $□ 만큼 떨어져 있다. 따라서 두 수는 □ , □ 이다.

두 수의 절댓값이 같으므로 원점으로부터 떨어진 거리가 같아!

24

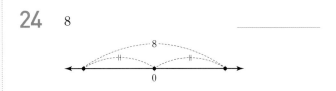

8

25 12 _____

26 26 _____

❊ 다음 중 옳은 것에는 ○표, 옳지 않은 것에는 ×표를 하시오.

27 절댓값이 가장 작은 수는 1이다. ( )

28 모든 유리수의 절댓값은 양수이다. ( )

29 절댓값이 클수록 수직선에서 그 수를 나타내는 점은 원점으로부터 멀리 떨어져 있다. ( )

30 절댓값이 같은 수는 항상 2개이다. ( )

VISUAL 개념연산 # 정수와 유리수의 대소 관계

→ 정답 및 풀이 29쪽

수를 수직선 위에 나타내면 오른쪽에 있는 수가 왼쪽에 있는 수보다 더 크다.

(음수) < 0 < (양수)

양수끼리는 절댓값이 큰 수가 더 크다.

음수끼리는 절댓값이 큰 수가 더 작다.

→ $-2 < 0 < +2$

→ $\underset{|+2|=2}{+2} < \underset{|+4|=4}{+4}$

→ $\underset{|-4|=4}{-4} < \underset{|-2|=2}{-2}$

개념 POINT

오른쪽에 있는 수일수록 크다.

$-3 \ -2 \ -1 \quad 0 \ +1 \ +2 \ +3$

절댓값이 클수록 작다. 절댓값이 클수록 크다.

✽ 다음 ○ 안에 부등호 >, < 중 알맞은 것을 써넣으시오.

01 $+7 \bigcirc 0$

(음수) < 0
0 < (양수)
(음수) < (양수)

02 $-5 \bigcirc 0$

03 $-9 \bigcirc +2$

04 $+\dfrac{5}{3} \bigcirc -\dfrac{7}{2}$

05 $-2.4 \bigcirc +\dfrac{1}{6}$

✽ 다음 ○ 안에 부등호 >, < 중 알맞은 것을 쓰고, ☐ 안에 알맞은 수를 써넣으시오.

06 $+2 \bigcirc +8$

07 $+4 \bigcirc +3.7$

08 $+\dfrac{3}{4} \bigcirc +\dfrac{5}{4}$

09 $+\dfrac{3}{4}, +\dfrac{4}{5} \xrightarrow{\text{통분}} +\dfrac{\boxed{}}{20}, +\dfrac{\boxed{}}{20}$

$\xrightarrow{\text{비교}} +\dfrac{3}{4} \bigcirc +\dfrac{4}{5}$

10 $+\dfrac{7}{5}, +1.3 \xrightarrow{\text{통분}} +\dfrac{\boxed{}}{10}, +\dfrac{\boxed{}}{10}$

$\xrightarrow{\text{비교}} +\dfrac{7}{5} \bigcirc +1.3$

소수와 분수의 대소 관계는 소수 또는 분수로 통일해서 비교해!

✽ 다음 ○ 안에 부등호 >, < 중 알맞은 것을 쓰고, ☐ 안에 알맞은 수를 써넣으시오.

11 $-3 \bigcirc -7$

12 $-5 \bigcirc -4.8$

13 $-\dfrac{3}{7} \bigcirc -\dfrac{4}{7}$

14 $-\dfrac{2}{3}, -\dfrac{3}{4} \xrightarrow{\text{통분}} -\dfrac{\boxed{}}{12}, -\dfrac{\boxed{}}{12}$

$\xrightarrow{\text{비교}} -\dfrac{2}{3} \bigcirc -\dfrac{3}{4}$

15 $-\dfrac{4}{5}, -0.7 \xrightarrow{\text{통분}} -\dfrac{\boxed{}}{10}, -\dfrac{\boxed{}}{10}$

$\xrightarrow{\text{비교}} -\dfrac{4}{5} \bigcirc -0.7$

$x>3$	$x<3$	$x\geq3$	$x\leq3$
x는 3보다 크다.	x는 3보다 작다.	x는 3보다 크거나 같다.	x는 3보다 작거나 같다.
x는 3 초과이다.	x는 3 미만이다.	x는 3보다 작지 않다.	x는 3보다 크지 않다.
		x는 3 이상이다.	x는 3 이하이다.

❈ 다음 ◯ 안에 알맞은 부등호를 써넣으시오.

01 x는 2보다 크거나 같다. ➡ $x \bigcirc 2$

02 x는 -3 미만이다. ➡ $x \bigcirc -3$

03 x는 4보다 작지 않다. ➡ $x \bigcirc 4$

04 x는 -2보다 크거나 같고 5보다 작다.
➡ $-2 \bigcirc x \bigcirc 5$

05 x는 -3 이상이고 7 이하이다.
➡ $-3 \bigcirc x \bigcirc 7$

❈ 다음을 부등호를 사용하여 나타내시오.

06 x는 5보다 작거나 같다.

07 x는 -4 초과이다.

08 x는 0보다 크지 않다.

09 x는 $\dfrac{1}{2}$보다 크고 8보다 작거나 같다.

10 x는 $-\dfrac{2}{3}$ 초과이고 2.4 미만이다.

❈ 수직선을 이용하여 다음을 모두 구하시오.

11 따라해

$\dfrac{3}{2}$보다 크고 5보다 작은 정수 ➡ ☐, ☐, ☐

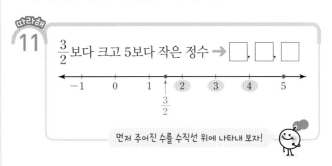

먼저 주어진 수를 수직선 위에 나타내 보자!

12 -2 이상 1 이하인 정수

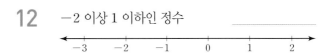

13 $-\dfrac{5}{2}$와 $-\dfrac{1}{3}$ 사이에 있는 정수

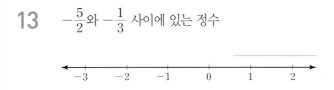

14 $-2.3<x<2$인 정수 x

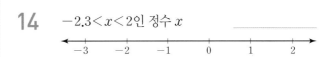

15 $-\dfrac{5}{3}<x\leq3$인 정수 x

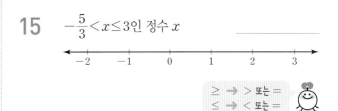

$\geq$ ➡ $>$ 또는 $=$
$\leq$ ➡ $<$ 또는 $=$

10분 연산 TEST 1회

맞힌 개수 / 24개

[01~04] 다음을 구하시오.

01 $|+9|$

02 $|-13|$

03 $\left|+\dfrac{5}{7}\right|$

04 $|-2.4|$

[05~07] 다음을 모두 구하시오.

05 절댓값이 3인 수

06 절댓값이 0인 수

07 절댓값이 $\dfrac{3}{5}$인 음수

[08~09] 절댓값이 같고 부호가 반대인 두 수 a, b가 있다. 다음 물음에 답하시오. (단, $a<b$)

08 수직선 위에서 두 수 a, b에 대응하는 두 점 사이의 거리가 14일 때, a, b의 값을 각각 구하시오.

09 두 수 a, b의 절댓값이 4일 때, 수직선 위에서 a, b에 대응하는 두 점 사이의 거리를 구하시오.

[10~11] 다음 수를 절댓값이 작은 수부터 차례로 나열하시오.

10 $1.5,\ -0.7,\ 4,\ 0,\ \dfrac{1}{2}$

11 $-\dfrac{7}{2},\ -2,\ \dfrac{13}{4},\ -\dfrac{5}{3},\ 2.4$

[12~17] 다음 ◯ 안에 부등호 >, < 중 알맞은 것을 써넣으시오.

12 $+1\ \bigcirc\ 0$

13 $+4\ \bigcirc\ +6$

14 $-\dfrac{5}{7}\ \bigcirc\ -\dfrac{6}{7}$

15 $+\dfrac{5}{4}\ \bigcirc\ +\dfrac{7}{6}$

16 $-\dfrac{2}{3}\ \bigcirc\ -\dfrac{2}{5}$

17 $+2.3\ \bigcirc\ +1.5$

[18~21] 다음을 부등호를 사용하여 나타내시오.

18 x는 $\dfrac{2}{5}$ 이상이다.

19 x는 3 초과 10 미만이다.

20 x는 -5보다 작거나 같다.

21 x는 -6보다 크고 5보다 크지 않다.

[22~24] 다음을 모두 구하시오.

22 -2보다 크고 3보다 작은 정수

23 $-1\le x<1.5$인 정수 x

24 $-\dfrac{6}{5}<x<\dfrac{13}{3}$인 정수 x

10분 연산 TEST 2회

[01~04] 다음을 구하시오.

01 $|+7|$

02 $|-11|$

03 $\left|-\dfrac{2}{5}\right|$

04 $|-3.4|$

[05~07] 다음을 모두 구하시오.

05 절댓값이 8인 수

06 절댓값이 6인 양수

07 절댓값이 $\dfrac{5}{2}$인 음수

[08~09] 절댓값이 같고 부호가 반대인 두 수 a, b가 있다. 다음 물음에 답하시오. (단, $a<b$)

08 수직선 위에서 두 수 a, b에 대응하는 두 점 사이의 거리가 20일 때, a, b의 값을 각각 구하시오.

09 두 수 a, b의 절댓값이 5일 때, 수직선 위에서 a, b에 대응하는 두 점 사이의 거리를 구하시오.

[10~11] 다음 수를 절댓값이 작은 수부터 차례로 나열하시오.

10 $\dfrac{1}{3}$, -0.8, 0, 2, -2.5

11 $-\dfrac{3}{2}$, -3, 0.5, $\dfrac{5}{4}$, 1

[12~17] 다음 ◯ 안에 부등호 >, < 중 알맞은 것을 써넣으시오.

12 $-5 \bigcirc 0$

13 $-3 \bigcirc -7$

14 $-\dfrac{2}{9} \bigcirc -\dfrac{5}{9}$

15 $+\dfrac{2}{3} \bigcirc +\dfrac{4}{5}$

16 $-\dfrac{3}{5} \bigcirc -\dfrac{3}{4}$

17 $+5.2 \bigcirc +3.8$

[18~21] 다음을 부등호를 사용하여 나타내시오.

18 x는 $\dfrac{4}{3}$ 초과이다.

19 x는 -3 이상 0 이하이다.

20 x는 -7보다 크다.

21 x는 -5보다 크거나 같고 2보다 작다.

[22~24] 다음을 모두 구하시오.

22 -3보다 크거나 같고 0보다 작은 정수

23 $-5<x<-1$인 정수 x

24 $-\dfrac{1}{2}<x\leq\dfrac{10}{3}$인 정수 x

맞힌 개수 □개 / 24개

스스로 개념 점검

1. 정수와 유리수

(1) 서로 반대되는 성질을 가지는 양을 어떤 기준을 중심으로 한 쪽은 '+', 다른 쪽은 '−'를 붙여 나타낼 수 있다. 이때 양의 부호 +를 붙인 수를 ☐, 음의 부호 −를 붙인 수를 ☐라 한다.

(2) 유리수의 분류

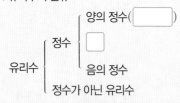

유리수 { 정수 { 양의 정수(☐) / ☐ / 음의 정수 } 정수가 아닌 유리수 }

(3) ☐ : 직선 위에 기준이 되는 점을 정하여 그 점에 0을 대응시키고, 그 점의 오른쪽과 왼쪽에 일정한 간격으로 점을 잡은 후, 오른쪽 점에 양의 정수를, 왼쪽 점에 음의 정수를 대응시킨 직선

(4) 수직선 위에서 어떤 수에 대응하는 점과 원점 사이의 거리를 그 수의 ☐이라 한다.

01

다음 중 부호 +, −를 사용하여 나타낸 것으로 옳은 것은?

① 5 % 감소 → +5 %
② 출발 3일 전 → +3일
③ 영상 20 ℃ → −20 ℃
④ 3 kg 감소 → −3 kg
⑤ 해저 400 m → +400 m

02

다음 중 **보기**의 수에 대한 설명으로 옳지 <u>않은</u> 것은?

● 보기 ●

$$-3.5, \quad 4, \quad +\frac{1}{5}, \quad -\frac{9}{2}, \quad 0, \quad 3$$

① 자연수는 2개이다.
② 정수는 3개이다.
③ 유리수는 3개이다.
④ 양의 유리수는 3개이다.
⑤ 음의 유리수는 2개이다.

03

다음 중 옳지 <u>않은</u> 것을 모두 고르면? (정답 2개)

① 모든 정수는 유리수이다.
② 0과 1 사이에는 유리수가 없다.
③ 양의 정수와 음의 정수를 통틀어 정수라 한다.
④ 0은 양의 유리수도 아니고 음의 유리수도 아니다.
⑤ 모든 유리수는 분수로 나타낼 수 있다.

04 출제율 80%

다음 중 수직선 위의 점 A, B, C, D, E에 대응하는 수를 바르게 나타낸 것은?

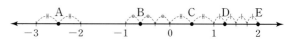

① A : $-\frac{1}{2}$
② B : $-\frac{1}{3}$
③ C : 0.5
④ D : $\frac{3}{2}$
⑤ E : 0.2

05

다음 중 절댓값이 가장 큰 수는?

① 0
② −1
③ 2
④ +3
⑤ −4

06

−1의 절댓값을 a, 8의 절댓값을 b라 할 때, $a+b$의 값은?

① 6
② 7
③ 8
④ 9
⑤ 10

07 ⚠️실수 주의

절댓값이 같고 부호가 반대인 두 수 a, b를 수직선 위에 나타내면 두 수에 대응하는 두 점 사이의 거리는 16이다. $a<b$일 때, b의 값은?

① 2   ② 4   ③ 6

④ 8   ⑤ 10

08 출제율 85%

다음 중 두 수의 대소 관계가 옳은 것은?

① $-3<-4$ ② $0>\dfrac{2}{3}$ ③ $-\dfrac{2}{3}<-\dfrac{1}{2}$

④ $\dfrac{4}{5}<\dfrac{3}{4}$ ⑤ $-5<-\dfrac{11}{2}$

09

다음 수를 작은 수부터 차례로 나열할 때, 두 번째에 오는 수는?

$$-1.6, \quad -1, \quad -\dfrac{5}{4}, \quad \dfrac{3}{2}, \quad 0, \quad 1.8$$

① -1.6 ② -1 ③ $-\dfrac{5}{4}$

④ $\dfrac{3}{2}$ ⑤ 0

10

'a는 -4 이상이고 9 미만이다.'를 부등호를 사용하여 나타내면?

① $-4<a<9$ ② $-4\leq a<9$

③ $-4<a\leq 9$ ④ $-4\leq a\leq 9$

⑤ $a<9$

11

$-2<x\leq 5$를 만족시키는 정수 x의 개수는?

① 4   ② 5   ③ 6

④ 7   ⑤ 8

12 📋서술형

아래 **보기**의 수에 대하여 다음 물음에 답하시오.

보기

$$-4, \quad +1.5, \quad 0, \quad 3, \quad +\dfrac{1}{3}, \quad -\dfrac{2}{5}, \quad -2$$

(1) 정수를 모두 고르시오.

(2) 음의 유리수를 모두 고르시오.

(3) 절댓값이 가장 큰 수를 구하시오.

한눈에 쏙 개념 한바닥

정수와 유리수의 계산

01 정수와 유리수의 덧셈

(1) **부호가 같은 두 수의 덧셈** : 두 수의 절댓값의 합에 두 수의 공통인 부호를 붙인다.

> 예 $(+5)+(+2)=+(5+2)=+7$
> $(-5)+(-2)=-(5+2)=-7$

(양수)+(양수) → +(절댓값의 합)
(음수)+(음수) → -(절댓값의 합)
(양수)+(음수)
(음수)+(양수) → ◯(절댓값의 차)
            └ 절댓값이 큰 수의 부호

(2) **부호가 다른 두 수의 덧셈** : 두 수의 절댓값의 차에 절댓값이 큰 수의 부호를 붙인다.

> 예 $(+5)+(-2)=+(5-2)=+3, (-5)+(+2)=-(5-2)=-3$

(3) **덧셈의 계산 법칙** : 세 수 a, b, c에 대하여

① 덧셈의 **교환법칙** : $a+b=b+a$　　예 $(+2)+(+4)=(+4)+(+2)=+6$

② 덧셈의 **결합법칙** : $(a+b)+c=a+(b+c)$

> 예 $\{(+4)+(-2)\}+(+3)=(+2)+(+3)=+5$ ┐
> $(+4)+\{(-2)+(+3)\}=(+4)+(+1)=+5$ ┘ 값이 서로 같다.

02 정수와 유리수의 뺄셈

(1) 두 수의 뺄셈은 빼는 수의 부호를 바꾸어 덧셈으로 계산할 수 있다.

> 예 $(+3)-(+5)=(+3)+(-5)=-(5-3)=-2, (+4)-(-2)=(+4)+(+2)=+(4+2)=+6$

(2) **덧셈과 뺄셈의 혼합 계산**

❶ 뺄셈은 모두 덧셈으로 고친다.

❷ 덧셈의 교환법칙과 결합법칙을 이용하여 수를 적당히 모아서 계산한다.

> 예 $(-1)-(-6)+(-5)=(-1)+(+6)+(-5)$
> $=(+6)+(-1)+(-5)$　덧셈의 교환법칙
> $=(+6)+\{(-1)+(-5)\}$　덧셈의 결합법칙
> $=(+6)+(-6)=0$

(3) **부호가 생략된 수의 혼합 계산** : 괄호를 사용하여 생략된 양의 부호 +를 살려서 계산한다.

> 예 $-7+4-5=(-7)+(+4)-(+5)=(-7)+(+4)+(-5)=-8$

03 정수와 유리수의 곱셈

(1) **부호가 같은 두 수의 곱셈** : 두 수의 절댓값의 곱에 양의 부호 +를 붙인다.

> 예 $(+4)\times(+2)=+(4\times2)=+8, (-4)\times(-2)=+(4\times2)=+8$

(2) **부호가 다른 두 수의 곱셈** : 두 수의 절댓값의 곱에 음의 부호 -를 붙인다.

> 예 $(+4)\times(-2)=-(4\times2)=-8, (-4)\times(+2)=-(4\times2)=-8$

(3) **곱셈의 계산 법칙** : 세 수 a, b, c에 대하여

① 곱셈의 **교환법칙** : $a\times b=b\times a$　　예 $(+3)\times(+5)=(+5)\times(+3)=+15$

② 곱셈의 **결합법칙** : $(a\times b)\times c=a\times(b\times c)$

> 예 $\{(+3)\times(-2)\}\times(+5)=(-6)\times(+5)=-30$ ┐
> $(+3)\times\{(-2)\times(+5)\}=(+3)\times(-10)=-30$ ┘ 값이 서로 같다.

(4) 세 수 이상의 곱셈

먼저 부호를 정한 후, 각 수의 절댓값의 곱에 결정된 부호를 붙인다.

→ 곱해진 음수가 $\begin{cases} \text{짝수 개이면 } + \\ \text{홀수 개이면 } - \end{cases}$

(예) $(-2) \times (+7) \times (-3) = +(2 \times 7 \times 3) = +42$

(참고) 음수의 거듭제곱의 부호 → 지수가 $\begin{cases} \text{짝수이면 } + \\ \text{홀수이면 } - \end{cases}$

(5) 분배법칙

세 수 a, b, c에 대하여

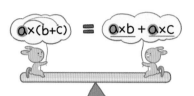

$$a \times (b+c) = a \times b + a \times c$$

$$(a+b) \times c = a \times c + b \times c$$

일 때, 이것을 덧셈에 대한 곱셈의 분배법칙이라 한다.

(예) $15 \times (100+2) = 15 \times 100 + 15 \times 2 = 1500 + 30 = 1530$

Q. $(-2)^2$과 -2^2의 값은 같을까?

A. $(-2)^2$은 -2를 2번 곱한 것이고 -2^2은 2를 2번 곱한 것에 음의 부호 $-$를 붙인 것이므로 그 값이 서로 다르다. 따라서 음수의 거듭제곱은 반드시 괄호를 사용하여 나타내야 한다.

04 정수와 유리수의 나눗셈

(1) 부호가 같은 두 수의 나눗셈 : 두 수의 절댓값의 나눗셈의 몫에 양의 부호 $+$를 붙인다.

(예) $(+4) \div (+2) = +(4 \div 2) = +2$, $(-4) \div (-2) = +(4 \div 2) = +2$

(2) 부호가 다른 두 수의 나눗셈 : 두 수의 절댓값의 나눗셈의 몫에 음의 부호 $-$를 붙인다.

(예) $(+4) \div (-2) = -(4 \div 2) = -2$, $(-4) \div (+2) = -(4 \div 2) = -2$

(3) 역수 : 어떤 두 수의 곱이 1이 될 때, 한 수를 다른 수의 역수라 한다.

(예) -5의 역수는 $-\dfrac{1}{5}$이고, $-\dfrac{1}{5}$의 역수는 -5이다.

(4) 역수를 이용한 수의 나눗셈 : 나누는 수의 역수를 곱하여 계산한다.

(예) $(+3) \div \left(+\dfrac{3}{7}\right) = (+3) \times \left(+\dfrac{7}{3}\right) = +7$

Q. 어떤 수를 0으로 나눌 수 있을까?

A. $1 \div 0 = a$라 하면 $1 = a \times 0$도 만족시켜야 한다. 그러나 0과 곱했을 때 1이 되는 수 a는 존재하지 않으므로 모순이다. 따라서 나눗셈에서 0으로 나누는 것은 생각하지 않는다.

Q. 0의 역수는 무엇일까?

A. 0에 어떤 수를 곱하여도 1이 될 수 없으므로 0의 역수는 생각하지 않는다.

05 덧셈, 뺄셈, 곱셈, 나눗셈의 혼합 계산

❶ 거듭제곱이 있으면 거듭제곱을 먼저 계산한다.

❷ 괄호가 있으면 괄호 안을 먼저 계산한다.

이때 괄호는 소괄호 ( ), 중괄호 { }, 대괄호 [ ]의 순서로 계산한다.

❸ 곱셈과 나눗셈을 계산한다.

❹ 덧셈과 뺄셈을 계산한다.

분수와 소수의 덧셈과 뺄셈 초등 4~5학년

→ 정답 및 풀이 32쪽

(1) 분수의 덧셈과 뺄셈 : 통분하여 분자끼리 더하거나 빼서 계산한다.

$$\frac{3}{4}+\frac{1}{6}=\frac{3\times 3}{4\times 3}+\frac{1\times 2}{6\times 2}=\frac{9}{12}+\frac{2}{12}=\frac{11}{12}$$

$$\frac{5}{6}-\frac{2}{3}=\frac{5}{6}-\frac{2\times 2}{3\times 2}=\frac{5}{6}-\frac{4}{6}=\frac{1}{6}$$

(2) 소수의 덧셈과 뺄셈 : 같은 자리 수끼리 더하거나 빼서 계산한다.

$$\begin{array}{r} 0.4\ 3 \\ +\ 0.2\ 1 \\ \hline 0.6\ 4 \end{array}$$ ① 3+1=4 ② 4+2=6 → 0.43+0.21=0.64

$$\begin{array}{r} 0.6\ 8 \\ -\ 0.2\ 3 \\ \hline 0.4\ 5 \end{array}$$ ① 8-3=5 ② 6-2=4 → 0.68-0.23=0.45

개념 POINT

$$\frac{\blacksquare}{\bullet}+\frac{\blacktriangle}{\bullet}=\frac{\blacksquare+\blacktriangle}{\bullet}$$

$$\frac{\blacksquare}{\bullet}-\frac{\blacktriangle}{\bullet}=\frac{\blacksquare-\blacktriangle}{\bullet}$$

✿ 다음을 계산하시오.

01 $\dfrac{2}{5}+\dfrac{1}{5}=\dfrac{\square+\square}{5}=\dfrac{\square}{5}$

02 $\dfrac{2}{7}+\dfrac{3}{7}$

03 $\dfrac{7}{8}-\dfrac{3}{8}$

04 $\dfrac{5}{13}-\dfrac{2}{13}$

05 $\dfrac{1}{6}+\dfrac{2}{9}=\dfrac{\square}{18}+\dfrac{\square}{18}=\dfrac{\square}{18}$

분모의 최소공배수로 통분해.

06 $\dfrac{3}{7}+\dfrac{2}{5}$

07 $\dfrac{5}{8}-\dfrac{3}{10}$

08 $\dfrac{5}{6}-\dfrac{3}{7}$

✿ 다음을 계산하시오.

09 $0.15+0.32$

10 $4.2+1.53$

11 $2.36+1.89$

12 $0.76-0.42$

13 $3.28-2.5$

14 $5.26-1.48$

02 부호가 같은 두 수의 덧셈

VISUAL 개념연산

→ 정답 및 풀이 32쪽

두 수의 절댓값의 합에 두 수의 공통인 부호를 붙인다.

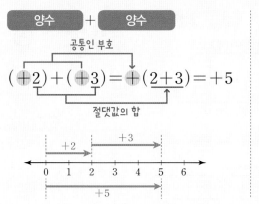

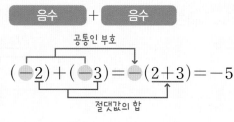

개념 POINT

$$+ + + = + (절댓값의 합)$$
$$- + - = - (절댓값의 합)$$

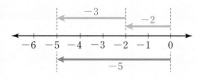

참고 0과 어떤 수의 합은 그 수 자신이다. → 0+(어떤 수)=(어떤 수), (어떤 수)+0=(어떤 수)

✱ 수직선을 보고, 다음 ☐ 안에 알맞은 수를 써넣으시오.

01

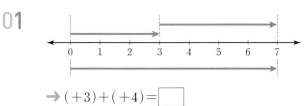

→ $(+3)+(+4)=$ ☐

수직선 위에서 +는 오른쪽으로, −는 왼쪽으로!

02

→ $(-2)+($ ☐ $)=$ ☐

✱ 다음을 계산하시오.

03

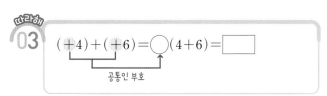

$$(+4)+(+6)=\bigcirc(4+6)=$$ ☐

공통인 부호

04 $(-12)+(-5)$ _____

05 $\left(-\dfrac{3}{8}\right)+\left(-\dfrac{11}{8}\right)$ _____

06

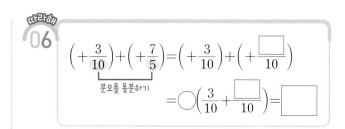

$$\left(+\dfrac{3}{10}\right)+\left(+\dfrac{7}{5}\right)=\left(+\dfrac{3}{10}\right)+\left(+\dfrac{\boxed{}}{10}\right)$$
분모를 통분하기
$$=\bigcirc\left(\dfrac{3}{10}+\dfrac{\boxed{}}{10}\right)=\boxed{}$$

07 $\left(-\dfrac{5}{2}\right)+\left(-\dfrac{1}{6}\right)$ _____

08 $(+1.3)+(+2.4)$ _____

09 $(-3.5)+(-1.6)$ _____

10

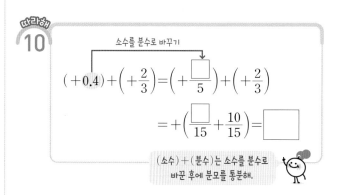

소수를 분수로 바꾸기
$$(+0.4)+\left(+\dfrac{2}{3}\right)=\left(+\dfrac{\boxed{}}{5}\right)+\left(+\dfrac{2}{3}\right)$$
$$=+\left(\dfrac{\boxed{}}{15}+\dfrac{10}{15}\right)=\boxed{}$$

(소수)+(분수)는 소수를 분수로 바꾼 후에 분모를 통분해.

11 $\left(-\dfrac{7}{4}\right)+(-2.5)$ _____

03 VISUAL 개념연산 부호가 다른 두 수의 덧셈

두 수의 절댓값의 차에 절댓값이 큰 수의 부호를 붙인다.

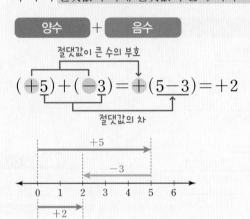

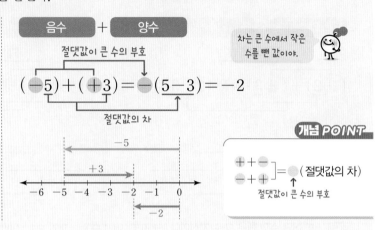

차는 큰 수에서 작은
수를 뺀 값이야.

개념 POINT

$$+ + - \atop - + + \Big] = \bullet \ (절댓값의\ 차)$$
절댓값이 큰 수의 부호

❋ 수직선을 보고, 다음 □ 안에 알맞은 수를 써넣으시오.

01

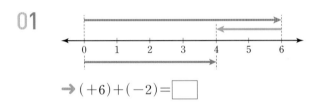

→ $(+6)+(-2)=$ □

02

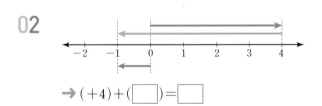

→ $(+4)+($ □ $)=$ □

03

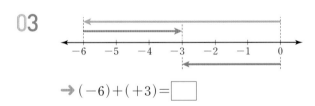

→ $(-6)+(+3)=$ □

04

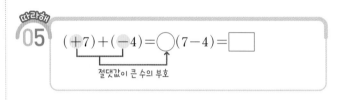

→ $(-2)+($ □ $)=$ □

❋ 다음을 계산하시오.

따라해 05

$(+7)+(-4)=$ ◯ $(7-4)=$ □
절댓값이 큰 수의 부호

06 $(+3)+(-11)$ _____

07 $(-13)+(+6)$ _____

08 $(-8)+(+12)$ _____

09 $\left(+\dfrac{3}{5}\right)+\left(-\dfrac{4}{5}\right)$ _____

10 $\left(-\dfrac{1}{4}\right)+\left(+\dfrac{11}{4}\right)$ _____

11 $\left(-\dfrac{3}{8}\right)+\left(+\dfrac{15}{8}\right)$ _____

12

$$\left(+\dfrac{2}{5}\right)+\left(-\dfrac{4}{3}\right)=\left(+\dfrac{6}{15}\right)+\left(-\dfrac{\boxed{}}{15}\right)$$

분모를 통분하기

$$=-\left(\dfrac{20}{15}-\dfrac{\boxed{}}{15}\right)$$

$$=\boxed{}$$

13 $\left(-\dfrac{2}{3}\right)+\left(+\dfrac{1}{2}\right)$ _____

14 $\left(+\dfrac{1}{4}\right)+\left(-\dfrac{5}{2}\right)$ _____

15 $\left(-\dfrac{5}{3}\right)+\left(+\dfrac{10}{9}\right)$ _____

16 $\left(+\dfrac{7}{4}\right)+\left(-\dfrac{5}{6}\right)$ _____

17 $(+6.2)+(-4.7)$ _____

18 $(-3.4)+(+2.9)$ _____

19

소수를 분수로 바꾸기

$$(+1.4)+\left(-\dfrac{9}{5}\right)=\left(+\dfrac{\boxed{}}{5}\right)+\left(-\dfrac{9}{5}\right)$$

$$=-\left(\dfrac{9}{5}-\dfrac{\boxed{}}{5}\right)$$

$$=\boxed{}$$

20 $\left(-\dfrac{2}{3}\right)+(+1.5)$ _____

VISUAL 개념연산 덧셈의 계산 법칙

→ 정답 및 풀이 33쪽

덧셈의 교환법칙 : $a+b=b+a$

$(+3)+(-5)=-2$
$(-5)+(+3)=-2$
순서를 바꾸어 더해도 계산 결과는 같다.

덧셈의 결합법칙 : $(a+b)+c=a+(b+c)$

$\{(+2)+(+7)\}+(-3)=(+9)+(-3)=+6$
$(+2)+\{(+7)+(-3)\}=(+2)+(+4)=+6$
어느 두 수를 먼저 더해도 계산 결과는 같다.

개념 POINT

$● + ■ = ■ + ●$
$(● + ■) + ▲ = ● + (■ + ▲)$

❈ 다음 계산 과정에서 (가), (나)에 이용된 덧셈의 계산 법칙을 쓰고, ☐ 안에 알맞은 수를 써넣으시오.

01
$(+4)+(-9)+(+7)$
$=(+4)+(\boxed{})+(-9)$ 〉(가)
$=\{(+4)+(\boxed{})\}+(-9)$ 〉(나)
$=(\boxed{})+(-9)=\boxed{}$

(가) : _____ , (나) : _____

02
$(-3)+(+8)+(-6)$
$=(+8)+(\boxed{})+(-6)$ 〉(가)
$=(+8)+\{(\boxed{})+(-6)\}$ 〉(나)
$=(+8)+(\boxed{})=\boxed{}$

(가) : _____ , (나) : _____

03
$\left(+\dfrac{3}{8}\right)+\left(-\dfrac{1}{4}\right)+\left(+\dfrac{5}{8}\right)$
$=\left(+\dfrac{3}{8}\right)+\left(\boxed{}\right)+\left(-\dfrac{1}{4}\right)$ 〉(가)
$=\left\{\left(+\dfrac{3}{8}\right)+\left(\boxed{}\right)\right\}+\left(-\dfrac{1}{4}\right)$ 〉(나)
$=\left(\boxed{}\right)+\left(-\dfrac{1}{4}\right)=\boxed{}$

(가) : _____ , (나) : _____

부호가 같은 수끼리, 분모가 같은 분수끼리 모으면 계산이 편리해!

❈ 다음을 계산하시오.

04 $(+5)+(-11)+(+3)$ _____

05 $(-7)+(+15)+(-4)$ _____

06 $(+2.1)+(-3.4)+(+1.9)$ _____

07 $\left(-\dfrac{3}{4}\right)+\left(+\dfrac{1}{2}\right)+\left(-\dfrac{5}{4}\right)$ _____

08 $\left(+\dfrac{1}{2}\right)+\left(-\dfrac{5}{6}\right)+\left(+\dfrac{2}{3}\right)$ _____

05 VISUAL 개념연산 두 수의 뺄셈

→ 정답 및 풀이 34쪽

두 수의 뺄셈은 **빼는 수의 부호를 바꾸어 덧셈으로** 계산할 수 있다.

어떤 수 ― 양수

뺄셈은 덧셈으로

$$(+5)-(+3)=(+5)+(-3)=+(5-3)=+2$$

빼는 수의 부호 바꾸기

어떤 수 ― 음수

뺄셈은 덧셈으로

$$(-6)-(-2)=(-6)+(+2)=-(6-2)=-4$$

빼는 수의 부호 바꾸기

참고 ① 어떤 수에서 0을 빼면 그 수 자신이다. → (어떤 수)−0=(어떤 수)
② 0에서 어떤 수를 빼면 어떤 수의 부호가 바뀐다. → 0−(어떤 수)=−(어떤 수)

개념 POINT

뺄셈은 덧셈으로

$$● -(+■)=●+(-■)$$

빼는 수의 부호 바꾸기

실수 Check

뺄셈에서는 교환법칙과 결합
법칙이 성립하지 않는다.
$$(+5)-(+3)=+2$$
$$(+3)-(+5)=-2 \neq$$

✿ 다음을 계산하시오.

따라해 01

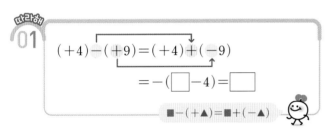

$$(+4)-(+9)=(+4)+(-9)$$
$$=-(\boxed{}-4)=\boxed{}$$

$■-(+▲)=■+(-▲)$

02 $(+15)-(+6)$ _____

03 $(-12)-(+5)$ _____

04 $(-10)-(+13)$ _____

05 $(+3.6)-(+1.4)$ _____

06 $(-1.6)-(+5.2)$ _____

따라해 07

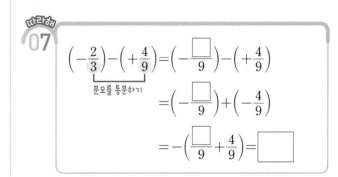

$$\left(-\frac{2}{3}\right)-\left(+\frac{4}{9}\right)=\left(-\frac{\boxed{}}{9}\right)-\left(+\frac{4}{9}\right)$$

분모를 통분하기

$$=\left(-\frac{\boxed{}}{9}\right)+\left(-\frac{4}{9}\right)$$

$$=-\left(\frac{\boxed{}}{9}+\frac{4}{9}\right)=\boxed{}$$

08 $\left(+\frac{9}{4}\right)-\left(+\frac{3}{2}\right)$ _____

09 $\left(-\frac{3}{4}\right)-\left(+\frac{5}{3}\right)$ _____

10 $(+0.8)-\left(+\frac{3}{5}\right)$ _____

소수를 분수로 바꾸거나, 분수를 소수로 바꿔.

✿ 다음을 계산하시오.

11
$(+12)-(-4)=(+12)+(+4)$

$\qquad = +(12+\boxed{})=\boxed{}$

$\blacksquare-(-\blacktriangle)=\blacksquare+(+\blacktriangle)$

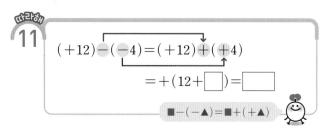

17
$\left(+\dfrac{3}{4}\right)-\left(-\dfrac{5}{6}\right)=\left(+\dfrac{\boxed{}}{12}\right)-\left(-\dfrac{10}{12}\right)$

분모를 통분하기

$\qquad =\left(+\dfrac{\boxed{}}{12}\right)+\left(+\dfrac{10}{12}\right)$

$\qquad =+\left(\dfrac{\boxed{}}{12}+\dfrac{10}{12}\right)=\boxed{}$

12 $(-9)-(-5)$

13 $(-11)-(-6)$

14 $(+7)-(-13)$

15 $(+2.7)-(-1.4)$

16 $(-2.3)-(-0.8)$

18 $\left(-\dfrac{7}{3}\right)-\left(-\dfrac{2}{3}\right)$

19 $\left(+\dfrac{6}{5}\right)-\left(-\dfrac{3}{10}\right)$

20 $\left(-\dfrac{6}{7}\right)-\left(-\dfrac{2}{3}\right)$

21 $(+0.7)-\left(-\dfrac{3}{5}\right)$

22 $\left(-\dfrac{5}{2}\right)-(-1.5)$

06 VISUAL 개념연산 덧셈과 뺄셈의 혼합 계산

$(+2)+(-3)-(-5)$
$=(+2)+(-3)+(+5)$ — 빼는 수의 부호를 바꾸어 덧셈으로 고치기

$=(+2)+(+5)+(-3)$ — 덧셈의 교환법칙 이용하기
$=\{(+2)+(+5)\}+(-3)$ — 덧셈의 결합법칙 이용하기
$=(+7)+(-3)$
$=+4$

개념 POINT

❶ 뺄셈 → 빼는 수의 부호를 바꾸어 덧셈으로 고친다.
❷ 덧셈의 계산 법칙을 이용 → 양수는 양수끼리, 음수는 음수끼리 모아서 계산한다.

✿ 다음을 계산하시오.

01
$(-4)+(+2)-(+7)$
$=(-4)+(+2)+(\boxed{})$ — 빼는 수의 부호를 바꾸어 덧셈으로 고치기
$=(+2)+(-4)+(\boxed{})$ — 덧셈의 교환법칙 이용하기
$=(+2)+\{(-4)+(\boxed{})\}$ — 덧셈의 결합법칙 이용하기
$=(+2)+(\boxed{})=\boxed{}$

●+■=■+●
(●+■)+▲=●+(■+▲)

02 $(+5)-(+3)+(-9)$ _____

03 $(-9)-(-4)+(+7)$ _____

04 $(-6)+(-10)-(-3)$ _____

05 $(+11)+(-6)-(-2)$ _____

06 $(-3)-(-15)+(-8)$ _____

07 $(-12)-(-1)+(-6)$ _____

08 $(+7)+(-15)-(-9)$ _____

09 $(+8)-(+5)-(-4)+(-9)$ _____

뺄셈을 덧셈으로 고친 후에 양수는 양수끼리, 음수는 음수끼리 모아서 계산해!

10 $(+13)+(-4)-(+7)-(-2)$ _____

✿ 다음을 계산하시오.

따라해 11

$(+3.9)-(+1.2)+(-2.3)$
$=(+3.9)+(-1.2)+(-2.3)$
$=(+3.9)+\{(\boxed{})+(-2.3)\}$
$=(+3.9)+(\boxed{})$
$=\boxed{}$

계산이 더 간단해지는 수끼리 모아 보자!

12 $(-6.4)+(+3.2)-(-1.7)$ _____

13 $(+4.2)-(-1.3)+(-2.7)$ _____

14 $(+1.6)-(+0.8)+(-2.2)-(-3.4)$
_____

따라해 15

$\left(-\dfrac{7}{8}\right)+\left(+\dfrac{1}{4}\right)-\left(+\dfrac{3}{8}\right)$
$=\left(-\dfrac{7}{8}\right)+\left(+\dfrac{1}{4}\right)+\left(\boxed{}\right)$
$=\left(+\dfrac{1}{4}\right)+\left\{\left(-\dfrac{7}{8}\right)+\left(\boxed{}\right)\right\}$
$=\left(+\dfrac{1}{4}\right)+\left(\boxed{}\right)=\boxed{}$

분모가 같은 분수끼리 모아 보자!

16 $\left(+\dfrac{1}{6}\right)-\left(-\dfrac{4}{3}\right)+\left(-\dfrac{5}{6}\right)$ _____

따라해 17

$\left(+\dfrac{3}{4}\right)-\left(+\dfrac{1}{2}\right)+\left(-\dfrac{1}{8}\right)$
$=\left(+\dfrac{3}{4}\right)+\left(\boxed{}\right)+\left(-\dfrac{1}{8}\right)$
$=\left(+\dfrac{6}{8}\right)+\left\{\left(\boxed{}\right)+\left(-\dfrac{1}{8}\right)\right\}$ } 분모를 통분하기
$=\left(+\dfrac{6}{8}\right)+\left(-\dfrac{\boxed{}}{8}\right)=\boxed{}$

18 $\left(-\dfrac{1}{6}\right)+(+2)-\left(+\dfrac{1}{3}\right)$ _____

19 $\left(-\dfrac{2}{3}\right)+\left(-\dfrac{1}{2}\right)-\left(-\dfrac{5}{6}\right)$ _____

20 $\left(+\dfrac{1}{3}\right)+\left(-\dfrac{7}{12}\right)-\left(-\dfrac{1}{4}\right)$ _____

21 $\left(+\dfrac{5}{4}\right)-\left(-\dfrac{2}{5}\right)+\left(-\dfrac{3}{2}\right)$ _____

22 $\left(-\dfrac{1}{2}\right)-\left(-\dfrac{2}{5}\right)+\left(+\dfrac{3}{2}\right)-\left(+\dfrac{6}{5}\right)$
_____

분모가 같은 분수끼리 모아서 계산해.

07 VISUAL 개념연산 부호가 생략된 수의 덧셈과 뺄셈

정답 및 풀이 36쪽

부호가 생략된 수의 덧셈과 뺄셈은 + 부호와 괄호를 되살려서 계산한다.

$5-7+4$
$=(+5)-(+7)+(+4)$ ⟩ + 부호와 괄호 되살리기
$=(+5)+(-7)+(+4)$ ⟩ 뺄셈을 덧셈으로 고치기
$=\{(+5)+(+4)\}+(-7)$ ⟩ 덧셈의 계산 법칙 이용하기
$=(+9)+(-7)$
$=2$

참고 계산 결과가 양수인 경우, + 부호를 생략하여 나타낼 수 있다.

개념 POINT

$+\bullet=+(+\bullet)$
$-\blacktriangle=-(+\blacktriangle)$

✽ **다음을 계산하시오.**

따라해 01

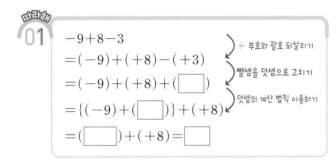

$-9+8-3$
$=(-9)+(+8)-(+3)$ ⟩ + 부호와 괄호 되살리기
$=(-9)+(+8)+(\boxed{})$ ⟩ 뺄셈을 덧셈으로 고치기
$=\{(-9)+(\boxed{})\}+(+8)$ ⟩ 덧셈의 계산 법칙 이용하기
$=(\boxed{})+(+8)=\boxed{}$

02 $\quad 8-13$

03 $\quad -11+7$

04 $\quad -6-9$

05 $\quad 4+5-8$

06 $\quad 6-15+7$

07 $\quad -5+14-8$

08 $\quad 11-6+2-4$

09 $\quad -3+9+8-10$

10 $\quad 4-12+10-13$

11 $\quad -13+4-5+6$

✽ 다음을 계산하시오.

따라해 12

$9.2 - 3.5 + 2.1$
$= (+9.2) - (+3.5) + (+2.1)$
$= (+9.2) + (-3.5) + (\boxed{})$
$= \{(+9.2) + (\boxed{})\} + (-3.5)$
$= (\boxed{}) + (-3.5) = \boxed{}$

13 $\quad -4.5 + 3.2$

14 $\quad -2.2 - 1.8$

15 $\quad 0.4 + 1.3 - 1.5$

16 $\quad -4.1 + 6.6 - 7.8 + 3.3$

따라해 17

$-\dfrac{7}{10} - \dfrac{4}{5} + \dfrac{3}{10}$
$= \left(-\dfrac{7}{10}\right) - \left(+\dfrac{4}{5}\right) + \left(+\dfrac{3}{10}\right)$
$= \left(-\dfrac{7}{10}\right) + \left(\boxed{}\right) + \left(+\dfrac{3}{10}\right)$
$= \left\{\left(-\dfrac{7}{10}\right) + \left(+\dfrac{3}{10}\right)\right\} + \left(\boxed{}\right)$ ⟵ 분모가 같은 분수끼리 묶기
$= \left(-\dfrac{2}{5}\right) + \left(\boxed{}\right) = \boxed{}$

18 $\quad \dfrac{11}{14} - \dfrac{3}{7} + \dfrac{9}{14}$

19 $\quad -\dfrac{2}{3} - 3 + \dfrac{5}{3}$

따라해 20

$-\dfrac{7}{12} + \dfrac{2}{3} - \dfrac{1}{4}$
$= \left(-\dfrac{7}{12}\right) + \left(+\dfrac{2}{3}\right) - \left(+\dfrac{1}{4}\right)$
$= \left(-\dfrac{7}{12}\right) + \left(\boxed{}\right) + \left(-\dfrac{1}{4}\right)$
$= \left(-\dfrac{7}{12}\right) + \left(\boxed{}\right) + \left(-\dfrac{3}{12}\right)$ ⟵ 분모를 통분하기
$= \left\{\left(-\dfrac{7}{12}\right) + \left(-\dfrac{3}{12}\right)\right\} + \left(\boxed{}\right)$
$= \left(-\dfrac{10}{12}\right) + \left(\boxed{}\right) = \boxed{}$

21 $\quad \dfrac{1}{5} - \dfrac{2}{3} + \dfrac{1}{2}$

22 $\quad 1 - \dfrac{1}{3} - \dfrac{1}{2} + \dfrac{7}{6}$

23 $\quad -\dfrac{3}{5} + \dfrac{1}{4} + \dfrac{2}{5} - \dfrac{1}{2}$

24 $\quad 3.8 - \dfrac{2}{5} + 1.2 - \dfrac{3}{5}$

08 VISUAL 개념연산 어떤 수보다 ~만큼 큰 수, 작은 수 구하기

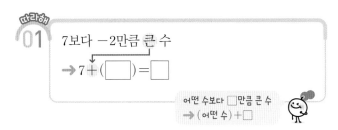

└ '~만큼 큰'이면 더한다.

- 3보다　5만큼 큰 수 ➡ 3＋5
- 3보다 −5만큼 큰 수 ➡ 3＋(−5)

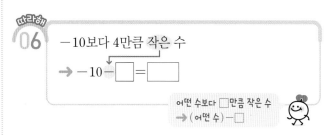

└ '~만큼 작은'이면 뺀다.

- −2보다　7만큼 작은 수 ➡ −2−7
- −2보다 −7만큼 작은 수 ➡ −2−(−7)

✸ 다음을 구하시오.

따라해 01 7보다 −2만큼 큰 수
➡ $7 + (\boxed{}) = \boxed{}$

어떤 수보다 ☐만큼 큰 수
➡ (어떤 수)＋☐

02 −3보다 8만큼 큰 수　_____

03 −5보다 −4만큼 큰 수　_____

04 $\dfrac{2}{3}$보다 $-\dfrac{1}{2}$만큼 큰 수　_____

05 $-\dfrac{3}{4}$보다 $\dfrac{1}{6}$만큼 큰 수　_____

✸ 다음을 구하시오.

따라해 06 −10보다 4만큼 작은 수
➡ $-10 - \boxed{} = \boxed{}$

어떤 수보다 ☐만큼 작은 수
➡ (어떤 수)−☐

07 4보다 −15만큼 작은 수　_____

08 −7보다 11만큼 작은 수　_____

09 −9보다 $-\dfrac{3}{2}$만큼 작은 수　_____

10 $\dfrac{2}{5}$보다 $-\dfrac{1}{4}$만큼 작은 수　_____

맞힌 개수   /18개

[01~03] 다음을 계산하시오.

01 $(-13)+(-6)$

02 $(+3.4)+(+1.7)$

03 $\left(-\dfrac{5}{3}\right)+\left(-\dfrac{1}{5}\right)$

[04~06] 다음을 계산하시오.

04 $(-7)+(+11)$

05 $(+2.7)+(-1.5)$

06 $\left(-\dfrac{3}{4}\right)+\left(+\dfrac{2}{7}\right)$

[07~09] 다음을 계산하시오.

07 $(-13)+(+6)+(-3)$

08 $(+16)+(-19)+(+10)$

09 $\left(+\dfrac{3}{14}\right)+\left(+\dfrac{5}{7}\right)+\left(-\dfrac{9}{14}\right)$

[10~13] 다음을 계산하시오.

10 $(-5)-(+16)$

11 $(-13)-(-9)$

12 $(+2.5)-(+1.3)$

13 $\left(+\dfrac{1}{4}\right)-\left(-\dfrac{7}{5}\right)$

[14~16] 다음을 계산하시오.

14 $(+5)+(-3)-(-7)$

15 $(+3.7)-(+2.8)-(+4.3)$

16 $\left(+\dfrac{2}{3}\right)-\left(-\dfrac{1}{2}\right)+\left(-\dfrac{5}{6}\right)$

[17~18] 다음을 계산하시오.

17 $-8+15-12$

18 $\dfrac{1}{3}+\dfrac{3}{4}-\dfrac{5}{12}$

맞힌 개수   개/18개

10분 연산 TEST 2회

맞힌 개수 　개/18개

[01~03] 다음을 계산하시오.

01 $(+12)+(+5)$

02 $(-1.8)+(-2.4)$

03 $\left(-\dfrac{3}{8}\right)+\left(-\dfrac{7}{4}\right)$

[04~06] 다음을 계산하시오.

04 $(-14)+(+6)$

05 $(+3.7)+(-1.5)$

06 $\left(-\dfrac{1}{3}\right)+\left(+\dfrac{3}{4}\right)$

[07~09] 다음을 계산하시오.

07 $(+4)+(-13)+(+8)$

08 $(-1.5)+(+3.2)+(-0.9)$

09 $\left(+\dfrac{1}{6}\right)+\left(+\dfrac{4}{3}\right)+\left(-\dfrac{5}{6}\right)$

[10~13] 다음을 계산하시오.

10 $(+13)-(+7)$

11 $(+6)-(-3)$

12 $(-3.4)-(-2.1)$

13 $\left(-\dfrac{9}{5}\right)-\left(+\dfrac{2}{3}\right)$

[14~16] 다음을 계산하시오.

14 $(-7)+(+12)-(+9)$

15 $(+2.5)+(-1.3)-(-0.8)$

16 $\left(+\dfrac{3}{4}\right)-\left(-\dfrac{7}{2}\right)+\left(-\dfrac{5}{4}\right)$

[17~18] 다음을 계산하시오.

17 $-23+15+9-8$

18 $\dfrac{5}{2}-\dfrac{7}{5}+\dfrac{1}{4}-\dfrac{3}{5}$

부호가 같은 두 수의 곱셈

➲ 정답 및 풀이 39쪽

두 수의 절댓값의 곱에 양의 부호 +를 붙인다.

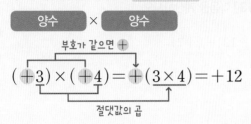

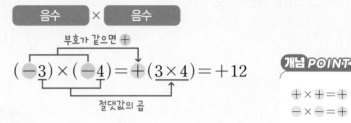

개념POINT

$+ \times + = +$

$- \times - = +$

참고 0과 어떤 수를 곱하면 0이다. → $0 \times (어떤 수) = 0$, $(어떤 수) \times 0 = 0$

❀ **다음을 계산하시오.**

따라해
01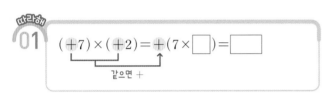

$(+7) \times (+2) = + (7 \times \boxed{}) = \boxed{}$

같으면 +

02 $(-3) \times (-9)$ _____

03 $(+4) \times (+8)$ _____

04 $(-5) \times (-6)$ _____

05 $(+13) \times (+3)$ _____

06 $(+2.4) \times (+5)$ _____

07 $(-1.5) \times (-0.6)$ _____

08 $\left(-\dfrac{3}{4}\right) \times (-12)$ _____

따라해
09 $\left(+\dfrac{10}{3}\right) \times \left(+\dfrac{4}{5}\right) = + \left(\dfrac{10}{3} \times \boxed{}\right) = \boxed{}$

답은 약분하여 기약분수로 나타내!

10 $\left(+\dfrac{4}{3}\right) \times \left(+\dfrac{9}{8}\right)$ _____

11 $\left(-\dfrac{6}{7}\right) \times \left(-\dfrac{14}{15}\right)$ _____

12 $\left(+\dfrac{1}{2}\right) \times 0$ _____

10 VISUAL 개념연산 부호가 다른 두 수의 곱셈

두 수의 절댓값의 곱에 음의 부호 —를 붙인다.

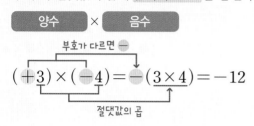

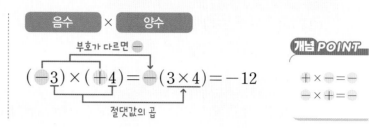

개념 POINT

$+ \times - = -$
$- \times + = -$

❀ 다음을 계산하시오.

따라해 01

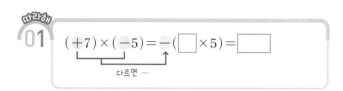

$(+7) \times (-5) = -(\boxed{} \times 5) = \boxed{}$

다르면 —

02 $(-4) \times (+11)$

03 $(+6) \times (-4)$

04 $(-2) \times (+15)$

05 $(+8) \times (-12)$

06 $(+3.5) \times (-8)$

07 $(-0.4) \times (+1.2)$

08 $(-24) \times \left(+\dfrac{1}{8}\right)$

따라해 09

$\left(-\dfrac{1}{3}\right) \times \left(+\dfrac{9}{5}\right) = -\left(\dfrac{1}{3} \times \boxed{}\right) = \boxed{}$

10 $\left(+\dfrac{5}{6}\right) \times \left(-\dfrac{12}{11}\right)$

11 $\left(-\dfrac{7}{10}\right) \times \left(+\dfrac{4}{21}\right)$

12 $0 \times \left(-\dfrac{3}{5}\right)$

11 VISUAL 개념연산 곱셈의 계산 법칙

> **곱셈의 교환법칙 : $a \times b = b \times a$**
>
> $(+3) \times (-5) = -15$ ← 순서를 바꾸어 곱해도
> $(-5) \times (+3) = -15$ ← 계산 결과는 같다.

> **곱셈의 결합법칙 : $(a \times b) \times c = a \times (b \times c)$**
>
> $\{(+2) \times (-4)\} \times (-5) = (-8) \times (-5) = +40$ ← 어느 두 수를 먼저 곱해도
> $(+2) \times \{(-4) \times (-5)\} = (+2) \times (+20) = +40$ ← 계산 결과는 같다.

개념 POINT

$$● \times ■ = ■ \times ●$$
$$(● \times ■) \times ▲ = ● \times (■ \times ▲)$$

✿ 다음 계산 과정에서 ⑺, ⑷에 이용된 곱셈의 계산 법칙을 쓰고, ☐ 안에 알맞은 수를 써넣으시오.

01

$(+2) \times (-13) \times (+5)$
$= (+2) \times (\boxed{}) \times (-13)$ ⟩(가)
$= \{(+2) \times (\boxed{})\} \times (-13)$ ⟩(나)
$= (\boxed{}) \times (-13) = \boxed{}$

(가) : _____ , (나) : _____

> 계산 결과가 간단해지는 것끼리 모으면 계산이 편리해!

02

$\left(-\dfrac{5}{3}\right) \times (+4) \times \left(-\dfrac{6}{5}\right)$
$= (+4) \times \left(\boxed{}\right) \times \left(-\dfrac{6}{5}\right)$ ⟩(가)
$= (+4) \times \left\{\left(\boxed{}\right) \times \left(-\dfrac{6}{5}\right)\right\}$ ⟩(나)
$= (+4) \times \left(\boxed{}\right) = \boxed{}$

(가) : _____ , (나) : _____

> 계산이 편리한 것끼리 묶어 봐!

03

$\left(+\dfrac{9}{4}\right) \times \left(-\dfrac{1}{5}\right) \times \left(-\dfrac{8}{3}\right)$
$= \left(+\dfrac{9}{4}\right) \times \left(\boxed{}\right) \times \left(-\dfrac{1}{5}\right)$ ⟩(가)
$= \left\{\left(+\dfrac{9}{4}\right) \times \left(\boxed{}\right)\right\} \times \left(-\dfrac{1}{5}\right)$ ⟩(나)
$= \left(\boxed{}\right) \times \left(-\dfrac{1}{5}\right) = \boxed{}$

(가) : _____ , (나) : _____

✿ 다음을 계산하시오.

04 $(-4) \times (+17) \times (-5)$ _____

05 $\left(+\dfrac{2}{7}\right) \times (-9) \times \left(+\dfrac{7}{6}\right)$ _____

06 $(-4) \times \left(+\dfrac{3}{10}\right) \times (-25)$ _____

07 $\left(-\dfrac{14}{3}\right) \times \left(+\dfrac{2}{5}\right) \times \left(+\dfrac{6}{7}\right)$ _____

12 VISUAL 개념연산 세 수 이상의 곱셈

정답 및 풀이 40쪽

$$(-2) \times (+5) \times (-3) = + (2 \times 5 \times 3) = +30$$

음수가 **짝수** 개이면 + ⟶ 절댓값의 곱

$$(-2) \times (-5) \times (-3) = - (2 \times 5 \times 3) = -30$$

음수가 **홀수** 개이면 − ⟶ 절댓값의 곱

개념 POINT

❶ 부호 정하기

곱해진 음수가 ⎡ 짝수 개 ⟶ +
⎣ 홀수 개 ⟶ −

❷ 절댓값의 곱에 ❶에서 정한 부호 붙이기

✿ 다음을 계산하시오.

따라해 01

$$(-4) \times (+3) \times (-6) = \bigcirc (4 \times 3 \times 6)$$
$$= \boxed{}$$

곱해진 음수의 개수를 세어 봐.

02 $(+7) \times (+2) \times (-4)$

03 $(-3) \times (-4) \times (+8)$

04 $(-2) \times (-7) \times (-6)$

05 $(+4) \times (-5) \times (-1) \times (+8)$

06 $(-6) \times (+1) \times (-5) \times (-3)$

07 $\left(-\dfrac{2}{5}\right) \times \left(+\dfrac{3}{4}\right) \times \left(-\dfrac{4}{9}\right)$

먼저 곱의 부호를 정하고, 분수끼리 곱해!

08 $\left(+\dfrac{5}{8}\right) \times \left(+\dfrac{4}{5}\right) \times \left(-\dfrac{3}{7}\right)$

09 $\left(-\dfrac{5}{7}\right) \times \left(-\dfrac{4}{3}\right) \times \left(-\dfrac{14}{15}\right)$

10 $\left(+\dfrac{15}{2}\right) \times \left(-\dfrac{3}{2}\right) \times \left(+\dfrac{1}{7}\right) \times \left(-\dfrac{8}{9}\right)$

양수의 거듭제곱 → 부호는 항상 +

$$(+2)^2=(+2)\times(+2)=+4$$

$$(+2)^3=(+2)\times(+2)\times(+2)=+8$$

음수의 거듭제곱 → 지수에 따라 부호가 결정된다.

지수가 짝수이면 +

$$(-2)^2=(-2)\times(-2)=+4$$

지수가 홀수이면 −

$$(-2)^3=(-2)\times(-2)\times(-2)=-8$$

개념 POINT

음수의 지수가 ┌ 짝수 → +
　　　　　　 └ 홀수 → −

실수 Check

$(-2)^2$과 -2^2의 차이에 주의한다.
- $(-2)^2=(-2)\times(-2)=+4$
  → −2를 2번 곱한 것
- $-2^2=-(2\times2)=-4$
  → 2를 2번 곱한 후 음의 부호 −를 붙인 것

✿ **다음을 계산하시오.**

01　(1) 지수가 짝수이면 +
$(-3)^2=(-3)\times(-3)=\boxed{}$

(2) $-3^2=-(3\times3)=\boxed{}$

02　(1) 지수가 홀수이면 −
$(-4)^3=(-4)\times(-4)\times(-4)=\boxed{}$

(2) $-4^3=-(4\times4\times4)=\boxed{}$

03　$(-5)^3$ ＿＿＿＿＿

04　(1) $(-1)^{100}$ ＿＿＿＿＿
(2) $(-1)^{99}$ ＿＿＿＿＿

$(-1)^{짝수}=1$
$(-1)^{홀수}=-1$

05　$\left(-\dfrac{1}{4}\right)^2$ ＿＿＿＿＿

06　$-\left(-\dfrac{1}{3}\right)^3$ ＿＿＿＿＿

07 따라해
$(-2)^3\times(-3)=(\boxed{})\times(-3)=\boxed{}$
거듭제곱을 먼저 계산

지수가 짝수인지 홀수인지
먼저 확인해야 해!

08　$(-1)^5\times(-5)^2$ ＿＿＿＿＿

09　$(-4^2)\times\left(-\dfrac{3}{2}\right)^3$ ＿＿＿＿＿

지수가 괄호 안에 있는지
괄호 밖에 있는지 확인해야 해!

10　$(+6)\times(-3)^2\times\left(-\dfrac{1}{3}\right)^3$ ＿＿＿＿＿

11　$(-2)^3\times\left(-\dfrac{5}{4}\right)^2\times\left(-\dfrac{8}{5}\right)$ ＿＿＿＿＿

14 VISUAL 개념연산 분배법칙

$$a \times (b+c) = \underset{①}{\underline{a \times b}} + \underset{②}{\underline{a \times c}}$$

$$\rightarrow 25 \times (100+2) = \underset{①}{\underline{25 \times 100}} + \underset{②}{\underline{25 \times 2}}$$
$$= 2500 + 50 = 2550$$

$$(a+b) \times c = \underset{①}{\underline{a \times c}} + \underset{②}{\underline{b \times c}}$$

$$\rightarrow (100+3) \times 12 = \underset{①}{\underline{100 \times 12}} + \underset{②}{\underline{3 \times 12}}$$
$$= 1200 + 36 = 1236$$

✿ 다음을 분배법칙을 이용하여 계산하시오.

01
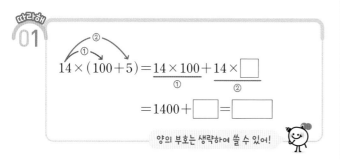
$$14 \times (100+5) = \underset{①}{\underline{14 \times 100}} + \underset{②}{\underline{14 \times \boxed{}}}$$
$$= 1400 + \boxed{} = \boxed{}$$

양의 부호는 생략하여 쓸 수 있어!

02 $5 \times (100-4)$

03 $(-15) \times \left(\dfrac{1}{5} + \dfrac{4}{3}\right)$

04
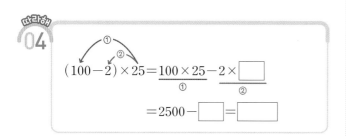
$$(100-2) \times 25 = \underset{①}{\underline{100 \times 25}} - \underset{②}{\underline{2 \times \boxed{}}}$$
$$= 2500 - \boxed{} = \boxed{}$$

05 $(100+3) \times (-21)$

06 $\left(\dfrac{3}{8} - \dfrac{1}{6}\right) \times 24$

07
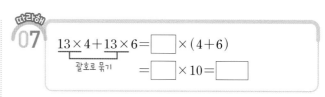
$$13 \times 4 + 13 \times 6 = \boxed{} \times (4+6)$$
괄호로 묶기
$$= \boxed{} \times 10 = \boxed{}$$

08 $6.4 \times 13 - 6.4 \times 3$

09 $\left(-\dfrac{5}{4}\right) \times 10 + \left(-\dfrac{5}{4}\right) \times 6$

10
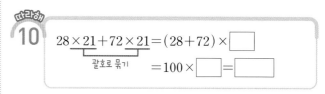
$$28 \times 21 + 72 \times 21 = (28+72) \times \boxed{}$$
괄호로 묶기
$$= 100 \times \boxed{} = \boxed{}$$

11 $55 \times (-0.72) + 45 \times (-0.72)$

12 $9 \times \dfrac{3}{7} - 2 \times \dfrac{3}{7}$

10분 연산 TEST 1회

맞힌 개수 ___ 개/20개

[01~04] 다음을 계산하시오.

01 $(+4) \times (+7)$

02 $(-8) \times (-3)$

03 $(-5) \times (+8)$

04 $(+9) \times (-6)$

[05~08] 다음을 계산하시오.

05 $(+1.8) \times (+0.5)$

06 $\left(-\dfrac{15}{8}\right) \times \left(-\dfrac{4}{5}\right)$

07 $\left(-\dfrac{9}{7}\right) \times \left(+\dfrac{14}{3}\right)$

08 $\left(+\dfrac{3}{10}\right) \times \left(-\dfrac{8}{15}\right)$

09 다음 계산 과정에서 ㈎, ㈏에 이용된 곱셈의 계산 법칙을 쓰시오.

$$\left(+\dfrac{10}{3}\right) \times \left(-\dfrac{2}{7}\right) \times \left(+\dfrac{6}{5}\right)$$
$$= \left(+\dfrac{10}{3}\right) \times \left(+\dfrac{6}{5}\right) \times \left(-\dfrac{2}{7}\right) \quad \text{㈎}$$
$$= \left\{\left(+\dfrac{10}{3}\right) \times \left(+\dfrac{6}{5}\right)\right\} \times \left(-\dfrac{2}{7}\right) \quad \text{㈏}$$
$$= (+4) \times \left(-\dfrac{2}{7}\right) = -\dfrac{8}{7}$$

[10~13] 다음을 계산하시오.

10 $(-8) \times (+2) \times (-4)$

11 $(-5) \times (-2) \times (-9)$

12 $\left(+\dfrac{3}{5}\right) \times (+15) \times \left(-\dfrac{1}{7}\right)$

13 $\left(+\dfrac{5}{8}\right) \times \left(-\dfrac{12}{7}\right) \times \left(-\dfrac{7}{4}\right)$

[14~16] 다음을 계산하시오.

14 $(-3)^4 \times (-1)^7$

15 $(-2)^3 \times \left(-\dfrac{3}{4}\right)^2$

16 $(-3)^3 \times \left(-\dfrac{2}{5}\right)^2 \times \left(-\dfrac{5}{9}\right)$

[17~20] 다음을 분배법칙을 이용하여 계산하시오.

17 $8 \times (100 - 5)$

18 $\left(\dfrac{1}{7} + \dfrac{3}{2}\right) \times (-14)$

19 $36 \times 43 + 36 \times 57$

20 $31 \times \dfrac{5}{6} - 19 \times \dfrac{5}{6}$

10분 연산 TEST 2회

[01~04] 다음을 계산하시오.

01 $(+2) \times (+4)$

02 $(-3) \times (-5)$

03 $(+5) \times (-6)$

04 $(-4) \times (+6)$

[05~08] 다음을 계산하시오.

05 $(+1.3) \times (-0.3)$

06 $\left(-\dfrac{4}{3}\right) \times \left(-\dfrac{3}{2}\right)$

07 $\left(+\dfrac{5}{3}\right) \times \left(+\dfrac{9}{4}\right)$

08 $\left(-\dfrac{4}{15}\right) \times \left(+\dfrac{5}{6}\right)$

09 다음 계산 과정에서 (개), (내)에 이용된 곱셈의 계산 법칙을 쓰시오.

$$(+5) \times (-23) \times (+4)$$
$$= (-23) \times (+5) \times (+4) \quad \text{(개)}$$
$$= (-23) \times \{(+5) \times (+4)\} \quad \text{(내)}$$
$$= (-23) \times (+20)$$
$$= -460$$

[10~13] 다음을 계산하시오.

10 $(-3) \times (+2) \times (+9)$

11 $(+5) \times (-3) \times (-4)$

12 $\left(+\dfrac{1}{5}\right) \times \left(-\dfrac{2}{3}\right) \times (-6)$

13 $\left(-\dfrac{5}{7}\right) \times (+14) \times \left(+\dfrac{2}{3}\right)$

[14~16] 다음을 계산하시오.

14 $(-3^2) \times (-3)^2$

15 $(-1)^3 \times \left(-\dfrac{3}{5}\right)^2$

16 $\left(-\dfrac{7}{8}\right) \times (-2)^3 \times \left(-\dfrac{4}{7}\right)^2$

[17~20] 다음을 분배법칙을 이용하여 계산하시오.

17 $(100+2) \times (-14)$

18 $(-12) \times \left(\dfrac{1}{6} - \dfrac{7}{4}\right)$

19 $12 \times 65 + 12 \times 35$

20 $23 \times \dfrac{3}{7} - 37 \times \dfrac{3}{7}$

맞힌 개수 　개／20개

(1) 부호가 같은 두 수의 나눗셈 : 두 수의 절댓값의 나눗셈의 몫에 양의 부호 ＋를 붙인다.

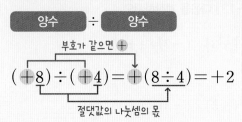

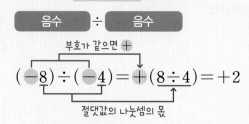

(2) 부호가 다른 두 수의 나눗셈 : 두 수의 절댓값의 나눗셈의 몫에 음의 부호 ―를 붙인다.

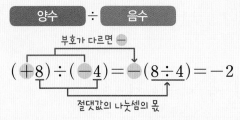

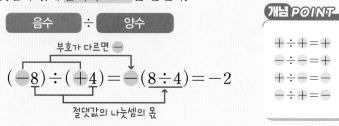

개념 POINT

$+\div+=+$
$-\div-=+$
$+\div-=-$
$-\div+=-$

참고 ① 어떤 수를 0으로 나누는 경우는 생각하지 않는다.
② 0을 0이 아닌 어떤 수로 나눈 몫은 0이다. ➡ 0÷(0이 아닌 어떤 수)＝0

✹ **다음을 계산하시오.**

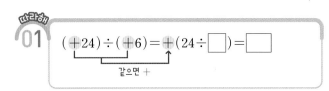

01 $(+24) \div (+6) = +(24 \div \boxed{}) = \boxed{}$
같으면 ＋

02 $(+20) \div (+4)$ _____

03 $(-15) \div (-5)$ _____

04 $(-36) \div (-3)$ _____

05 $(+7.2) \div (+9)$ _____

06 $(-48) \div (+8) = -(\boxed{} \div 8) = \boxed{}$
다르면 ―

07 $(+26) \div (-2)$ _____

08 $(+54) \div (-6)$ _____

09 $(-49) \div (+7)$ _____

10 $(+3.9) \div (-1.3)$ _____

16 VISUAL 개념연산 역수를 이용한 나눗셈

→ 정답 및 풀이 43쪽

(1) **역수** : 어떤 두 수의 곱이 1이 될 때, 한 수를 다른 수의 역수라 한다.

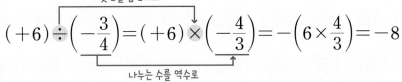

$$\frac{3}{5} \times \frac{5}{3} = 1 \quad \Rightarrow \quad \frac{3}{5}의 \text{ 역수는 } \frac{5}{3}, \frac{5}{3}의 \text{ 역수는 } \frac{3}{5}$$

참고 0에 어떤 수를 곱하여도 1이 될 수 없으므로 0의 역수는 생각하지 않는다.

(2) **역수를 이용한 수의 나눗셈** : 나누는 수의 역수를 곱하여 계산한다.

나눗셈을 곱셈으로

$$(+6) \div \left(-\frac{3}{4}\right) = (+6) \times \left(-\frac{4}{3}\right) = -\left(6 \times \frac{4}{3}\right) = -8$$

나누는 수를 역수로

실수 Check

−2의 역수

→ $\frac{1}{2}$ (×), $-\frac{1}{2}$ (○)

개념 POINT

나눗셈을 곱셈으로

● ÷ ▲ = ● × ■

■   ▲

역수

❋ 다음 수의 역수를 구할 때, □ 안에 알맞은 수를 써넣으시오.

01 $\frac{8}{3}$ ──두 수의 곱은 1──→ $\frac{8}{3} \times \boxed{} = 1$

→ $\frac{8}{3}$의 역수는 $\boxed{}$

02 $-\frac{7}{4}$ ──부호는 그대로 둔다.──→ $\left(-\frac{7}{4}\right) \times \left(\boxed{}\right) = 1$

→ $-\frac{7}{4}$의 역수는 $\boxed{}$

03 5 ──분모를 1로 바꾼다.──→ $\frac{5}{1} \times \boxed{} = 1$

→ 5의 역수는 $\boxed{}$

04 0.3 ──소수는 분수로 고친다.──→ $\frac{3}{10} \times \boxed{} = 1$

→ 0.3의 역수는 $\boxed{}$

❋ 다음 수의 역수를 구하시오.

05 $\frac{2}{9}$

06 $-\frac{2}{11}$

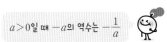

$a > 0$일 때 $-a$의 역수는 $-\frac{1}{a}$

07 −6

08 1.6

✿ 다음을 계산하시오.

따라해 09

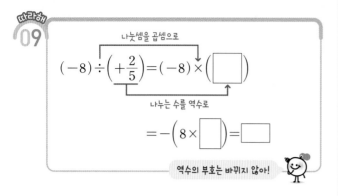

나눗셈을 곱셈으로

$(-8) \div \left(+\dfrac{2}{5}\right) = (-8) \times \left(\boxed{}\right)$

나누는 수를 역수로

$= -\left(8 \times \boxed{}\right) = \boxed{}$

역수의 부호는 바뀌지 않아!

---

10 $\left(+\dfrac{9}{5}\right) \div \left(+\dfrac{3}{10}\right)$ _____

11 $\left(-\dfrac{3}{14}\right) \div \left(-\dfrac{12}{7}\right)$ _____

12 $\left(-\dfrac{5}{2}\right) \div (+1.5)$ _____

소수는 분수로 바꾼 후,
나누는 수의 역수를 곱해.

13 $(+2.1) \div \left(-\dfrac{7}{5}\right)$ _____

14 $(+12) \div (-4) \div \left(-\dfrac{3}{8}\right)$ _____

✿ 다음을 계산하시오.

따라해 15

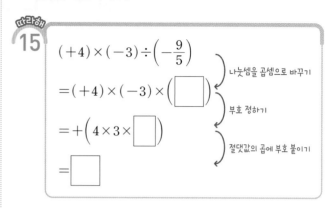

$(+4) \times (-3) \div \left(-\dfrac{9}{5}\right)$

나눗셈을 곱셈으로 바꾸기

$= (+4) \times (-3) \times \left(\boxed{}\right)$

부호 정하기

$= +\left(4 \times 3 \times \boxed{}\right)$

절댓값의 곱에 부호 붙이기

$= \boxed{}$

---

16 $(-10) \div \left(-\dfrac{5}{3}\right) \times \left(+\dfrac{1}{4}\right)$ _____

17 $\left(-\dfrac{9}{20}\right) \div (-6) \times \left(-\dfrac{4}{3}\right)$ _____

18 $\left(+\dfrac{7}{12}\right) \times \left(-\dfrac{6}{7}\right) \div \left(-\dfrac{5}{8}\right)$ _____

19 $\left(-\dfrac{3}{4}\right) \div \left(+\dfrac{9}{8}\right) \times (-3)^2$ _____

거듭제곱이 있으면
거듭제곱을 먼저 계산해.

20 $(-18) \times \left(-\dfrac{1}{2}\right)^3 \div \left(+\dfrac{9}{7}\right)$ _____

17 VISUAL 개념연산 덧셈, 뺄셈, 곱셈, 나눗셈의 혼합 계산

정답 및 풀이 43쪽

유리수의 혼합 계산은 다음과 같은 순서로 계산한다.

$$8+\{5\times(-2)^2-6\}\div\frac{7}{2}=8+(5\times4-6)\div\frac{7}{2}$$

① ② ③ ④ ⑤

$$=8+(20-6)\div\frac{7}{2}$$
$$=8+14\times\frac{2}{7}$$
$$=8+4$$
$$=12$$

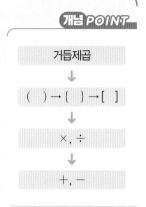

개념 POINT

거듭제곱
↓
( ) → { } → [ ]
↓
×, ÷
↓
+, −

❖ 다음을 계산하시오.

따라해 01

$$(-18)\times\left(-\frac{1}{6}\right)+13=\boxed{}+13$$

① ②

$$=\boxed{}$$

계산 순서를 적고 계산하면 실수를 줄일 수 있어!

02 $-7+\dfrac{12}{5}\times\left(-\dfrac{5}{4}\right)$

03 $\left(-\dfrac{1}{6}\right)\div\dfrac{5}{9}-\dfrac{1}{10}$

04 $(-27)\div9\times(-3)-12$

05 $3+(-28)\div(-4)\times6$

따라해 06

$$20\div(-5)+(-2)^3\times3$$

② ① ③ ④

$$=20\div(-5)+(\boxed{})\times3$$
$$=(-4)+(\boxed{})$$
$$=\boxed{}$$

07 $(-6)\times\dfrac{2}{3}+32\div(-2)^2$

08 $\dfrac{2}{3}+12\div\left(-\dfrac{3}{2}\right)^2$

09 $(-3)^3-(-2)^4\div(-4)\times5$

10 $3\times(-1)^2-5^2\div\dfrac{1}{3}+2$

✤ 다음을 계산하시오.

11 $3-\{(-4)+(-16)\}\div 5$

12 $\{2-(-6)\}\times(-3)+7$

13 $18\div\{(-10)-(-4)\}+(-5)$

14 $(-4)\times\{5-(-2)\}+12\div(-3)$

15 $7-\{(-3)^2-14\}\times\left(-\dfrac{2}{5}\right)$

16 $13+\{-29-(-2)^3\}\div\dfrac{7}{3}$

17 $4\times\left\{5-\left(-\dfrac{1}{2}\right)^2\times 12\right\}-(-6)$

18 $8-(-32)\div\left\{(13+5)\times\left(-\dfrac{2}{3}\right)^2\right\}$

19 $12+\left\{(-3)^3-(-6)\div\dfrac{2}{5}\right\}\times\left(-\dfrac{1}{4}\right)$

20 $(-6)\times\left[\dfrac{1}{2}+\left\{\dfrac{4}{5}\div\left(-\dfrac{6}{5}\right)+1\right\}\right]$

21 $\left[\left(-\dfrac{5}{3}\right)-(-2)^3\div\{4\times(-1)+2\}\right]\div\dfrac{1}{3}$

22 $\left[10-\left\{\dfrac{9}{5}-\left(-\dfrac{1}{2}\right)^3\times\dfrac{8}{5}\right\}\right]\div(-2)$

10분 연산 TEST 1회

맞힌 개수 　개/19개

[01~04] 다음을 계산하시오.

01 $(+35) \div (+7)$

02 $(-28) \div (+4)$

03 $(+3.6) \div (-3)$

04 $(-4.8) \div (-6)$

[05~07] 다음 수의 역수를 구하시오.

05 3

06 $-\dfrac{6}{7}$

07 2.5

[08~10] 다음을 계산하시오.

08 $\left(-\dfrac{18}{7}\right) \div (-6)$

09 $\left(-\dfrac{5}{6}\right) \div \left(+\dfrac{4}{9}\right)$

10 $\left(+\dfrac{12}{5}\right) \div (-0.4)$

[11~13] 다음을 계산하시오.

11 $(+9) \div \left(-\dfrac{3}{7}\right) \times \left(-\dfrac{1}{6}\right)$

12 $\left(-\dfrac{3}{10}\right) \times (-2)^3 \div \left(+\dfrac{6}{5}\right)$

13 $\left(-\dfrac{9}{8}\right) \div \left(+\dfrac{5}{12}\right) \times \left(-\dfrac{2}{3}\right)^2$

[14~16] 다음을 계산하시오.

14 $15 - 48 \div (-6) \times (-2)$

15 $(-3)^2 \times 4 + (-28) \div 7$

16 $-(-5)^2 + (-2)^3 \div (-2) \times 5$

[17~19] 다음을 계산하시오.

17 $(-8) \times 3 - (-14) \div \{5 - (-2)\}$

18 $10 - \left[12 \times \left\{ \left(-\dfrac{4}{3}\right) + \left(-\dfrac{1}{2}\right)^2 \right\} \right]$

19 $7 - (-6) \times \left\{ \left(-\dfrac{1}{2}\right)^3 + \left(-\dfrac{9}{16}\right) \div \dfrac{3}{2} \right\}$

10분 연산 TEST 2회

맞힌 개수 / 19개

[01~04] 다음을 계산하시오.

01 $0 \div (+10)$

02 $(-81) \div (+9)$

03 $(+2.4) \div (-0.3)$

04 $(-4.6) \div (-2.3)$

[05~07] 다음 수의 역수를 구하시오.

05 -4

06 $\dfrac{14}{9}$

07 3.2

[08~10] 다음을 계산하시오.

08 $(+12) \div \left(+\dfrac{4}{7}\right)$

09 $\left(+\dfrac{15}{8}\right) \div (-3)$

10 $\left(-\dfrac{9}{8}\right) \div \left(-\dfrac{5}{6}\right)$

[11~13] 다음을 계산하시오.

11 $\left(-\dfrac{7}{8}\right) \times (+12) \div (-9)$

12 $(+20) \div \left(-\dfrac{5}{3}\right)^2 \times \left(-\dfrac{1}{4}\right)$

13 $\left(+\dfrac{24}{7}\right) \times \left(-\dfrac{1}{2}\right)^3 \div \left(+\dfrac{3}{28}\right)$

[14~16] 다음을 계산하시오.

14 $35 + 40 \div (-8)$

15 $(-5) \times (-3)^2 - 48 \div (-6)$

16 $\dfrac{8}{3} \div 3 - \left(-\dfrac{2}{3}\right)^2 \times \left(-\dfrac{5}{2}\right)$

[17~19] 다음을 계산하시오.

17 $5 + \{3 - (-6)\} \times (-2)$

18 $7 - (-3) \times \left\{\left(-\dfrac{1}{3}\right)^2 \times 15 - \dfrac{8}{3}\right\}$

19 $\dfrac{5}{3} - \left\{9 \times \dfrac{4}{3} \div (-3) + 2\right\} \div (-2)^3$

학교 시험 PREVIEW

스스로 개념 점검

2. 정수와 유리수의 계산

(1) 두 수의 덧셈 : 부호가 같으면 두 수의 절댓값의 합에 두 수의 [ ] 인 부호를 붙이고, 부호가 다르면 두 수의 절댓값의 차에 절댓값이 [ ] 수의 부호를 붙인다.

(2) 덧셈의 계산 법칙 : 세 수 a, b, c에 대하여
   ① 덧셈의 [ ] : $a+b=b+a$
   ② 덧셈의 [ ] : $(a+b)+c=a+(b+c)$

(3) 두 수의 뺄셈 : 빼는 수의 [ ]를 바꾸어 더한다.

(4) 두 수의 곱셈 : 부호가 같으면 두 수의 절댓값의 곱에 [ ]의 부호를 붙이고, 부호가 다르면 두 수의 절댓값의 곱에 [ ]의 부호를 붙인다.

(5) 곱셈의 계산 법칙 : 세 수 a, b, c에 대하여
   ① 곱셈의 [ ] : $a \times b = b \times a$
   ② 곱셈의 [ ] : $(a \times b) \times c = a \times (b \times c)$

(6) [ ] : 세 수 a, b, c에 대하여
   $a \times (b+c) = a \times b + a \times c, \ (a+b) \times c = a \times c + b \times c$

(7) 두 수의 나눗셈 : 부호가 같으면 두 수의 절댓값의 나눗셈의 몫에 [ ]의 부호를 붙이고, 부호가 다르면 두 수의 절댓값의 나눗셈의 몫에 [ ]의 부호를 붙인다.

(8) 어떤 두 수의 곱이 1이 될 때, 한 수를 다른 수의 [ ]라 한다.

01

다음 그림으로 설명할 수 있는 덧셈식은?

① $(-4)+(+3)=-1$
② $(+4)+(-3)=+1$
③ $(+4)+(-7)=-3$
④ $(+4)+(+7)=+11$
⑤ $(-7)+(+3)=-4$

02

다음 중 계산 결과가 옳지 <u>않은</u> 것은?

① $\left(+\dfrac{1}{2}\right)+\left(+\dfrac{1}{3}\right)=+\dfrac{5}{6}$

② $\left(-\dfrac{3}{4}\right)+\left(-\dfrac{1}{6}\right)=-\dfrac{11}{12}$

③ $\left(+\dfrac{4}{7}\right)-\left(-\dfrac{3}{2}\right)=-\dfrac{29}{14}$

④ $\left(-\dfrac{3}{5}\right)+\left(-\dfrac{1}{3}\right)=-\dfrac{14}{15}$

⑤ $\left(-\dfrac{1}{8}\right)-\left(-\dfrac{2}{9}\right)=+\dfrac{7}{72}$

03

두 수 A, B가
$$A=(-4)-(-3)+(-7),$$
$$B=-(-10)+(-4)+(-11)$$
일 때, $A+B$의 값은?

① -13 ② -17 ③ -19
④ -25 ⑤ -27

04

$\dfrac{1}{2}-\dfrac{2}{3}+\dfrac{5}{6}-\dfrac{2}{9}$를 계산하면?

① $-\dfrac{2}{3}$ ② $-\dfrac{1}{9}$ ③ $\dfrac{1}{3}$

④ $\dfrac{4}{9}$ ⑤ $\dfrac{2}{3}$

05 출제율 80%

다음 중 옳지 <u>않은</u> 것은?

① −3보다 5만큼 큰 수 ➡ $(-3)+(+5)=2$

② −1보다 3만큼 작은 수 ➡ $(-1)-(+3)=-4$

③ 0보다 −4만큼 작은 수 ➡ $0+(-4)=-4$

④ 5보다 −2만큼 큰 수 ➡ $5+(-2)=3$

⑤ 7보다 1만큼 작은 수 ➡ $7-(+1)=6$

06

다음 **보기**에서 절댓값이 가장 큰 수와 절댓값이 가장 작은 수의 곱은?

보기

$$1, \quad +0.8, \quad +\frac{7}{5}, \quad -\frac{1}{2}, \quad -\frac{1}{3}, \quad -1$$

① $-\dfrac{7}{5}$ ② $-\dfrac{7}{15}$ ③ $-\dfrac{1}{3}$

④ $\dfrac{7}{15}$ ⑤ $\dfrac{7}{5}$

07

다음은 곱셈의 계산 법칙을 이용하여 계산하는 과정이다. ㉠~㉤에 알맞은 것은?

$$\left(+\frac{3}{2}\right)\times(-4)\times\left(+\frac{10}{3}\right)$$

$$=(\boxed{ㄴ})\times\left(+\frac{3}{2}\right)\times\left(+\frac{10}{3}\right) \quad 곱셈의 \boxed{ㄱ} 법칙$$

$$=(-4)\times\left\{\left(+\frac{3}{2}\right)\times\left(+\frac{10}{3}\right)\right\} \quad 곱셈의 \boxed{ㄷ} 법칙$$

$$=(-4)\times(\boxed{ㄹ})$$

$$=\boxed{ㅁ}$$

① ㉠ : 결합   ② ㉡ : +4   ③ ㉢ : 교환

④ ㉣ : −5   ⑤ ㉤ : −20

08

$\left(-\dfrac{4}{5}\right)\times\left(-\dfrac{7}{4}\right)\times\left(-\dfrac{3}{2}\right)$을 계산하면?

① $-\dfrac{21}{10}$ ② $-\dfrac{7}{15}$ ③ $-\dfrac{3}{10}$

④ $\dfrac{7}{15}$ ⑤ $\dfrac{21}{10}$

09 실수 주의

다음 중 가장 작은 수는?

① $(-1)^6$ ② $(-3)^2$ ③ $(-2)^3$

④ -3^2 ⑤ -2^3

10

다음을 만족시키는 두 수 a, b에 대하여 $a+b$의 값은?

$$(-1.5)\times27+(-1.5)\times3=(-1.5)\times a=b$$

① −45   ② −15   ③ −3

④ 5   ⑤ 15

11

$\dfrac{9}{5}$의 역수와 $-\dfrac{1}{6}$의 역수의 곱은?

① $-\dfrac{9}{5}$ ② $-\dfrac{12}{5}$ ③ $-\dfrac{5}{3}$

④ $-\dfrac{10}{3}$ ⑤ $-\dfrac{20}{3}$

12

$(-0.8) \div \left(+\dfrac{4}{5}\right)$를 계산하면?

① $-\dfrac{16}{5}$　　② -1　　③ $\dfrac{1}{4}$

④ 1　　⑤ 4

13

두 수 A, B가 다음과 같을 때, $A \times B$의 값은?

$$A = (-4) \times (+6), \quad B = (-24) \div (-8)$$

① -8　　② -24　　③ -48

④ -72　　⑤ -80

14

다음 **보기** 중 계산 결과가 음수인 것은 모두 몇 개인가?

• 보기

ㄱ. $(+3) \times (+5)$

ㄴ. $(-16) \div (-4)$

ㄷ. $(+12) \div (-3)$

ㄹ. $(-1) \times (-7) \times (+2)$

ㅁ. $(-2) \times (-3) \times (-4)$

ㅂ. $(+3) \times (-8) \div (+6)$

① 1개　　② 2개　　③ 3개

④ 4개　　⑤ 5개

15 출제율 90%

다음 중 계산 결과가 나머지 넷과 <u>다른</u> 하나는?

① $\left(-\dfrac{1}{4}\right) \times 16 \div 5$　　② $(-1)^2 \times \left(-\dfrac{16}{5}\right) \div 4$

③ $\left(-\dfrac{2}{3}\right) \div \dfrac{5}{8} \times \dfrac{3}{4}$　　④ $(-15) \div 0.75 \div (-5)^2$

⑤ $\left(-\dfrac{3}{4}\right) \div \dfrac{1}{5} \times (-1)^4$

16 서술형

다음 식에 대하여 물음에 답하시오.

$$\left(-\dfrac{1}{4}\right) - \dfrac{3}{4} \div \left\{\left(\dfrac{1}{2} - \dfrac{2}{3}\right) \times \dfrac{6}{5}\right\}$$

$$\quad\quad\quad\quad \uparrow \quad \uparrow \quad\quad\quad \uparrow \quad\quad \uparrow$$
$$\quad\quad\quad\quad ㉠ \quad ㉡ \quad\quad\quad ㉢ \quad\quad ㉣$$

(1) 계산 순서를 차례로 나열하시오.

(2) 주어진 식을 계산하시오.

다른 그림 찾기

다른 부분은 모두 12곳이야!

정답

III

문자의 사용과 식

 일차방정식은 왜 배우나요?

방정식은 문자를 사용하여 수량 사이의
관계를 식으로 나타낸 것이에요.
이는 실생활 문제를 해결하는
중요한 도구가 돼요.

한눈에 쏙 개념 한바닥
문자의 사용과 식

개념 Q&A

Q. 1은 언제 생략하여 나타낼까?

A. 1 또는 −1과 문자의 곱에서는 $1 \times a = a$, $a \times (-1) = -a$ 와 같이 1을 생략하여 나타낸다. 이때 $0.1 \times a$를 $0.a$로 나타내지 않도록 주의한다.
→ $0.1 \times a = 0.1a$

01 문자의 사용과 식의 값

(1) **문자를 사용한 식** : 문자를 사용하면 구체적인 값이 주어지지 않은 수량이나 수량 사이의 관계를 간단히 식으로 나타낼 수 있다.

(2) **곱셈 기호의 생략**

① (수)×(문자)에서는 곱셈 기호 ×를 생략하고, 수를 문자 앞에 쓴다.

예 $2 \times a = 2a$, $a \times (-3) = -3a$, $a \times 1 = a$
→ 1은 생략 가능하다.

② (문자)×(문자)에서는 곱셈 기호 ×를 생략하고, 보통 알파벳 순서로 쓴다.

예 $a \times b = ab$, $b \times a \times c = abc$

③ 같은 문자의 곱은 거듭제곱 꼴로 나타낸다. 예 $a \times a \times a \times b \times b = a^3 b^2$

④ 괄호가 있는 식과 수의 곱에서는 곱셈 기호 ×를 생략하고, 곱해지는 수를 괄호 앞에 쓴다.

예 $(a+b) \times 2 = 2(a+b)$

(3) **나눗셈 기호의 생략**

나눗셈 기호 ÷를 생략하고 분수 꼴로 나타내거나 나눗셈을 역수의 곱셈으로 고친 후 곱셈 기호 ×를 생략한다. 예 $a \div 2 = \dfrac{a}{2}$ 또는 $a \div 2 = a \times \dfrac{1}{2} = \dfrac{1}{2}a$

Q. 대입할 때 주의할 점은?

A. 문자에 음수를 대입할 때는 괄호를 사용하고 부호에 주의한다.

(4) **식의 값**

① **대입** : 문자를 사용한 식에서 문자 대신 어떤 수로 바꾸어 넣는 것

② **식의 값** : 문자를 사용한 식에서 문자에 수를 대입하여 계산한 결과

02 일차식과 수의 곱셈, 나눗셈

Q. 항을 말할 때 주의할 점은?

A. 다항식에서 항을 말할 때는 계수까지 포함해야 한다.

(1) **다항식과 일차식**

① **항** : 수 또는 문자의 곱으로 이루어진 식

② **상수항** : 수로만 이루어진 항

③ **계수** : 수와 문자의 곱으로 이루어진 항에서 문자에 곱한 수

④ **다항식** : 하나 이상의 항의 합으로 이루어진 식 예 $2x$, $x-2y+3$

⑤ **단항식** : 다항식 중에서 하나의 항으로만 이루어진 식 예 $3x$, $2x^2$, -5

⑥ **차수** : 문자를 포함한 항에서 문자가 곱해진 개수

Q. 상수항의 차수는?

A. 상수항의 차수는 0이다.

Q. $\dfrac{1}{x}$은 일차식일까?

A. $\dfrac{1}{x}$과 같이 분모에 문자가 있는 식은 다항식이 아니므로 일차식이 아니다.

참고 다항식에서 차수가 가장 큰 항의 차수를 그 다항식의 차수라 한다.

⑦ **일차식** : 차수가 1인 다항식 예 $4x$, $5x-3$, $-2x+3y$

(2) **일차식과 수의 곱셈** : 분배법칙을 이용하여 일차식의 각 항에 수를 곱한다.

(3) **일차식과 수의 나눗셈** : 분배법칙을 이용하여 일차식의 각 항에 나누는 수의 역수를 곱한다.

03 일차식의 덧셈과 뺄셈

Q. 상수항끼리는 모두 동류항일까?

A. 상수항은 수로만 이루어진 항이므로 상수항끼리는 모두 동류항이다.

(1) **동류항** : 문자와 차수가 각각 같은 항

(2) **일차식의 덧셈과 뺄셈** : 분배법칙을 이용하여 먼저 괄호를 푼 후에 동류항끼리 모아서 계산한다.

01 VISUAL 개념연산 문자를 사용한 식

→ 정답 및 풀이 48쪽

2500원짜리 빵 x개의 가격을 문자를 사용한 식으로 나타내기

빵 1개의 가격 : 2500×1 (원)
빵 2개의 가격 : 2500×2 (원)
빵 3개의 가격 : 2500×3 (원)
⋮ ⋮

규칙 찾기 →

빵의 가격
$2500 \times$ (빵의 개수)(원)

→

빵 x개의 가격
$2500 \times x$ (원)

빵의 개수 대신 문자 x를 사용

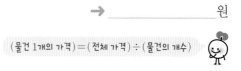

실수 Check

문자를 사용한 식으로 나타낼 때는 단위를 잊지 않는다.

✿ 다음을 문자를 사용한 식으로 나타내시오.

01 한 개에 300원인 사탕 a개의 가격

→ (사탕의 가격)
 = (사탕 1개의 가격) × (사탕의 개수)
 = $300 \times \square$ (원)

사탕의 개수 대신 문자를 사용해.

02 한 개에 90 g인 귤 x개의 무게

→ _____ g

03 한 줄에 x원인 김밥 5줄과 한 병에 y원인 음료수 7병을 살 때 필요한 금액

→ (_____)원

04 한 켤레에 2000원인 양말 a켤레를 사고 10000원을 냈을 때의 거스름돈

→ (_____)원

(거스름돈) = (지불한 금액) − (물건의 가격)

05 한 권에 x원인 공책 3권을 사고 7000원을 냈을 때의 거스름돈 → (_____)원

06 12자루에 a원인 펜 한 자루의 가격

→ _____ 원

(물건 1개의 가격) = (전체 가격) ÷ (물건의 개수)

07 한 문제에 3점인 문제를 x개 맞혔을 때의 점수

→ _____ 점

08 전체 학생이 28명인 반에서 여학생이 x명일 때, 남학생의 수 → (_____)명

09 현재 x세인 리하의 3년 후의 나이

→ (_____)세

(a년 후의 나이) = (현재 나이) + a

10 a세인 이모보다 17세 적은 조카의 나이

→ (_____)세

곱셈 기호 × 생략하기

(1) 수는 문자 앞에 → $a \times 5 = 5a$

(2) 1은 생략 → $1 \times x = x$

$\qquad (-1) \times x = -x$

(3) 문자는 알파벳 순서로 → $b \times c \times a = abc$

(4) 같은 문자의 곱은 거듭제곱 꼴로

$\qquad → x \times x \times x = x^3$

(5) 수는 괄호 앞에 → $(x+y) \times 3 = 3(x+y)$

수와 여러 문자의 곱

수는 문자 앞에   같은 문자의 곱은 거듭제곱 꼴로

$$a \times (-2) \times b \times a = -2a^2b$$

문자는 알파벳 순서로

실수 Check

$0.1 \times a → 0.a \ (\times)$

$\qquad → 0.1a \ (\bigcirc)$

✽ 다음 식을 곱셈 기호 ×를 생략하여 나타내시오.

01 $a \times 3$

02 $(-2) \times x$

03 $\dfrac{1}{5} \times a$

04 $y \times (-1)$

05 $a \times (-0.01)$

06 $z \times x \times y$

07 $n \times l \times m$

08 $a \times a \times a \times a$

09 $x \times x \times y \times y \times y$

10 $(a-b) \times \dfrac{2}{3}$

11 $a \times (5x-2) \times (-3)$

✽ 다음 식을 곱셈 기호 ×를 생략하여 나타내시오.

12 따라해
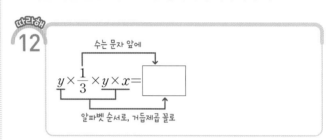

수는 문자 앞에

$$y \times \dfrac{1}{3} \times y \times x = \boxed{}$$

알파벳 순서로, 거듭제곱 꼴로

13 $a \times b \times (-5) \times b \times a$

14 $x \times y \times x \times x \times \left(-\dfrac{3}{4}\right)$

15 따라해
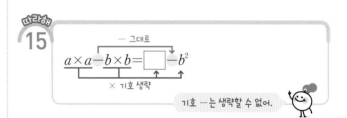

— 그대로

$$a \times a - b \times b = \boxed{} - b^2$$

× 기호 생략

기호 −는 생략할 수 없어.

16 $x \times (-1) - 4 \times y$

17 $8 + 5 \times a \times a$

18 $x \times 2 \times x - y \times 7$

19 $(-5) \times (a+b) + 6 \times c$

03 VISUAL 개념연산 나눗셈 기호의 생략

↪ 정답 및 풀이 48쪽

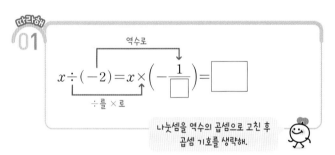

방법1 ● ÷ ■ = $\frac{●}{■}$ → 나눗셈 기호 ÷를 생략하고 분수 꼴로 나타낸다.

분자로
$$a \div 3 = \frac{a}{3}$$
분모로

참고 $a \div 1 = \frac{a}{1} = a$, $a \div (-1) = \frac{a}{-1} = -a$

→ 1 또는 −1에서 1은 생략

$a \div (-5) = \frac{a}{-5} = -\frac{a}{5}$ 또는 $a \div (-5) = a \times \left(-\frac{1}{5}\right) = -\frac{1}{5}a$

→ − 부호는 분수 앞에

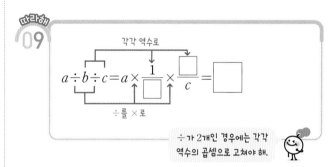

방법2 ● ÷ ■ = ● × $\frac{1}{■}$ = $\frac{●}{■}$ → 나눗셈을 역수의 곱셈으로 고친 후 곱셈 기호를 생략한다.

역수로
$$a \div 3 = a \times \frac{1}{3} = \frac{1}{3}a$$
나눗셈을 곱셈으로

실수 Check

$\frac{3}{2}x$의 역수 → $\frac{2}{3}x$ (×)

→ $\frac{2}{3x}$ (○)

✱ 다음 식을 나눗셈 기호 ÷를 생략하여 나타내시오.

따라해 01

역수로
$$x \div (-2) = x \times \left(-\frac{1}{\boxed{}}\right) = \boxed{}$$
÷를 ×로

나눗셈을 역수의 곱셈으로 고친 후 곱셈 기호를 생략해.

02 $b \div 8$ _____

03 $(-7) \div a$ _____

04 $y \div \left(-\frac{1}{5}\right)$ _____

05 $a \div \frac{2}{3}b$ _____

06 $(x+y) \div 3$ _____

괄호를 하나의 문자로 생각해.

07 $1 \div (2x-y)$ _____

08 $a \div (b+c)$ _____

✱ 다음 식을 나눗셈 기호 ÷를 생략하여 나타내시오.

따라해 09

각각 역수로
$$a \div b \div c = a \times \frac{1}{\boxed{}} \times \frac{\boxed{}}{c} = \boxed{}$$
÷를 ×로

÷가 2개인 경우에는 각각 역수의 곱셈으로 고쳐야 해.

10 $(-1) \div x \div y$ _____

11 $(a-b) \div a \div b$ _____

12 $a \div \frac{1}{b} \div c$ _____

13 $x \div \frac{1}{y} \div \frac{1}{z}$ _____

14 $4 \div x \div (y-2)$ _____

15 $x \div \left(-\frac{1}{7}\right) + 10 \div y$ _____

16 $a \div 5 - (b+c) \div 3$ _____

✿ 다음 식을 기호 ×, ÷를 생략하여 나타내시오.

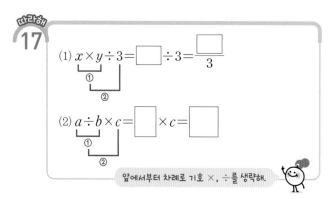

17

(1) $x \times y \div 3 = \boxed{} \div 3 = \dfrac{\boxed{}}{3}$

(2) $a \div b \times c = \boxed{} \times c = \boxed{}$

앞에서부터 차례로 기호 ×, ÷를 생략해.

18　$a \times b \div (-5)$

19　$x \times (-y) \div 7$

20　$3 \times (x + 2y) \div 4$

21　$a \div (-2) \times b$

22　$7 \div (x + 3) \times y$

23　$a \times 5 - b \div c$

24　$x \div (-6) + 8 \times y$

25　$m \times m - m \div 7$

26　$x \times y + y \div (x - 1)$

✿ 다음 식을 기호 ×, ÷를 생략하여 나타내시오.

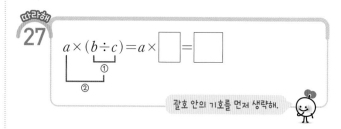

27

$a \times (b \div c) = a \times \boxed{} = \boxed{}$

괄호 안의 기호를 먼저 생략해.

28　$a \div (b \times c)$

29　$x \div \left(\dfrac{1}{y} \times z \right)$

30　$x \div (y \div z)$

31　$a \div \left(\dfrac{1}{b} \div \dfrac{1}{c} \right)$

✿ 다음 식을 곱셈 기호 ×를 사용하여 나타내시오.

32　$6xy$

33　$-a^2 b$

34　$-2x(a + b)$

✿ 다음 식을 나눗셈 기호 ÷를 사용하여 나타내시오.

35　$\dfrac{b}{7}$

36　$\dfrac{5}{xy}$

37　$\dfrac{x - y}{3}$

수

x를 3배한 것에 y를 2배한 것을
↳ $x \times 3 = 3x$ ↳ $y \times 2 = 2y$

더한 수

➔ $3x + 2y$

도형

(1) (직사각형의 둘레의 길이)$= 2 \times \{($가로의 길이$) + ($세로의 길이$)\}$

(2) (삼각형의 넓이)$= \dfrac{1}{2} \times ($ 밑변의 길이$) \times ($ 높이$)$

(3) (직사각형의 넓이)$= ($ 가로의 길이$) \times ($ 세로의 길이$)$

(4) (사다리꼴의 넓이)

$= \dfrac{1}{2} \times \{($ 윗변의 길이$) + ($ 아랫변의 길이$)\} \times ($ 높이$)$

✿ 다음을 문자를 사용한 식으로 나타내시오.

따라해 **01** a를 4배한 것에서 b를 3배한 것을 **뺀** 수
↳ $a \times 4 = 4a$ ↳ $b \times 3 = 3b$ ➔ ☐ − ☐

기호 −는 생략하지 않고
기호 ×는 생략한 식으로 나타내.

02 x와 y의 곱에 2를 더한 수

➔ _____

따라해 **03** 십의 자리의 숫자가 x, 일의 자리의 숫자가 y인 두 자리의 자연수

➔ $10 \times \boxed{} + 1 \times \boxed{} = \boxed{}$

예를 들어 78은 $78 = 10 \times 7 + 1 \times 8$로 나타낼 수 있어.

04 백의 자리의 숫자가 a, 십의 자리의 숫자가 b, 일의 자리의 숫자가 5인 세 자리의 자연수

➔ _____

✿ 다음을 문자를 사용한 식으로 나타내시오.

따라해 **05** 밑변의 길이가 a cm, 높이가 b cm인 삼각형의 넓이

➔ $\dfrac{1}{2} \times \boxed{} \times \boxed{}$

$= \boxed{}$ (cm^2)

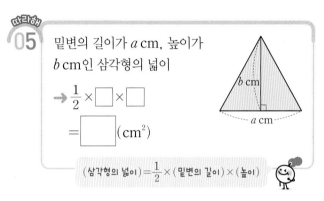

(삼각형의 넓이)$= \dfrac{1}{2} \times ($ 밑변의 길이$) \times ($ 높이$)$

06 가로의 길이가 x cm, 세로의 길이가 4 cm인 직사각형의 둘레의 길이

4 cm
x cm

➔ _____ cm

07 한 변의 길이가 a cm인 정사각형의 넓이

a cm

➔ _____ cm^2

08 윗변의 길이가 x cm, 아랫변의 길이가 8 cm이고 높이가 5 cm인 사다리꼴의 넓이

x cm
5 cm
8 cm

➔ _____ cm^2

거리, 속력, 시간

$(거리) = (속력) \times (시간)$

$(속력) = \dfrac{(거리)}{(시간)}$, $(시간) = \dfrac{(거리)}{(속력)}$

농도

$(소금물의 농도) = \dfrac{(소금의 양)}{(소금물의 양)} \times 100\,(\%)$

$(소금의 양) = \dfrac{(소금물의 농도)}{100} \times (소금물의 양)$

❋ 다음을 문자를 사용한 식으로 나타내시오.

01 시속 75 km로 달리는 버스가 x시간 동안 간 거리

→ (거리) = (속력) × (시간)

$= \boxed{} \times \boxed{} = \boxed{}$ (km)

속력은 시속 75 km, 시간은 x시간이야.

02 시속 a km로 2시간 동안 걸었을 때 이동한 거리

→ _____ km

03 x시간 동안 45 km를 달리는 기차의 속력

→ 시속 _____ km

04 3시간 동안 a km를 걸었을 때 속력

→ 시속 _____ km

05 자전거를 타고 10 km를 시속 y km로 이동할 때 걸린 시간 → _____ 시간

06 시속 80 km로 달리는 자동차가 x km를 이동할 때 걸린 시간 → _____ 시간

❋ 다음을 문자를 사용한 식으로 나타내시오.

07 소금이 x g 녹아 있는 소금물 50 g의 농도

→ (소금물의 농도) = $\dfrac{(소금의 양)}{(소금물의 양)} \times 100$

$= \dfrac{\boxed{}}{\boxed{}} \times 100 = \boxed{}$ (%)

소금의 양은 x g, 소금물의 양은 50 g이야.

08 설탕이 x g 녹아 있는 설탕물 200 g의 농도

→ _____ %

09 농도가 x %인 소금물 400 g에 녹아 있는 소금의 양

→ _____ g

10 학생 x명의 7 % → $x \times \dfrac{\boxed{}}{100} = \dfrac{\boxed{}}{100}$ (명)

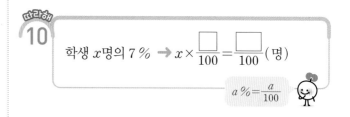

$a\,\% = \dfrac{a}{100}$

11 2000원의 a % → _____ 원

12 정가가 5000원인 물건을 x % 할인하여 판매할 때, 물건의 판매 가격 → (_____) 원

(1) **대입** : 문자를 사용한 식에서 문자 대신 어떤 수로 바꾸어 넣는 것

(2) **식의 값** : 문자를 사용한 식에서 문자에 수를 대입하여 계산한 결과

• $x=2$일 때, $3x-4$의 값을 구해 보자.

→ $3x-4=3×x-4$ ← 곱셈 기호 × 다시 쓰기

  $=3×2-4$ ← x에 2를 대입하기

  $=2$ ← 식의 값 구하기

• $x=-1$일 때, $4x+3$의 값을 구해 보자.

→ $4x+3=4×x+3$ ← 곱셈 기호 × 다시 쓰기

  $=4×(-1)+3$ ← x에 -1을 대입하기

  $=-1$ ← 식의 값 구하기

  음수를 대입할 때는 괄호 사용!

❋ $x=3$일 때, 다음 식의 값을 구하시오.

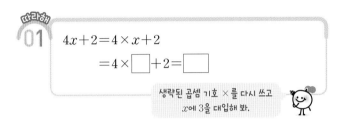

01 $4x+2=4×x+2$

  $=4×\boxed{}+2=\boxed{}$

생략된 곱셈 기호 ×를 다시 쓰고 x에 3을 대입해 봐.

02 $6x-2$

03 $-3x+12$

04 $9-\dfrac{1}{3}x$

❋ $a=-2$일 때, 다음 식의 값을 구하시오.

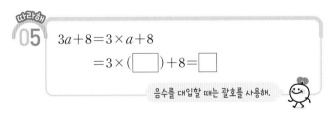

05 $3a+8=3×a+8$

  $=3×(\boxed{})+8=\boxed{}$

음수를 대입할 때는 괄호를 사용해.

06 $-5a$

07 $2-4a$

08 $\dfrac{7}{2}a-1$

❋ 다음 식의 값을 구하시오.

09 $x=-3$일 때, x^2+x

10 $a=-1$일 때, $-a^2+3a$

11 $m=5$일 때, $\dfrac{10}{m}+6$

12 $k=-\dfrac{1}{3}$일 때, $9k-2$

❋ 다음 식의 값을 구하시오.

13 $x=2$, $y=4$일 때, x^2+2y

14 $p=1$, $q=-3$일 때, $2(p-q)$

15 $a=\dfrac{3}{4}$, $b=-\dfrac{1}{3}$일 때, $8ab-9$

16 $m=-5$, $n=-2$일 때, $\dfrac{m}{10}-\dfrac{1}{n}$

✿ $x = \dfrac{1}{2}$일 때, 다음 식의 값을 구하시오.

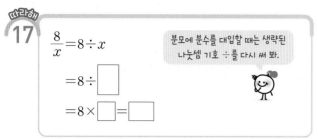

따라해
17
$$\dfrac{8}{x} = 8 \div x$$
$$= 8 \div \boxed{}$$
$$= 8 \times \boxed{} = \boxed{}$$

분모에 분수를 대입할 때는 생략된 나눗셈 기호 ÷를 다시 써 봐.

18 $-\dfrac{5}{6x}$

19 $9 - \dfrac{3}{x}$

20 $\dfrac{2}{x^2}$

✿ 다음 식의 값을 구하시오.

21 $x = \dfrac{1}{2}$, $y = \dfrac{1}{3}$일 때, $\dfrac{1}{x} + \dfrac{1}{y}$

22 $a = -1$, $b = -\dfrac{1}{2}$일 때, $\dfrac{2}{a} + \dfrac{4}{b}$

23 $x = -\dfrac{1}{6}$, $y = \dfrac{1}{4}$일 때, $-\dfrac{1}{x} + \dfrac{3}{y}$

24 $m = \dfrac{1}{2}$, $n = -\dfrac{1}{3}$일 때, $\dfrac{2}{m} - \dfrac{5}{n}$

✿ 자동차가 시속 **90 km**로 x시간 동안 달렸을 때, 다음 물음에 답하시오.

25 이동한 거리를 x를 사용한 식으로 나타내시오.

26 $x = 2$일 때, 이동한 거리를 구하시오.

✿ 한 개에 a원인 사과 2개와 한 개에 b원인 배 3개를 사려고 한다. 다음 물음에 답하시오.

27 지불할 금액을 a, b를 사용한 식으로 나타내시오.

28 $a = 1500$, $b = 2000$일 때, 지불할 금액을 구하시오.

✿ 오른쪽 그림과 같이 밑변의 길이가 x cm, 높이가 y cm인 삼각형이 있다. 다음 물음에 답하시오.

29 삼각형의 넓이를 x, y를 사용한 식으로 나타내시오.

30 $x = 8$, $y = 5$일 때, 삼각형의 넓이를 구하시오.

10분 연산 TEST 1회

[01~05] 다음 식을 곱셈 기호 ×를 생략하여 나타내시오.

01 $(-1) \times x \times x$

02 $0.1 \times a \times b$

03 $a \times \dfrac{1}{3} \times (-a) \times b$

04 $2 \times a - b \times 4$

05 $a \times (-1) + b \times b \times 5$

[06~09] 다음 식을 나눗셈 기호 ÷를 생략하여 나타내시오.

06 $a \div 5$

07 $(x-4) \div y$

08 $a \div b \div (-7)$

09 $x \div \dfrac{1}{y} \div z$

[10~13] 다음 식을 기호 ×, ÷를 생략하여 나타내시오.

10 $a \div 4 \times b$

11 $a \times b \div c$

12 $x \div (y \times z)$

13 $3 \div x + y \times (-5)$

[14~16] 다음을 문자를 사용한 식으로 나타내시오.

14 한 개에 a원인 과자를 8개 사고 5000원을 냈을 때의 거스름돈

15 한 변의 길이가 x cm인 정삼각형의 둘레의 길이

16 자전거를 타고 x km의 거리를 시속 20 km로 이동할 때 걸린 시간

[17~18] $a = -\dfrac{1}{2}$일 때, 다음 식의 값을 구하시오.

17 $1 + 4a^2$

18 $2a - \dfrac{2}{a}$

[19~20] 다음 식의 값을 구하시오.

19 $x = -2$, $y = 1$일 때, $\dfrac{x-y}{x+y}$

20 $x = -\dfrac{1}{2}$, $y = 3$일 때, $\dfrac{6}{x} - \dfrac{9}{y}$

[21~22] 오른쪽 그림과 같이 윗변의 길이가 **4 cm**, 아랫변의 길이가 x **cm** 이고, 높이가 y **cm**인 사다리꼴이 있다. 다음 물음에 답하시오.

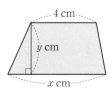

21 사다리꼴의 넓이를 x, y를 사용한 식으로 나타내시오.

22 $x = 3$, $y = 6$일 때, 사다리꼴의 넓이를 구하시오.

맞힌 개수 ____ 개/22개

10분 연산 TEST 2회

맞힌 개수 ____/22개

[01~05] 다음 식을 곱셈 기호 ×를 생략하여 나타내시오.

01 $(-4) \times a \times a$

02 $y \times (-0.1) \times x$

03 $\frac{1}{2} \times b \times a \times a \times b$

04 $3 \times x + y \times \frac{2}{5}$

05 $a \times 2 \times a - a \times (b-1)$

[06~09] 다음 식을 나눗셈 기호 ÷를 생략하여 나타내시오.

06 $5 \div (-x)$

07 $a \div (b-3)$

08 $x \div \left(-\frac{1}{6}\right) \div y$

09 $a \div 2 \div \frac{4}{9} b$

[10~13] 다음 식을 기호 ×, ÷를 생략하여 나타내시오.

10 $x \times y \div (-z)$

11 $a \div \frac{1}{3} \times b$

12 $a \div \left(b \times \frac{1}{c}\right)$

13 $x \times (-x) + 7 \div y$

[14~16] 다음을 문자를 사용한 식으로 나타내시오.

14 현재 13세인 수민이의 a년 전의 나이

15 한 개에 1200원인 아이스크림 x개와 한 개에 900원인 과자 y개를 살 때 필요한 금액

16 시속 70 km로 달리는 버스가 x시간 동안 간 거리

[17~18] $x = \frac{1}{3}$일 때, 다음 식의 값을 구하시오.

17 $-9x^2 + 5$

18 $6x + \frac{1}{x}$

[19~20] 다음 식의 값을 구하시오.

19 $x=4$, $y=-2$일 때, $3x - \frac{x}{y}$

20 $x=-\frac{1}{2}$, $y=\frac{1}{5}$일 때, $\frac{8}{x^2} + \frac{2}{y}$

[21~22] 오른쪽 그림과 같이 밑변의 길이가 a cm, 높이가 h cm인 평행사변형이 있다. 다음 물음에 답하시오.

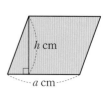

21 평행사변형의 넓이를 a, h를 사용한 식으로 나타내시오.

22 $a=5$, $h=4$일 때, 평행사변형의 넓이를 구하시오.

07 VISUAL 개념연산 다항식

정답 및 풀이 51쪽

(1) **항** : 수 또는 문자의 곱으로 이루어진 식
(2) **상수항** : 수로만 이루어진 항
(3) **계수** : 수와 문자의 곱으로 이루어진 항에서 문자에 곱한 수
(4) **다항식** : 하나 이상의 항의 합으로 이루어진 식
(5) **단항식** : 다항식 중에서 하나의 항으로만 이루어진 식

개념 POINT

x의 계수 y의 계수 상수항
$$2x - 3y + 5$$
항

다항식

단항식
$$3x, \ -\frac{1}{3}, \ 6ab, \quad 2x+5, \ a-b+2$$

$$\frac{1}{x}$$

→ 분모에 문자가 있는 식은 다항식이 아니다.

실수 Check

$7x-3$의 항 → $7x, 3$ (×)
→ $7x, -3$ (○)

❋ 다음을 구하시오.

01
뺄셈을 덧셈으로
$$2x-5y+7 = 2x + (\boxed{}) + 7$$

(1) 항 ──수 또는 문자의 곱으로만 이루어진 식──→ _____
(2) 상수항 ──수로만 이루어진 항──→ _____
(3) x의 계수 ──x 앞에 곱해진 수──→ _____
(4) y의 계수 ──y 앞에 곱해진 수──→ _____

각 항을 말할 때는 부호까지 포함해야 해.

02 $-3x+y-8$
(1) 항   : _____
(2) 상수항   : _____
(3) x의 계수 : _____
(4) y의 계수 : _____

$y=1\times y$이므로 y의 계수는 1

03 $\frac{2}{5}x+\frac{y}{3}-\frac{1}{2}$
(1) 항   : _____
(2) 상수항   : _____
(3) x의 계수 : _____
(4) y의 계수 : _____

04 $-\frac{a}{4}+7b$
(1) 항   : _____
(2) 상수항   : _____
(3) a의 계수 : _____
(4) b의 계수 : _____

상수항이 없으면 상수항을 0으로 생각해!

05 x^2-6x+4
(1) 항   : _____
(2) 상수항   : _____
(3) x^2의 계수 : _____
(4) x의 계수 : _____

❋ 다음 중 단항식인 것에는 ○표, 단항식이 아닌 것에는 ×표를 하시오.

06 $2-x$ (   ) **07** -9 (   )

08 $\frac{1}{a}$ (   ) **09** $\frac{5x}{2}$ (   )

10 x^2+3 (   ) **11** $2y^2$ (   )

차수와 일차식

(1) **차수** : 문자를 포함한 항에서 문자가 곱해진 개수
(2) **다항식의 차수** : 다항식에서 차수가 가장 큰 항의 차수
(3) **일차식** : 차수가 1인 다항식

$$3x+2$$
차수 : 1 ← ⌐ └→ 차수 : 0

$$2x^2-7x+5$$
차수 : 2 ← ⌐ 차수 : 1 └→ 차수 : 0

→ 다항식의 차수 : 1
→ 일차식이다.

→ 다항식의 차수 : 2
→ 일차식이 아니다.

실수 Check

상수항의 차수는 0이다.

✤ 다음 다항식의 차수를 구하고, 일차식인지 아닌지 판단하시오.

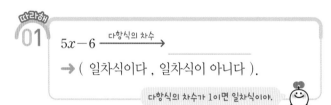

01 $5x-6$ $\xrightarrow{\text{다항식의 차수}}$ _____

→ (일차식이다 , 일차식이 아니다).

다항식의 차수가 1이면 일차식이야.

02 x^2-3x+1 $\xrightarrow{\text{다항식의 차수}}$ _____

→ (일차식이다 , 일차식이 아니다).

03 $10-\dfrac{x}{4}$ $\xrightarrow{\text{다항식의 차수}}$ _____

→ (일차식이다 , 일차식이 아니다).

04 $5y^3+3y$ $\xrightarrow{\text{다항식의 차수}}$ _____

→ (일차식이다 , 일차식이 아니다).

05 $4a-2b-7$ $\xrightarrow{\text{다항식의 차수}}$ _____

→ (일차식이다 , 일차식이 아니다).

06 -9 $\xrightarrow{\text{다항식의 차수}}$ _____

→ (일차식이다 , 일차식이 아니다).

✤ 다음 중 일차식인 것에는 ○표, 일차식이 아닌 것에는 ×표를 하시오.

07 $-a+3$ ( )

08 b^2-4b ( )

09 $\dfrac{x}{6}$ ( )

10 $\dfrac{3}{x}+2$ ( )

11 $-\dfrac{2}{3}a-\dfrac{2}{5}$ ( )

12 $0.1x+5y$ ( )

13 $0\times x+7$ ( )

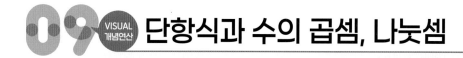
(단항식)×(수), (수)×(단항식)

$$2x \times 3$$
$$= 2 \times x \times 3$$ ⎫ 곱셈 기호 × 다시 쓰기
$$= \underline{2 \times 3} \times x$$ ⎫ 수끼리 모으기(곱셈의 교환법칙)
$$= 6x$$ ⎫ 수끼리 곱하여 문자 앞에 쓰기

곱셈의 교환법칙 : $a \times b = b \times a$

(단항식)÷(수)

$$6x \div \frac{2}{5}$$ ⎫ 곱셈 기호 × 다시 쓰고 나누는 수의 역수 곱하기
$$= 6 \times x \times \frac{5}{2}$$
$$= 6 \times \frac{5}{2} \times x$$ ⎫ 수끼리 모으기(곱셈의 교환법칙)
$$= 15x$$ ⎫ 수끼리 곱하여 문자 앞에 쓰기

✽ 다음을 계산하시오.

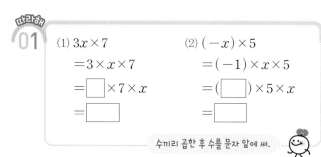

01 (1) $3x \times 7$
$$= 3 \times x \times 7$$
$$= \boxed{} \times 7 \times x$$
$$= \boxed{}$$

(2) $(-x) \times 5$
$$= (-1) \times x \times 5$$
$$= (\boxed{}) \times 5 \times x$$
$$= \boxed{}$$

수끼리 곱한 후 수를 문자 앞에 써.

02 $\dfrac{1}{2} x \times 6$ 약분이 될 때는 꼭 약분해야 해! _____

03 $2x \times (-7)$ _____

04 $(-3) \times (-4a)$ _____

05 $\dfrac{3}{5} x \times (-15)$ _____

06 $\left(-\dfrac{3}{4}\right) \times 8x$ _____

07 $\left(-\dfrac{2}{3} y\right) \times (-9)$ _____

✽ 다음을 계산하시오.

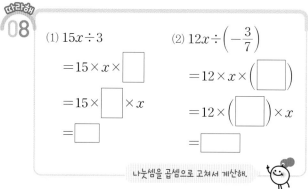

08 (1) $15x \div 3$
$$= 15 \times x \times \boxed{}$$
$$= 15 \times \boxed{} \times x$$
$$= \boxed{}$$

(2) $12x \div \left(-\dfrac{3}{7}\right)$
$$= 12 \times x \times (\boxed{})$$
$$= 12 \times (\boxed{}) \times x$$
$$= \boxed{}$$

나눗셈을 곱셈으로 고쳐서 계산해.

09 $48a \div 6$ _____

10 $(-20y) \div 4$ _____

11 $(-24x) \div (-3)$ _____

12 $\dfrac{2}{3} b \div \left(-\dfrac{5}{12}\right)$ _____

13 $\left(-\dfrac{3}{10} x\right) \div \left(-\dfrac{1}{5}\right)$ _____

분배법칙을 이용하여 일차식의 각 항에 수를 곱하여 계산한다.

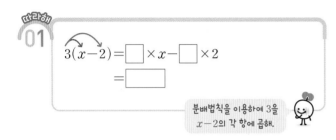

$$2(3x+4) = \underset{①}{2 \times 3x} + \underset{②}{2 \times 4}$$
$$= 6x+8$$

$$(2x+5) \times (-2) = \underset{①}{2x \times (-2)} + \underset{②}{5 \times (-2)}$$
$$= -4x-10$$

❀ 다음을 계산하시오.

따라해 01

$$3(x-2) = \boxed{} \times x - \boxed{} \times 2$$
$$= \boxed{}$$

> 분배법칙을 이용하여 3을 $x-2$의 각 항에 곱해.

02 $2(5a+3)$

03 $4(-6x+2)$

04 $-(4x-5)$

> $-(4x-5)$는 괄호 앞에 -1이 곱해져 있어.

05 $-3(x+7)$

06 $\dfrac{2}{3}(6y-9)$

07 $-\dfrac{1}{2}\left(6b+\dfrac{4}{5}\right)$

08 $-\dfrac{3}{5}\left(\dfrac{5}{6}x-\dfrac{10}{9}\right)$

따라해 09

$$(3x-5) \times (-3)$$
$$= 3x \times (\boxed{}) - 5 \times (\boxed{})$$
$$= \boxed{}$$

> 곱하는 수가 음수인 경우에는 그 음수를 각 항에 곱해야 해.

10 $(7x-1) \times 2$

11 $(-4a+1) \times (-5)$

12 $(6x-9) \times \dfrac{1}{3}$

13 $(12x+20) \times \left(-\dfrac{1}{4}\right)$

14 $(18a-3) \times \left(-\dfrac{4}{9}\right)$

15 $\left(-\dfrac{1}{3}y+\dfrac{1}{4}\right) \times 12$

16 $\left(\dfrac{5}{2}x-\dfrac{3}{4}\right) \times \left(-\dfrac{4}{3}\right)$

VISUAL 개념연산 일차식과 수의 나눗셈

정답 및 풀이 51쪽

분배법칙을 이용하여 일차식의 각 항에 **나누는 수의 역수를 곱하여** 계산한다.

$$(3x+6) \div \frac{3}{2}$$

$$= (3x+6) \times \frac{2}{3}$$ 나누는 수의 역수 곱하기

$$= 3x \times \frac{2}{3} + 6 \times \frac{2}{3}$$ 분배법칙 이용하기

$$= 2x+4$$ 계산하기

참고 나누는 수가 정수이면 나눗셈 기호를 생략하고 분수 꼴로 바꾸어 계산할 수도 있다.

$$(6x+9) \div (-3) = \frac{6x+9}{-3} = \frac{6x}{-3} + \frac{9}{-3} = -2x-3$$

❈ 다음을 계산하시오.

따라해

01

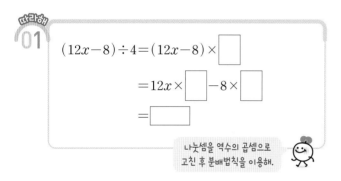

$$(12x-8) \div 4 = (12x-8) \times \boxed{}$$
$$= 12x \times \boxed{} - 8 \times \boxed{}$$
$$= \boxed{}$$

나눗셈을 역수의 곱셈으로 고친 후 분배법칙을 이용해.

02 $(9-15y) \div 3$

03 $(4x+6) \div (-2)$

04 $\left(\frac{12}{5}x-18\right) \div (-6)$

05 $(2x-7) \div \frac{1}{3}$

06 $(-10a+5) \div \frac{1}{2}$

07 $(2x+8) \div \frac{2}{3}$

08 $(-9x-6) \div \frac{3}{4}$

09 $(-10x+8) \div \frac{2}{5}$

10 $(y+3) \div \left(-\frac{1}{5}\right)$

11 $(-4a+6) \div \left(-\frac{2}{7}\right)$

12 $\left(8x-\frac{12}{5}\right) \div \left(-\frac{4}{5}\right)$

10분 연산 TEST 1회

맞힌 개수 _____ 개/23개

[01~03] 다항식 $-\dfrac{2}{3}x+\dfrac{y}{5}-\dfrac{4}{7}$에 대하여 다음을 구하시오.

01 상수항

02 x의 계수

03 y의 계수

[04~07] 다음 중 옳은 것에는 ○표, 옳지 않은 것에는 ×표를 하시오.

04 $x-5$의 항의 개수는 2이다. ( )

05 $3a-3$의 상수항은 3이다. ( )

06 $2x^2+5$의 차수는 5이다. ( )

07 $3+2x+x^3$의 차수는 3이다. ( )

08 다음 보기에서 일차식인 것을 모두 고르시오.

```
• 보기 •
ㄱ. -x+3        ㄴ. 1/3 y+0.7     ㄷ. 2/x -5
ㄹ. x²-x+1      ㅁ. (x+2)/5       ㅂ. -1/2
```

ㄱ. $-x+3$ ㄴ. $\dfrac{1}{3}y+0.7$ ㄷ. $\dfrac{2}{x}-5$
ㄹ. x^2-x+1 ㅁ. $\dfrac{x+2}{5}$ ㅂ. $-\dfrac{1}{2}$

[09~16] 다음을 계산하시오.

09 $2\times3x$

10 $9a\times(-4)$

11 $\dfrac{3}{2}x\times\left(-\dfrac{1}{2}\right)$

12 $\dfrac{1}{3}x\times(-3)$

13 $(-15x)\div9$

14 $(-18x)\div(-6)$

15 $6x\div\left(-\dfrac{1}{5}\right)$

16 $\dfrac{2}{3}x\div\dfrac{4}{3}$

[17~23] 다음을 계산하시오.

17 $-(2x-5)$

18 $\dfrac{1}{2}(4x-2y)$

19 $(-x+7)\times3$

20 $(12x-2)\times\left(-\dfrac{1}{4}\right)$

21 $(3x+12)\div3$

22 $(-4x-18y)\div\dfrac{2}{3}$

23 $(8y-12)\div\left(-\dfrac{4}{3}\right)$

맞힌 개수 _____ 개/23개

10분 연산 TEST 2회

맞힌 개수 ____개 /23개

[01~03] 다항식 $3x^2-x+6$에 대하여 다음을 구하시오.

01 x^2의 계수

02 x의 계수

03 상수항

[04~07] 다음 중 옳은 것에는 ○표, 옳지 않은 것에는 ×표를 하시오.

04 y^2+y-3에서 항은 y^2, y, 3이다.　　　(　　　)

05 $2a-2$에서 상수항은 -2이다.　　　(　　　)

06 $4x-5$의 차수는 1이다.　　　(　　　)

07 $3y-2y^2+1$의 차수는 1이다.　　　(　　　)

08 다음 **보기**에서 일차식인 것을 모두 고르시오.

┌─ 보기 ─────────────────┐
ㄱ. $x-7$　　　ㄴ. $0\times x^2+x$　　　ㄷ. $\dfrac{1}{3}x-y$

ㄹ. -1　　　ㅁ. $\dfrac{5}{y}+4$　　　ㅂ. $0.4a-5$
└────────────────────────┘

[09~16] 다음을 계산하시오.

09 $5x\times3$

10 $(-4)\times6y$

11 $2a\times(-8)$

12 $(-3x)\times\dfrac{1}{6}$

13 $25x\div5$

14 $12y\div(-4)$

15 $(-35y)\div\dfrac{7}{2}$

16 $\left(-\dfrac{2}{5}a\right)\div(-2)$

[17~23] 다음을 계산하시오.

17 $3(5x-2)$

18 $-\dfrac{1}{5}(20y-15)$

19 $(a+4b)\times(-2)$

20 $(-12b+21)\times\dfrac{1}{3}$

21 $(-18x+6)\div6$

22 $(2x-5y)\div\dfrac{1}{2}$

23 $\left(\dfrac{10}{3}a-\dfrac{1}{2}\right)\div\left(-\dfrac{5}{6}\right)$

12 VISUAL 개념연산 동류항

정답 및 풀이 53쪽

(1) **동류항** : 문자와 차수가 각각 같은 항

$2x, -3x$ → 문자와 차수가 각각 같음	$-x, 4y$ → 문자가 다름	$a^2, 5a$ → 차수가 다름
→ 동류항이다.	→ 동류항이 아니다.	→ 동류항이 아니다.

(2) **동류항의 덧셈과 뺄셈**

분배법칙을 이용하여 동류항의 계수끼리 더하거나 뺀 후 문자 앞에 쓴다.

$$\cdot 3x+2x=(3+2)x=5x \qquad \cdot 5y-3y=(5-3)y=2y$$

❀ 다음 중 두 항이 동류항인 것에는 ○표, 동류항이 아닌 것에는 ×표를 하시오.

01 $-x$와 $\dfrac{2}{3}x$ (   )

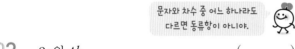

문자와 차수 중 어느 하나라도 다르면 동류항이 아니야.

02 $2a$와 $4b$ (   )

03 a^2과 a^3 (   )

04 $0.1y$와 $-\dfrac{1}{2}y$ (   )

❀ 다음 다항식에서 동류항을 모두 구하시오.

05 $3+2x-5x+2$

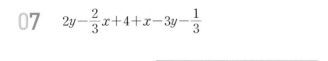

상수항끼리는 모두 동류항이야.

06 $5a+b-\dfrac{1}{2}a-3b$

07 $2y-\dfrac{2}{3}x+4+x-3y-\dfrac{1}{3}$

❀ 다음을 계산하시오.

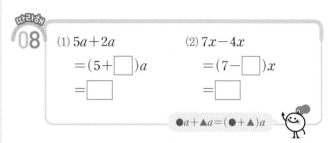

08
(1) $5a+2a$
$=(5+\boxed{})a$
$=\boxed{}$

(2) $7x-4x$
$=(7-\boxed{})x$
$=\boxed{}$

$\bullet a + \blacktriangle a = (\bullet + \blacktriangle)a$

09 $-4y+10y$

10 $-3b-6b$

11 $x-\dfrac{4}{3}x$

12 $-\dfrac{1}{2}y+\dfrac{5}{4}y$

13 $-\dfrac{1}{3}x-\dfrac{1}{2}x$

106 Ⅲ. 문자의 사용과 식

✽ 다음을 계산하시오.

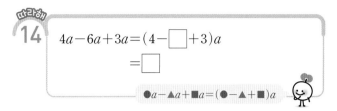

14
$$4a-6a+3a=(4-\boxed{}+3)a$$
$$=\boxed{}$$

●a−▲a+■a=(●−▲+■)a

15    $5x+x+2x$

16    $6a+4a-a$

17    $-3b+b-7b$

18    $-x-x-x$

19    $-2y-3y+4y$

20    $\dfrac{1}{3}a-a+\dfrac{1}{2}a$

21    $-\dfrac{1}{2}b+\dfrac{1}{4}b-b$

✽ 다음을 계산하시오.

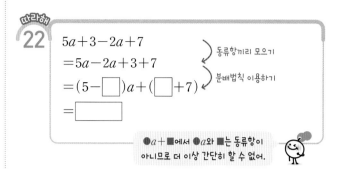

22
$$5a+3-2a+7$$
$$=5a-2a+3+7$$
$$=(5-\boxed{})a+(\boxed{}+7)$$
$$=\boxed{}$$

동류항끼리 모으기

분배법칙 이용하기

●a+■에서 ●a와 ■는 동류항이
아니므로 더 이상 간단히 할 수 없어.

23    $7x+9+3x+6$

24    $-2x+4-5x+3$

25    $-12a-3+2a-8$

26    $2-\dfrac{1}{2}x+3x-\dfrac{1}{2}$

27    $4x+3y-2x-5y$

28    $-\dfrac{7}{3}b+5-\dfrac{3}{2}+\dfrac{1}{3}b$

29    $\dfrac{4}{3}a+\dfrac{1}{4}b-\dfrac{1}{6}a-\dfrac{3}{2}b$

❶ 괄호가 있으면 분배법칙을 이용하여 먼저 괄호를 푼다.
❷ 동류항끼리 모아서 계산한다.

일차식의 덧셈

$$(5x-3)+(4x+8)$$
괄호 풀기
$$=5x-3+4x+8$$
동류항끼리 모으기
$$=5x+4x-3+8$$
계산하기
$$=9x+5$$

일차식의 뺄셈

$$(4x-7)-(2x-3)$$
빼는 식의 각 항의 부호를 바꾸어 괄호 풀기
$$=4x-7-2x+3$$
동류항끼리 모으기
$$=4x-2x-7+3$$
계산하기
$$=2x-4$$

✽ 다음을 계산하시오.

따라하기 01

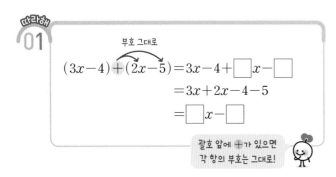

부호 그대로
$$(3x-4)+(2x-5)=3x-4+\boxed{}x-\boxed{}$$
$$=3x+2x-4-5$$
$$=\boxed{}x-\boxed{}$$

괄호 앞에 ➕가 있으면 각 항의 부호는 그대로!

02 $(2x+5)+(6x-7)$ _____

03 $(-3y+8)+(y-8)$ _____

04 $(5a-10)+(-5a+6)$ _____

05 $(x+7)+(-3x-5)$ _____

06 $\left(\dfrac{2}{5}x+\dfrac{4}{3}\right)+\left(\dfrac{1}{5}x-\dfrac{2}{3}\right)$ _____

07 $\left(\dfrac{2}{3}b-\dfrac{1}{4}\right)+\left(\dfrac{4}{3}b-\dfrac{3}{4}\right)$ _____

✽ 다음을 계산하시오.

따라하기 08

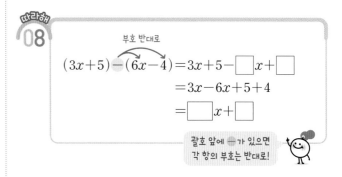

부호 반대로
$$(3x+5)-(6x-4)=3x+5-\boxed{}x+\boxed{}$$
$$=3x-6x+5+4$$
$$=\boxed{}x+\boxed{}$$

괄호 앞에 ➖가 있으면 각 항의 부호는 반대로!

09 $(2x-6)-(5x-1)$ _____

10 $(-5x+3)-(3x-4)$ _____

11 $(7y+3)-(-4y+5)$ _____

12 $(-3a+4)-(-3a+8)$ _____

13 $\left(\dfrac{1}{2}x+\dfrac{1}{5}\right)-\left(\dfrac{3}{2}x+\dfrac{6}{5}\right)$ _____

14 $\left(\dfrac{7}{4}b+\dfrac{3}{5}\right)-\left(\dfrac{3}{4}b-\dfrac{7}{5}\right)$ _____

✴ 다음을 계산하시오.

15
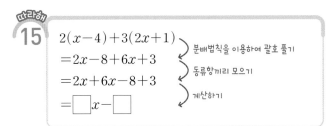
$2(x-4)+3(2x+1)$
$=2x-8+6x+3$ — 분배법칙을 이용하여 괄호 풀기
$=2x+6x-8+3$ — 동류항끼리 모으기
$=\boxed{}x-\boxed{}$ — 계산하기

16 $\quad(x-6)+2(5x-1)$ _____

17 $\quad 4(3a+2)-(2a+7)$ _____

18 $\quad 2(5y-3)+5(-y+2)$ _____

19 $\quad 6(-x+5)-3(x-4)$ _____

20 $\quad 7(2y-3)-4(3y+1)$ _____

21 $\quad -(4a-5)-5(a-6)$ _____

22 $\quad \dfrac{1}{3}(6x+15)+\dfrac{1}{2}(8x-2)$ _____

23 $\quad 15\left(\dfrac{2}{5}y-\dfrac{1}{3}\right)-8\left(\dfrac{1}{2}y+\dfrac{3}{4}\right)$ _____

✴ 다음을 계산하시오.

24
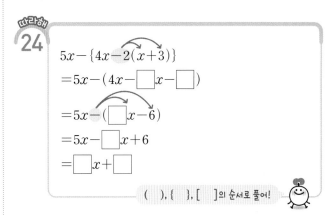
$5x-\{4x-2(x+3)\}$
$=5x-(4x-\boxed{}x-\boxed{})$
$=5x-(\boxed{}x-6)$
$=5x-\boxed{}x+6$
$=\boxed{}x+\boxed{}$

( ), { }, [ ]의 순서로 풀어!

25 $\quad 3x-2\{3x-(4-x)\}$ _____

26 $\quad a-\{9-3(2a+5)\}$ _____

27 $\quad 4(x-1)+2\{x-5(1-2x)\}$ _____

28 $\quad \dfrac{2}{3}x-\dfrac{1}{3}\{2x-(3x+6)\}$ _____

29 $\quad 5x-[6x+2\{x-(3x-2)\}]$ _____

30 $\quad -x-[3x-4-\{5x+2(x-1)\}]$ _____

14 분수 꼴인 일차식의 덧셈과 뺄셈

→ 정답 및 풀이 55쪽

분수 꼴인 일차식의 덧셈

$$\frac{x+3}{2} + \frac{x-2}{3}$$

$$= \frac{3(x+3)+2(x-2)}{6}$$

$$= \frac{3x+9+2x-4}{6}$$

$$= \frac{5x+5}{6} = \frac{5}{6}x + \frac{5}{6}$$

분모 2, 3의 최소공배수 6으로 통분하기

분배법칙을 이용하여 괄호 풀기

동류항끼리 계산하기

분수 꼴인 일차식의 뺄셈

$$\frac{2x-3}{5} - \frac{x+1}{2}$$

$$= \frac{2(2x-3)-5(x+1)}{10}$$

$$= \frac{4x-6-5x-5}{10}$$

$$= \frac{-x-11}{10} = -\frac{1}{10}x - \frac{11}{10}$$

분모 5, 2의 최소공배수 10으로 통분하기

분배법칙을 이용하여 괄호 풀기

동류항끼리 계산하기

✿ 다음을 계산하시오.

01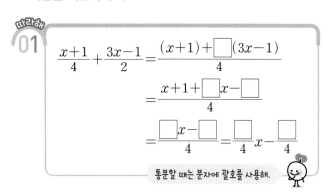

통분할 때는 분자에 괄호를 사용해.

✿ 다음을 계산하시오.

06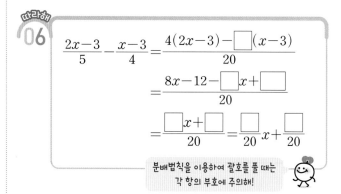

분배법칙을 이용하여 괄호를 풀 때는 각 항의 부호에 주의해!

02 $\dfrac{x+3}{2} + \dfrac{3x+2}{5}$

07 $\dfrac{x+2}{3} - \dfrac{x+5}{2}$

03 $\dfrac{2y+1}{3} + \dfrac{2y-5}{5}$

08 $\dfrac{y-4}{5} - \dfrac{2y+3}{3}$

04 $\dfrac{2x-7}{4} + \dfrac{x+2}{3}$

09 $\dfrac{2x+5}{3} - \dfrac{x-2}{4}$

05 $\dfrac{2a-5}{4} + \dfrac{a-3}{6}$

10 $\dfrac{-4a-3}{6} - \dfrac{a-1}{4}$

덧셈과 뺄셈의 관계를 이용하여 ☐ 안의 식을 구한다.

(1) $\square + (x+3) = 5x+6$

→ $\square = (5x+6) - (x+3)$

$\quad = 5x+6-x-3$

$\quad = 4x+3$

(2) $\square - (y+5) = 3y+2$

→ $\square = (3y+2) + (y+5)$

$\quad = 3y+2+y+5$

$\quad = 4y+7$

개념 POINT

$■ + A = B \rightarrow ■ = B - A$

$■ - A = B \rightarrow ■ = B + A$

❈ 다음 ☐ 안에 알맞은 식을 구하시오.

따라해 01

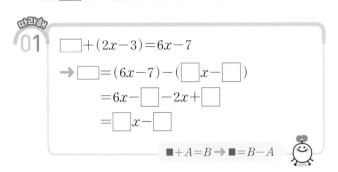

$\square + (2x-3) = 6x-7$

→ $\square = (6x-7) - (\square x - \square)$

$\quad = 6x - \square - 2x + \square$

$\quad = \square x - \square$

$■ + A = B \rightarrow ■ = B - A$

02 $\quad 7x-1+(\square) = 4x+5$ _____

03 $\quad \square - (-2a+6) = 9a-2$ _____

04 $\quad 4x - (\square) = -5x+3$ _____

$A - ● = B \rightarrow ● = A - B$

05 $\quad 8x+6-(\square) = 10x+5$ _____

따라해 06

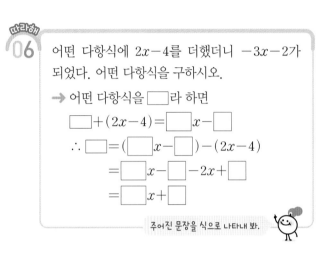

어떤 다항식에 $2x-4$를 더했더니 $-3x-2$가 되었다. 어떤 다항식을 구하시오.

→ 어떤 다항식을 ☐라 하면

$\square + (2x-4) = \square x - \square$

$\therefore \square = (\square x - \square) - (2x-4)$

$\quad = \square x - \square - 2x + \square$

$\quad = \square x + \square$

주어진 문장을 식으로 나타내 봐.

07 어떤 다항식에서 $-3x+1$을 뺐더니 $x-6$이 되었다. 어떤 다항식을 구하시오.

_____

08 $-x+5$에 어떤 다항식을 더했더니 $4x+8$이 되었다. 어떤 다항식을 구하시오.

_____

09 $6x+2$에서 어떤 다항식을 뺐더니 $9x-7$이 되었다. 어떤 다항식을 구하시오.

_____

10분 연산 TEST 1회

맞힌 개수 ___개/20개

01 다음 **보기**에서 동류항끼리 짝 지어진 것을 모두 고르시오.

> • 보기 •
>
> ㄱ. $2x$, x^2　　　　ㄴ. $3a$, $5b$
>
> ㄷ. $5x^2$, $\dfrac{1}{5}x^2$　　ㄹ. $\dfrac{y}{4}$, $\dfrac{4}{y}$
>
> ㅁ. $3b$, $-\dfrac{2}{3}b$　　ㅂ. $-0.5x^2$, $-0.7x^3$

[02~05] 다음을 계산하시오.

02 $7x-2x$

03 $-4a+3a-\dfrac{1}{2}a$

04 $5x-2y+7x-5y$

05 $\dfrac{1}{2}x-\dfrac{1}{3}+\dfrac{1}{4}x+\dfrac{2}{3}$

[06~10] 다음을 계산하시오.

06 $(3x-1)+(4x+5)$

07 $\left(\dfrac{1}{3}x-y\right)+\left(\dfrac{2}{3}x-3y\right)$

08 $(5x-3)-(2x-1)$

09 $\left(\dfrac{2}{3}x+1\right)-\left(\dfrac{1}{3}x+5\right)$

10 $\left(\dfrac{3}{2}x+\dfrac{1}{5}\right)-\left(\dfrac{1}{2}x-\dfrac{4}{5}\right)$

[11~14] 다음을 계산하시오.

11 $2(3x-4)+5(x+1)$

12 $-(x-3)-2(5x+3)$

13 $3(x-y)+2(3x-5y)$

14 $\dfrac{1}{2}(4x-4)+\dfrac{1}{3}(6x-12)$

[15~16] 다음을 계산하시오.

15 $4x+2-\{3x-(x-2)+3\}$

16 $5x-[4x-\{1-(2-3x)\}]$

[17~18] 다음을 계산하시오.

17 $\dfrac{2x+1}{3}+\dfrac{x-4}{2}$

18 $\dfrac{5x-2}{4}-\dfrac{x-1}{3}$

[19~20] 다음 ☐ 안에 알맞은 식을 구하시오.

19 $4x-3+(\boxed{})=x+2$

20 $\boxed{}-(-5a+3)=6a-4$

10분 연산 TEST 2회

맞힌 개수 ___개/20개

01 다음 **보기**에서 동류항끼리 짝 지어진 것을 모두 고르시오.

> ● 보기 ●
> ㄱ. $0.1x,\ x$ ㄴ. $3a^2,\ 3b^2$
> ㄷ. $-x^2,\ \dfrac{1}{4}x$ ㄹ. $\dfrac{3}{5}y,\ -2y$
> ㅁ. $xy,\ \dfrac{xy}{10}$ ㅂ. $x^2,\ 5-x^3$

[02~05] 다음을 계산하시오.

02 $5y-8y$

03 $2x-\dfrac{2}{3}x+x$

04 $3a-5+4a+2$

05 $\dfrac{3}{4}x+\dfrac{1}{5}-\dfrac{1}{4}x+\dfrac{2}{5}$

[06~10] 다음을 계산하시오.

06 $(2x+7)+(3x-4)$

07 $\left(\dfrac{1}{2}x-1\right)+\left(\dfrac{3}{2}x-3\right)$

08 $(4x-2)-(2x+6)$

09 $\left(\dfrac{1}{3}x+3y\right)-\left(\dfrac{5}{3}x-2y\right)$

10 $\left(\dfrac{4}{5}x-\dfrac{1}{2}\right)-\left(\dfrac{1}{5}x-\dfrac{7}{2}\right)$

[11~14] 다음을 계산하시오.

11 $-2(x-3)+3(2x+4)$

12 $3(2x+5)-4(x-1)$

13 $5(x-2y)+2(3x-2y)$

14 $3\left(\dfrac{5}{6}x-\dfrac{7}{3}\right)-\dfrac{1}{5}\left(\dfrac{5}{2}x-10\right)$

[15~16] 다음을 계산하시오.

15 $5x-7-\{2x-3(x-4)\}$

16 $5\{2x+3-3(x-1)\}+7x$

[17~18] 다음을 계산하시오.

17 $\dfrac{4x+3}{2}+\dfrac{x-1}{5}$

18 $\dfrac{a+2}{3}-\dfrac{2a-1}{4}$

[19~20] 다음 ☐ 안에 알맞은 식을 구하시오.

19 $2x+6+(\boxed{})=x+11$

20 $\boxed{}-(5x-3)=2x+7$

스스로 개념 점검

1. 문자의 사용과 식

(1) ▢ : 문자를 사용한 식에서 문자 대신 어떤 수로 바꾸어 넣는 것

(2) ▢ : 수 또는 문자의 곱으로 이루어진 식

(3) ▢ : 수로만 이루어진 항

(4) ▢ : 수와 문자의 곱으로 이루어진 항에서 문자에 곱한 수

(5) 하나 이상의 항의 합으로 이루어진 식을 ▢ 이라 하고, 이 중에서 하나의 항으로만 이루어진 식을 ▢ 이라 한다.

(6) 문자를 포함한 항에서 문자가 곱해진 개수를 그 문자에 대한 ▢ 라 한다.

(7) ▢ : 차수가 1인 다항식

(8) ▢ : 문자와 차수가 각각 같은 항

01

다음 **보기**에서 옳은 것을 모두 고른 것은?

• 보기 •

ㄱ. 시속 $8\,\text{km}$로 x시간 동안 달린 거리 ➡ $8x\,\text{km}$

ㄴ. 정가가 a원인 책을 $25\,\%$ 할인하여 판매한 가격 ➡ $0.25a$원

ㄷ. 백의 자리의 숫자가 x, 십의 자리의 숫자가 y, 일의 자리의 숫자가 z인 세 자리의 자연수 ➡ xyz

ㄹ. $a\,\text{L}$의 음료수를 5명이 똑같이 나누어 마셨을 때, 한 사람이 마신 음료수의 양 ➡ $\dfrac{a}{5}\,\text{L}$

① ㄱ, ㄴ   ② ㄱ, ㄹ   ③ ㄴ, ㄷ

④ ㄱ, ㄴ, ㄷ   ⑤ ㄴ, ㄷ, ㄹ

02

다음 중 옳은 것은?

① $0.1 \times x = 0.x$ ② $a \times a \times a = 3a$

③ $a + b \times 2 = 2ab$ ④ $(y-3) \div 2 = y - \dfrac{3}{2}$

⑤ $(2x+1) \div \dfrac{1}{4} = 4(2x+1)$

03

다음 중 $\dfrac{ac}{b}$와 같은 것은?

① $a \div b \div c$ ② $a \times b \div c$

③ $a \div b \times c$ ④ $(a \div b) \div c$

⑤ $a \div \dfrac{1}{b} \div c$

04 출제율 80%

다음 중 $x = -2$일 때, 식의 값이 가장 작은 것은?

① $-x^2$ ② $2x-1$ ③ x^2-4

④ $x-1$ ⑤ $-\dfrac{2}{x}$

05

$x = -1$, $y = 5$일 때, $xy + \dfrac{y}{x^2}$의 값은?

① -10 ② -5 ③ 0

④ 5 ⑤ 10

06 실수 주의

다음 중 다항식 $2x^2 - 5x - 3$에 대한 설명으로 옳지 <u>않은</u> 것은?

① 항은 3개이다.

② x^2의 계수는 2이다.

③ 상수항은 -3이다.

④ 항 $-5x$의 차수는 1이다.

⑤ x의 계수와 상수항의 합은 8이다.

07

다항식 $3x^2-5x+6$의 차수를 a, x의 계수를 b, 상수항을 c라 할 때, $a+b+c$의 값은?

① 0   ② 2   ③ 3

④ 4   ⑤ 11

08

다음 **보기**에서 일차식인 것의 개수는?

━━● 보기 ●━━

ㄱ. $6-3x$ ㄴ. $5-0\times x$ ㄷ. $\dfrac{10}{x}+1$

ㄹ. $0.4x^2+5$ ㅁ. $x-2$ ㅂ. $-\dfrac{4}{3}x+5$

① 1   ② 2   ③ 3

④ 4   ⑤ 5

09

다음 중 옳지 <u>않은</u> 것은?

① $(-14x)\times\dfrac{1}{7}=-2x$

② $10x\div\left(-\dfrac{2}{5}\right)=-4x$

③ $-(4-2x)=2x-4$

④ $\dfrac{2}{5}(10x+15)=4x+6$

⑤ $\left(\dfrac{1}{2}x-3\right)\div(-2)=-\dfrac{1}{4}x+\dfrac{3}{2}$

10

다음 **보기**에서 동류항을 찾아 바르게 짝 지은 것은?

━━● 보기 ●━━

ㄱ. $-3x$ ㄴ. $5y^2$ ㄷ. $-\dfrac{5}{2}x^2$

ㄹ. $4y$ ㅁ. x^2 ㅂ. $\dfrac{2}{3}y$

① ㄱ, ㄴ   ② ㄱ, ㄷ   ③ ㄷ, ㅁ

④ ㄷ, ㅂ   ⑤ ㄹ, ㅁ

11 출제율 85%

$5x-\dfrac{7}{2}-2x+\dfrac{3}{2}$을 계산하였을 때, x의 계수와 상수항의 합은?

① -1 ② 1   ③ 3

④ 5   ⑤ 7

12

다음 중 계산 결과가 옳은 것은?

① $(-2x-4)+(5x+3)=3x+1$

② $(2x+6)-(x+9)=3x-3$

③ $\left(\dfrac{5}{2}x+2\right)-\left(\dfrac{1}{2}x-4\right)=2x+6$

④ $(3x+5)-3(2x-1)=-3x+2$

⑤ $4(x-3)-2(3x-2)=-2x-16$

13

$\frac{1}{2}(4x+8y)+\frac{1}{3}(9x-6y)=ax+by$일 때, ab의 값은?

(단, a, b는 상수)

① -10 ② -6 ③ 6

④ 10 ⑤ 15

14

다음을 계산하면?

$$\frac{x-3}{4}-\frac{2x+1}{3}$$

① $-\frac{5}{12}x-\frac{13}{12}$ ② $-\frac{5}{12}x-\frac{5}{12}$

③ $-\frac{5}{12}x+\frac{13}{12}$ ④ $\frac{11}{12}x-\frac{13}{12}$

⑤ $\frac{11}{12}x-\frac{7}{12}$

15

$A=8x+5$, $B=2x-1$일 때, $A-3B$를 계산하면?

① $2x+2$ ② $2x+8$ ③ $2x+10$

④ $14x+2$ ⑤ $14x+8$

16

다음 ☐ 안에 알맞은 식은?

$$(4a-2)-(\boxed{})=a-7$$

① $-3a-5$ ② $-3a+9$ ③ $3a-5$

④ $3a+5$ ⑤ $3a+9$

17

어떤 다항식에서 $2x-6$을 뺐더니 $-x+3$이 되었다. 어떤 다항식은?

① $-3x+3$ ② $x-9$ ③ $x-3$

④ $x+3$ ⑤ $3x+9$

18 서술형

$9x-5y-\{6x-2y-3(x-2y)\}$를 계산하여 $ax+by$ 꼴로 나타낼 때, $a-b$의 값을 구하시오. (단, a, b는 상수)

채점기준 1   식 계산하기

채점기준 2 a, b의 값 각각 구하기

채점기준 3 $a-b$의 값 구하기

한눈에 쏙 개념 한바닥
일차방정식

개념 Q&A

Q. 등식인 것과 등식이 아닌 것을 어떻게 구분할까?

A. 등호를 사용한 식이면 등식이다. 예를 들어 $3x+2\geq5$, $4x-1$은 모두 등호가 없으므로 등식이 아니다.

Q. 등식 $ax+b=cx+d$가 x에 대한 항등식이 될 조건은?

A. $a=c$, $b=d$이면 x에 어떤 값을 대입하여도 항상 참이 된다.

Q. 등식의 성질에서 양변을 같은 수로 나눌 때 왜 '0이 아닌'이란 조건이 필요할까?

A. 어떤 수를 0으로 나눌 수는 없으므로 0이 아니라는 조건이 반드시 필요하다.

Q. 이항은 어떤 등식의 성질을 이용한 것일까?

A. '등식의 양변에 같은 수를 더하거나 빼어도 등식은 성립한다.'를 이용한 것이다.

Q. 계수에 소수 또는 분수가 있는 일차방정식을 풀 때 주의할 점은?

A. 계수를 정수로 바꾸기 위해 양변에 수를 곱할 때는 모든 항에 빠짐없이 똑같이 곱해야 한다.

01 방정식과 항등식

(1) **등식** : 등호 '=='를 사용하여 두 수 또는 두 식이 같음을 나타낸 식

$$2x+5==6$$
좌변   우변
양변

① **좌변** : 등식에서 등호의 왼쪽 부분

② **우변** : 등식에서 등호의 오른쪽 부분

③ **양변** : 좌변과 우변을 통틀어 양변이라 한다.

(2) x의 값에 따라 참이 되기도 하고 거짓이 되기도 하는 등식을 x에 대한 **방정식**이라 한다.

① **미지수** : 방정식에 있는 x, y 등의 문자

② **방정식의 해(근)** : 방정식을 참이 되게 하는 미지수의 값

③ **방정식을 푼다** : 방정식의 해를 모두 구하는 것

(3) 미지수 x에 어떤 값을 대입하여도 항상 참이 되는 등식을 x에 대한 **항등식**이라 한다.

02 등식의 성질

(1) 등식의 양변에 같은 수를 더하여도 등식은 성립한다. → $a=b$이면 $a+c=b+c$

(2) 등식의 양변에서 같은 수를 빼어도 등식은 성립한다. → $a=b$이면 $a-c=b-c$

(3) 등식의 양변에 같은 수를 곱하여도 등식은 성립한다. → $a=b$이면 $ac=bc$

(4) 등식의 양변을 0이 아닌 같은 수로 나누어도 등식은 성립한다.

→ $a=b$이면 $\dfrac{a}{c}=\dfrac{b}{c}$ (단, $c\neq0$)

03 일차방정식

(1) **이항** : 등식의 성질을 이용하여 등식의 어느 한 변에 있는 항을 부호를 바꾸어 다른 변으로 옮기는 것

$+a$를 이항하면 → $-a$, $-a$를 이항하면 → $+a$

$$x-1=3$$
이항
$$x=3+1$$

(2) 방정식의 우변에 있는 모든 항을 좌변으로 이항하여 정리한 식이 $(x$에 대한 일차식$)=0$ 꼴이 되는 방정식을 x에 대한 **일차방정식**이라 한다.

04 일차방정식의 풀이

(1) x에 대한 일차방정식의 풀이

❶ 괄호가 있으면 분배법칙을 이용하여 먼저 괄호를 푼다.

❷ 미지수 x를 포함한 항은 좌변으로, 상수항은 우변으로 각각 이항한다.

❸ 양변을 정리하여 $ax=b$ $(a\neq0)$ 꼴로 나타낸다.

❹ 양변을 x의 계수로 나누어 $x=(수)$ 꼴로 나타낸다.
→ 방정식의 해

(2) **계수에 소수 또는 분수가 있는 일차방정식의 풀이** : 계수에 소수가 있으면 양변에 10, 100, 1000, … 중에서 적당한 수를 곱하고, 계수에 분수가 있으면 양변에 분모의 최소공배수를 곱하여 계수를 정수로 바꾼다.

 VISUAL 개념연산 **등식**

등식 : 등호 '='를 사용하여 두 수 또는 두 식이 같음을 나타낸 식

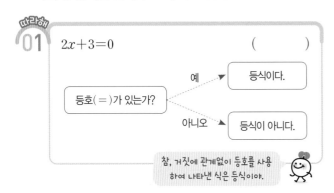

$x+3=2x-1$
$2+5=7$

→ 등식이다.

$3x-1$
$x+2 \leq 4$

→ 등식이 아니다.

$$3x+1 \underset{\text{좌변}}{=} \underset{\text{우변}}{x-5}$$
양변

❋ **다음 중 등식인 것에는 ○표, 아닌 것에는 ×표를 하시오.**

따라해
01 $2x+3=0$　　　(　　)

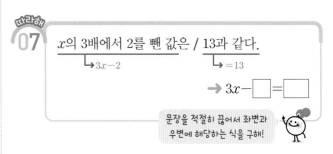

등호(=)가 있는가?
　예 → 등식이다.
　아니오 → 등식이 아니다.

참, 거짓에 관계없이 등호를 사용
하여 나타낸 식은 등식이야.

02 $4x-7$　　　　(　　)

03 $5-7=-2$　　　(　　)

04 $5x+1 \geq 8x$　　　(　　)

05 $3x-2x=x$　　　(　　)

06 $3+9=11$　　　(　　)

❋ **다음을 등식으로 나타내시오.**

따라해
07 $\underline{x\text{의 3배에서 2를 뺀 값은}}$ / $\underline{13\text{과 같다.}}$
　　　　└→$3x-2$　　　　　　　└→$=13$

→ $3x-\boxed{}=\boxed{}$

문장을 적절히 끊어서 좌변과
우변에 해당하는 식을 구해!

08 한 개에 400원인 귤 x개와 한 개에 1500원인 사과 3개의 가격은 6500원이다.

　→ _____

09 가로의 길이가 7 cm, 세로의 길이가 x cm인 직사각형의 넓이는 56 cm^{2}이다.

　→ _____

10 시속 70 km로 x시간 동안 이동한 거리는 280 km이다.

　→ _____

11 공책 30권을 x명의 친구들에게 4권씩 나누어 주었더니 2권이 남았다.

　→ _____

02 방정식과 그 해

➡ 정답 및 풀이 58쪽

(1) **방정식** : x의 값에 따라 참이 되기도 하고 거짓이 되기도 하는 등식을 x에 대한 방정식이라 한다.

(2) 등식 $3x+2=5$에서

x의 값	좌변	우변	참/거짓
-1	$3\times(-1)+2=-1$	5	거짓
0	$3\times0+2=2$	5	거짓
1	$3\times1+2=5$	5	참

(좌변)≠(우변)이면 거짓

← (좌변)=(우변)이면 참

➡ x의 값에 따라 참이 되기도 하고 거짓이 되기도 하므로 $3x+2=5$는 x에 대한 방정식이다. 이때 방정식을 참이 되게 하는 $x=1$은 방정식 $3x+2=5$의 해이다.

개념 POINT

방정식에 $x=●$를 대입했을 때
(좌변)=(우변)
이면 $x=●$는 방정식의 해이다.

'방정식을 푼다'는 방정식의 해를 모두 구하는 것이야.

✽ 다음 표를 완성하고, 주어진 방정식의 해를 구하시오.

01 $4x-1=3$

x의 값	좌변	우변	참/거짓
-1	$4\times(-1)-1=-5$	3	거짓
0			
1			

➡ 방정식의 해는 $x=\boxed{}$

02 $x+2=2x-1$

x의 값	좌변	우변	참/거짓
1			
2			
3			

➡ 방정식의 해는 $x=\boxed{}$

✽ 다음 방정식 중 $x=2$가 해인 것에는 ○표, 아닌 것에는 ×표를 하시오.

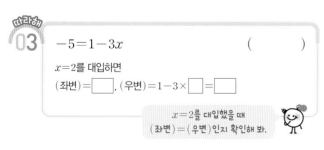

따라해
03 $-5=1-3x$ ( )

$x=2$를 대입하면
(좌변)=$\boxed{}$, (우변)=$1-3\times\boxed{}=\boxed{}$

$x=2$를 대입했을 때 (좌변)=(우변)인지 확인해 봐.

04 $-\dfrac{1}{2}x+6=4$ ( )

05 $4x+3=x+8$ ( )

06 $5x-2=7x-6$ ( )

✽ 다음 [ ] 안의 수가 주어진 방정식의 해인 것에는 ○표, 아닌 것에는 ×표를 하시오.

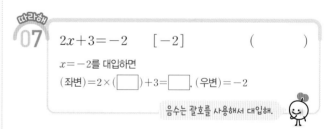

따라해
07 $2x+3=-2$ $[-2]$ ( )

$x=-2$를 대입하면
(좌변)=$2\times(\boxed{})+3=\boxed{}$, (우변)=$-2$

음수는 괄호를 사용해서 대입해.

08 $5-3x=4$ $\left[\dfrac{1}{3}\right]$ ( )

09 $-4(x+3)=7$ $[-1]$ ( )

10 $x+6=5x-6$ $[3]$ ( )

(1) **항등식** : 미지수 x에 어떤 값을 대입하여도 항상 참이 되는 등식을 x에 대한 항등식이라 한다.

(2) 등식 $4x-3x=x$에서

x의 값	좌변	우변	참/거짓
-1	$4\times(-1)-3\times(-1)=-1$	-1	참
0	$4\times0-3\times0=0$	0	참
1	$4\times1-3\times1=1$	1	참

→ 항상 참이다.

→ x에 어떤 값을 대입하여도 항상 참이 되므로 $4x-3x=x$는 x에 대한 항등식이다.

개념 POINT

항등식이 되기 위한 조건

$$\underset{\text{좌변}}{\bullet x+\blacksquare}=\underset{\text{우변}}{\blacktriangle x+\bigstar}$$

→ $\bullet=\blacktriangle$, $\blacksquare=\bigstar$

✿ 다음 중 항등식인 것에는 ○표, 아닌 것에는 ×표를 하시오.

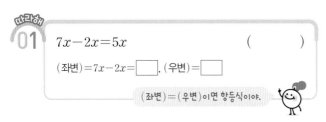

01 $7x-2x=5x$ (   )

(좌변)$=7x-2x=$ ☐ , (우변)$=$ ☐

(좌변)=(우변)이면 항등식이야.

02 $x-7=7-x$ (   )

03 $4x+3-2x=2x+3$ (   )

04 $\dfrac{1}{3}(3x-6)=3x-1$ (   )

괄호를 풀고 간단히 해.

05 $2(x+1)-3=x+2$ (   )

06 $6x-5=5(x-1)+x$ (   )

✿ 다음 등식이 x에 대한 항등식이 되도록 하는 상수 a, b의 값을 각각 구하시오.

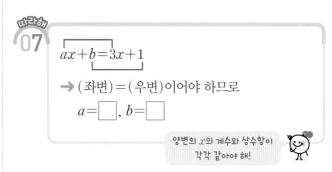

07

$$ax+b=3x+1$$

→ (좌변)=(우변)이어야 하므로

$a=$ ☐ , $b=$ ☐

양변의 x의 계수와 상수항이 각각 같아야 해!

08 $ax-7=2x-b$ _____

09 $5x+a=bx-3$ _____

10 $ax+2=-4x+b$ _____

11 $-7x+2a=bx+8$ _____

12 $ax-10=-3x+5b$ _____

등식의 성질

정답 및 풀이 59쪽

(1) $a=b$이면 $a+2=b+2$ → 등식의 양변에 같은 수를 더하여도 등식은 성립한다.

(2) $a=b$이면 $a-3=b-3$ → 등식의 양변에서 같은 수를 빼어도 등식은 성립한다.

(3) $a=b$이면 $a\times4=b\times4$ → 등식의 양변에 같은 수를 곱하여도 등식은 성립한다.

(4) $a=b$이면 $\dfrac{a}{5}=\dfrac{b}{5}$ ← 0이 아닌 수

→ 등식의 양변을 0이 아닌 같은 수로 나누어도 등식은 성립한다.
└ 어떤 수를 0으로 나눌 수는 없으므로 0이 아니라는 조건이 반드시 필요하다.

개념 POINT

• 양변에서 c를 뺀다.
  → 양변에 $-c$를 더한다.
• 양변을 c $(c\neq0)$로 나눈다.
  → 양변에 $\dfrac{1}{c}$을 곱한다.

❀ $a=b$일 때, 다음 □ 안에 알맞은 수를 써넣으시오.

01 $a+4=b+\boxed{}$

02 $a-5=b-\boxed{}$

03 $a\times6=b\times\boxed{}$

04 $\dfrac{a}{7}=\dfrac{b}{\boxed{}}$

❀ $3x=y$일 때, 다음 □ 안에 알맞은 수를 써넣으시오.

05 $6x-1=\boxed{}y-1$

06 $x+2=\dfrac{y}{\boxed{}}+2$

❀ 다음 중 옳은 것에는 ○표, 옳지 않은 것에는 ×표를 하시오.

07 $a=b$이면 $2a=a+b$이다. ( )

08 $x-4=y-4$이면 $x=y$이다. ( )

09 $x=-y$이면 $-\dfrac{x}{5}=-\dfrac{y}{5}$이다. ( )

따라해 10 $\dfrac{a}{4}=\dfrac{b}{3}$이면 $3a=4b$이다. ( )

양변에 12를 곱하면
$\dfrac{a}{4}\times12=\dfrac{b}{3}\times\boxed{}$ ∴ $3a=\boxed{}b$

11 $ac=bc$이면 $a=b$이다. ( )

❀ 등식의 성질을 이용하여 □ 안에 알맞은 수를 써넣으시오.

12 $3x-5=2$의 양변에 $\boxed{}$를 더하면 $3x=7$이다.

13 $2x+3=8$의 양변에서 $\boxed{}$을 빼면 $2x=5$이다.

14 $\dfrac{1}{5}x=-4$의 양변에 $\boxed{}$를 곱하면 $x=-20$이다.

15 $-7x=56$의 양변을 $\boxed{}$로 나누면 $x=-8$이다.

05 VISUAL 개념연산 등식의 성질을 이용한 방정식의 풀이

등식의 성질을 이용하여 주어진 방정식을 $x=($수$)$ 꼴로 바꾸어 해를 구한다.
↳ 좌변에 x만 남도록 한다.

$\cdot x-2=4$ $\xrightarrow[\text{양변에 2를 더한다.}]{\text{등식의 성질 ①}}$ $x-2+2=4+2$ $\longrightarrow x=6$

$\cdot x+5=7$ $\xrightarrow[\text{양변에서 5를 뺀다.}]{\text{등식의 성질 ②}}$ $x+5-5=7-5$ $\longrightarrow x=2$

$\cdot \dfrac{x}{3}=5$ $\xrightarrow[\text{양변에 3을 곱한다.}]{\text{등식의 성질 ③}}$ $\dfrac{x}{3}\times 3=5\times 3$ $\longrightarrow x=15$

$\cdot 4x=12$ $\xrightarrow[\text{양변을 4로 나눈다.}]{\text{등식의 성질 ④}}$ $\dfrac{4x}{4}=\dfrac{12}{4}$ $\longrightarrow x=3$

개념 POINT

등식의 성질
① $a=b$이면 $a+c=b+c$
② $a=b$이면 $a-c=b-c$
③ $a=b$이면 $ac=bc$
④ $a=b$이면 $\dfrac{a}{c}=\dfrac{b}{c}$ (단, $c\neq 0$)

✻ 다음은 등식의 성질을 이용하여 방정식을 푸는 과정이다. 이때 이용된 등식의 성질을 보기에서 골라 ☐ 안에 알맞은 번호를 써넣으시오.

・보기・
① $a=b$이면 $a+c=b+c$ (단, c는 자연수)
② $a=b$이면 $a-c=b-c$ (단, c는 자연수)
③ $a=b$이면 $ac=bc$ (단, c는 자연수)
④ $a=b$이면 $\dfrac{a}{c}=\dfrac{b}{c}$ (단, c는 자연수)

01 $\dfrac{x}{2}=-8$ $\xrightarrow{\ \boxed{\ }\ } x=-16$

02 $x+4=9$ $\xrightarrow{\ \boxed{\ }\ } x=5$

03 $3x-2=4$ $\xrightarrow{\ \boxed{\ }\ } 3x=6$ $\xrightarrow{\ \boxed{\ }\ } x=2$

04 $2x+3=-9$ $\xrightarrow{\ \boxed{\ }\ } 2x=-12$ $\xrightarrow{\ \boxed{\ }\ } x=-6$

05 $\dfrac{1}{4}x+5=8$ $\xrightarrow{\ \boxed{\ }\ } \dfrac{1}{4}x=3$ $\xrightarrow{\ \boxed{\ }\ } x=12$

✻ 등식의 성질을 이용하여 다음 방정식을 푸시오.

따라해
06
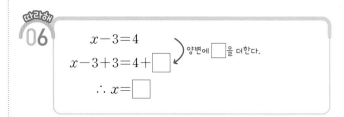

07 $7x=-21$

따라해
08
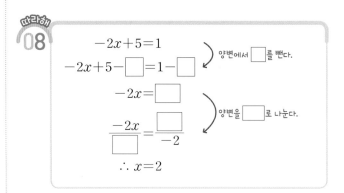

09 $4x-3=-7$

10 $\dfrac{1}{3}x+2=8$

11 $\dfrac{x+4}{2}=5$

10분 연산 TEST 1회

[01~03] 다음을 등식으로 나타내시오.

01 어떤 수 x의 4배에서 5를 뺀 값은 x의 2배에 3을 더한 값과 같다.

02 한 자루에 700원인 볼펜 3자루와 한 개에 500원인 지우개 x개의 가격은 5100원이다.

03 100개의 복숭아를 6명의 친구들에게 x개씩 나누어 주었더니 4개가 남았다.

[04~07] 다음 [ ] 안의 수가 주어진 방정식의 해인 것에는 ○표, 아닌 것에는 ×표를 하시오.

04 $3x+5=2$ $[-1]$ (   )

05 $8x-6=-3$ $\left[\dfrac{1}{4}\right]$ (   )

06 $\dfrac{1}{2}(x+7)=4$ $[5]$ (   )

07 $4x-5=7x+1$ $[-2]$ (   )

[08~11] 다음 중 항등식인 것에는 ○표, 아닌 것에는 ×표를 하시오.

08 $4x+9x=12x$ (   )

09 $3x+7-5x=7-2x$ (   )

10 $\dfrac{1}{4}(12x-8)=3x-2$ (   )

11 $-(x+2)+1=1-2x$ (   )

[12~14] 다음 등식이 x에 대한 항등식이 되도록 하는 상수 a, b의 값을 각각 구하시오.

12 $ax-9=3x-b$

13 $4x+a=bx-5$

14 $-6x+a=bx+13$

[15~18] 다음 중 옳은 것에는 ○표, 옳지 않은 것에는 ×표를 하시오.

15 $a=b$이면 $a+7=b+7$이다.   (   )

16 $x=-y$이면 $x-3=y-3$이다.   (   )

17 $\dfrac{a}{5}=\dfrac{b}{6}$이면 $5a=6b$이다.   (   )

18 $4x=4y$이면 $x=y$이다.   (   )

[19~22] 등식의 성질을 이용하여 다음 방정식을 푸시오.

19 $x+7=-1$

20 $\dfrac{x}{6}=\dfrac{1}{2}$

21 $-4x+1=9$

22 $\dfrac{x-5}{3}=-3$

맞힌 개수   개 / 22개

10분 연산 TEST 2회

맞힌 개수 〔　〕개/22개

[01~03] 다음을 등식으로 나타내시오.

01 어떤 수 x에 3을 더한 수의 2배는 8과 같다.

02 한 개에 500원인 사탕 x개와 한 개에 800원인 초콜릿 2개의 값은 4100원이다.

03 한 변의 길이가 x cm인 정사각형의 둘레의 길이는 20 cm이다.

[04~07] 다음 [ ] 안의 수가 주어진 방정식의 해인 것에는 ○표, 아닌 것에는 ×표를 하시오.

04 $7-4x=3x$ 　　[1] 　　　　(　　　)

05 $9x-2=5$ 　　$\left[-\dfrac{1}{3}\right]$ 　　(　　　)

06 $\dfrac{1}{5}x+6=8$ 　　[10] 　　(　　　)

07 $2x-1=3x+4$ 　　[-4] 　　(　　　)

[08~11] 다음 중 항등식인 것에는 ○표, 아닌 것에는 ×표를 하시오.

08 $x+5-3x=-2x+5$ 　　(　　　)

09 $3(x-1)=3x-3$ 　　(　　　)

10 $\dfrac{1}{2}x-4=\dfrac{1}{2}(2x-4)$ 　　(　　　)

11 $-2(x+1)+1=2-2x$ 　　(　　　)

[12~14] 다음 등식이 x에 대한 항등식이 되도록 하는 상수 a, b의 값을 각각 구하시오.

12 $4x-5=ax+b$

13 $ax+3=-7x-b$

14 $-x+a=bx+8$

[15~18] 다음 중 옳은 것에는 ○표, 옳지 않은 것에는 ×표를 하시오.

15 $a=b$이면 $a-1=b-1$이다. 　　(　　　)

16 $\dfrac{x}{3}=\dfrac{y}{8}$이면 $3x=8y$이다. 　　(　　　)

17 $7x=7y$이면 $x=y$이다. 　　(　　　)

18 $3a=b$이면 $-3a+2=-b-2$이다. 　　(　　　)

[19~22] 등식의 성질을 이용하여 다음 방정식을 푸시오.

19 $x-6=3$

20 $-5x=10$

21 $\dfrac{1}{4}x+3=5$

22 $2x-1=-7$

060 VISUAL 개념연산 이항과 일차방정식

(1) **이항** : 등식의 성질을 이용하여 등식의 어느 한 변에 있는 항을 부호를 바꾸어 다른 변으로 옮기는 것

$$3x-1=2x+3$$
$$\underbrace{\qquad}_{\text{이항}}$$
$$3x-2x=3+1$$

좌변의 -1을 부호만 바꾸어 우변으로, 우변의 $2x$를 부호만 바꾸어 좌변으로 옮기기

(2) **일차방정식** : 방정식의 우변에 있는 모든 항을 좌변으로 이항하여 정리한 식이 $(x$에 대한 일차식$)=0$ 꼴이 되는 방정식을 x에 대한 일차방정식이라 한다.

$$2x+1=x-5$$
$$2x+1-x+5=0$$
$$x+6=0$$

모든 항을 좌변으로 이항하기

좌변을 정리하기

$\rightarrow (일차식)=0$ 꼴이므로 일차방정식이다.

❉ 다음 등식에서 밑줄 친 항을 이항하시오.

따라해 01

$$5x\underline{+2}=7 \rightarrow 5x=7-\boxed{}$$

이항하면 부호가 바뀌어.
$+\bullet$ 를 이항 $\rightarrow -\bullet$
$-\blacktriangle$ 를 이항 $\rightarrow +\blacktriangle$

02 $4x\underline{-3}=5 \rightarrow$ _____

03 $x=\underline{-2x}-6 \rightarrow$ _____

04 $-3x=4\underline{+x} \rightarrow$ _____

05 $x\underline{-9}=3-5x \rightarrow$ _____

06 $\underline{3}-2x=3x-7 \rightarrow$ _____

❉ 다음 중 일차방정식인 것에는 ○표, 아닌 것에는 ×표를 하시오.

따라해 07

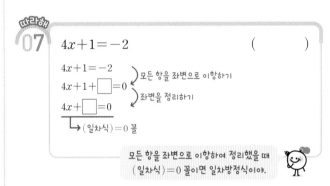

$$4x+1=-2 \qquad (\qquad)$$

$4x+1=-2$
$4x+1+\boxed{}=0$
$4x+\boxed{}=0$
$\rightarrow (일차식)=0$ 꼴

모든 항을 좌변으로 이항하기

좌변을 정리하기

모든 항을 좌변으로 이항하여 정리했을 때 $(일차식)=0$ 꼴이면 일차방정식이야.

08 $3-2x=5-7x \qquad (\qquad)$

09 $10x+2=2(5x+1) \qquad (\qquad)$

10 $x^2+2x=x^2-7 \qquad (\qquad)$

11 $-(5-x)=2x^2+x \qquad (\qquad)$

07 VISUAL 개념연산 일차방정식의 풀이

➲ 정답 및 풀이 61쪽

괄호가 있으면 분배법칙을 이용하여 먼저 괄호를 푼다.

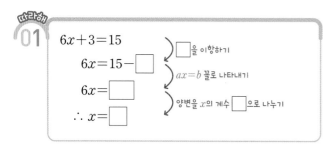

$3(x+4)=-2(x-1)$ 〉 분배법칙을 이용하여 괄호 풀기

$3x+12=-2x+2$ 〉 x를 포함하는 항은 좌변으로, 상수항은 우변으로 이항하기

$3x+2x=2-12$ 〉 양변을 정리하여 $ax=b \ (a \neq 0)$ 꼴로 나타내기

$5x=-10$ 〉 양변을 x의 계수로 나누어 해 구하기

$\therefore x=-2$

실수 Check

괄호 앞에 음수가 있을 때는 계수의 부호에 주의한다.

$-2(x-1) \rightarrow -2x-2 \ (\times)$
$\qquad\qquad -2x+2 \ (\bigcirc)$

✿ 다음 일차방정식을 푸시오.

따라해

01
$6x+3=15$ 〉 ☐을 이항하기
$6x=15-☐$ 〉 $ax=b$ 꼴로 나타내기
$6x=☐$ 〉 양변을 x의 계수 ☐으로 나누기
$\therefore x=☐$

02 $5x-1=-6$ _____

03 $x=8-3x$ _____

04 $3x+14=-x+2$ _____

x를 포함하는 항은 좌변으로, 상수항은 우변으로 이항해.

05 $x+7=6x-13$ _____

06 $4x-9=7x-3$ _____

✿ 다음 일차방정식을 푸시오.

따라해

07
$5(x+4)=3(x-2)$ 〉 괄호 풀기
$5x+☐=3x-☐$ 〉 $3x, ☐$을 이항하기
$5x-☐=-6-☐$ 〉 $ax=b$ 꼴로 나타내기
$2x=☐$ 〉 양변을 x의 계수 ☐로 나누기
$\therefore x=☐$

괄호가 있으면 괄호를 먼저 풀어야 해.

08 $-2(1-4x)=3x+8$ _____

09 $7x+4(x-5)=13$ _____

10 $4x+9=-3(2x+7)$ _____

11 $4(2x+1)-5(x+2)=9$ _____

12 $3(2x-1)=x-2(9-5x)$ _____

080 계수가 소수인 일차방정식의 풀이

양변에 10의 거듭제곱을 곱하여 계수를 정수로 바꾼다.

$$0.7x-0.2=0.3x+1$$
$$7x-2=3x+10$$
$$7x-3x=10+2$$
$$4x=12$$
$$\therefore x=3$$

⎫ 양변에 **10** 곱하기

⎫ x를 포함하는 항은 좌변으로,
상수항은 우변으로 이항하기

⎫ 양변을 정리하여 $ax=b$ $(a\neq 0)$ 꼴로 나타내기

⎫ 양변을 x의 계수로 나누어 해 구하기

실수 Check

양변에 10을 곱할 때는 모든 항에 빠짐없이 곱해야 한다.
$$0.7x-0.2=0.3x+1$$
$$\rightarrow 7x-2=3x+1\ (\times)$$
$$7x-2=3x+10\ (\bigcirc)$$

❋ 다음 일차방정식을 푸시오.

따라해
01

$$0.5x-3=0.2x+0.6$$
$$5x-\boxed{}=\boxed{}+6$$
$$5x-\boxed{}=6+30$$
$$3x=\boxed{}$$
$$\therefore x=\boxed{}$$

⎫ 양변에 ☐ 곱하기

⎫ 이항하기

⎫ $ax=b$ 꼴로 나타내기

⎫ 양변을 x의 계수로 나누기

양변에 10의 거듭제곱을 곱할 때는 계수가 정수인 항에도 반드시 곱해야 해.

02 $0.3x-1.6=0.7x$

03 $0.1x+0.8=0.3x-1$

04 $1.7x-1.5=0.8x+3$

05 $0.4x+3.5=0.5+x$

따라해
06

$$0.02x+0.5=0.9-0.03x$$
$$2x+\boxed{}=90-\boxed{}$$
$$2x+\boxed{}=90-50$$
$$5x=\boxed{}$$
$$\therefore x=\boxed{}$$

⎫ 양변에 ☐ 곱하기

⎫ 이항하기

⎫ $ax=b$ 꼴로 나타내기

⎫ 양변을 x의 계수로 나누기

계수가 소수 두 자리 수이면 100을 곱해야 계수가 정수가 돼.

07 $0.02x-1=0.3x+1.8$

08 $0.15x-0.4=0.2x-1.05$

❋ 다음 일차방정식을 푸시오.

09 $0.5x+0.1=0.3(2x-1)$

계수를 정수로 바꾼 후, 분배법칙을 이용하여 괄호를 풀어!

10 $0.6(x+4)=3-0.4x$

양변에 분모의 최소공배수를 곱하여 계수를 정수로 바꾼다.

$$\frac{5}{6}x+1=\frac{1}{2}x-\frac{2}{3}$$

$$5x+6=3x-4$$ 양변에 분모의 최소공배수 6 곱하기

$$5x-3x=-4-6$$ x를 포함하는 항은 좌변으로, 상수항은 우변으로 이항하기

$$2x=-10$$ 양변을 정리하여 $ax=b\,(a\neq0)$ 꼴로 나타내기

$$\therefore\ x=-5$$ 양변을 x의 계수로 나누어 해 구하기

실수 Check

양변에 6을 곱할 때는 모든 항에 빠짐없이 곱해야 한다.
$$\frac{5}{6}x+1=\frac{1}{2}x-\frac{2}{3}$$
$$\rightarrow 5x+1=3x-4\ (\times)$$
$$5x+6=3x-4\ (\bigcirc)$$

❈ 다음 일차방정식을 푸시오.

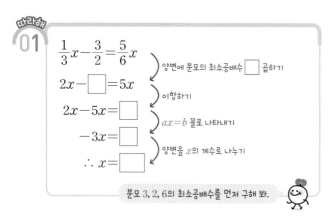

따라해 01

$$\frac{1}{3}x-\frac{3}{2}=\frac{5}{6}x$$ 양변에 분모의 최소공배수 ☐ 곱하기

$$2x-\boxed{}=5x$$ 이항하기

$$2x-5x=\boxed{}$$ $ax=b$ 꼴로 나타내기

$$-3x=\boxed{}$$ 양변을 x의 계수로 나누기

$$\therefore\ x=\boxed{}$$

분모 3, 2, 6의 최소공배수를 먼저 구해 봐.

따라해 06

$$\frac{3x-1}{5}=\frac{2x+1}{3}$$ 양변에 분모의 최소공배수 ☐ 곱하기

$$\boxed{}(3x-1)=\boxed{}(2x+1)$$ 괄호 풀기

$$9x-\boxed{}=10x+\boxed{}$$ 이항하기

$$9x-10x=5+\boxed{}$$ $ax=b$ 꼴로 나타내기

$$-x=8$$ 양변을 x의 계수로 나누기

$$\therefore\ x=\boxed{}$$

분자에 항이 여러 개 있을 때는 꼭 괄호를 사용해.

02 $\quad\dfrac{1}{2}x+3=\dfrac{3}{4}x$

03 $\quad\dfrac{1}{3}x=\dfrac{2}{5}x+\dfrac{2}{3}$

04 $\quad\dfrac{4}{5}x-\dfrac{3}{2}=\dfrac{1}{10}x+\dfrac{3}{5}$

05 $\quad\dfrac{1}{4}x-\dfrac{5}{6}=\dfrac{1}{3}x+1$

07 $\quad\dfrac{x-5}{3}=\dfrac{x-4}{2}$

08 $\quad\dfrac{3}{4}x-1=\dfrac{x+2}{3}$

09 $\quad\dfrac{1}{2}x+\dfrac{2}{5}=\dfrac{1}{5}(x-4)$

10 $\quad\dfrac{5}{2}x-\dfrac{1}{6}=\dfrac{1}{3}(1+4x)$

100 VISUAL 개념연산 복잡한 일차방정식의 풀이

↪ 정답 및 풀이 63쪽

계수에 소수와 분수가 모두 있는 일차방정식

소수를 분수로 고친 후 분모의 최소공배수를 곱하여 푼다.

$$\frac{1}{2}x - \frac{3}{5} = 0.3x$$

$$\left. \frac{1}{2}x - \frac{3}{5} = \frac{3}{10}x \right\} \text{소수를 분수로 고치기}$$

$$\left. 5x - 6 = 3x \right\} \begin{array}{l}\text{양변에 분모의}\\ \text{최소공배수 10 곱하기}\end{array}$$

$$2x = 6$$

$$\therefore x = 3$$

 양변에 10을 곱하면 계수가 모두 정수가 되므로 소수를 분수로 고치지 않고 바로 계산할 수도 있어.

비례식으로 주어진 일차방정식

외항의 곱과 내항의 곱이 같음을 이용하여 푼다.

$$(x-3) : (x-5) = 3 : 2$$

$$2(x-3) = 3(x-5) \left\} \begin{array}{l}\text{외항끼리, 내항끼리}\\ \text{곱하기}\end{array}\right.$$

$$2x - 6 = 3x - 15 \left\} \begin{array}{l}\text{분배법칙을 이용하여}\\ \text{괄호 풀기}\end{array}\right.$$

$$-x = -9$$

$$\therefore x = 9$$

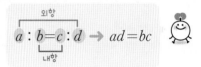

$$a : b = c : d \rightarrow ad = bc$$

❊ 다음 일차방정식을 푸시오.

따라해 01

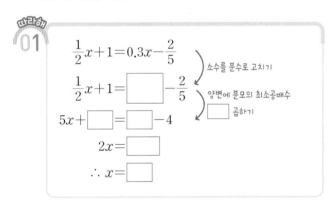

$$\frac{1}{2}x + 1 = 0.3x - \frac{2}{5}$$

$$\left. \frac{1}{2}x + 1 = \boxed{} - \frac{2}{5} \right\} \text{소수를 분수로 고치기}$$

$$\left. 5x + \boxed{} = \boxed{} - 4 \right\} \begin{array}{l}\text{양변에 분모의 최소공배수}\\ \boxed{} \text{ 곱하기}\end{array}$$

$$2x = \boxed{}$$

$$\therefore x = \boxed{}$$

02 $0.5x - \dfrac{3}{2} = \dfrac{1}{5}x + 0.6$

03 $0.9x - 0.1 = -\dfrac{1}{2}(x+3)$

04 $0.2x - \dfrac{2}{5} = -\dfrac{1}{3}x + 1.2$

05 $\dfrac{1}{4}x + \dfrac{1}{2} = 0.4(x-1)$

❊ 다음 비례식을 만족시키는 x의 값을 구하시오.

따라해 06

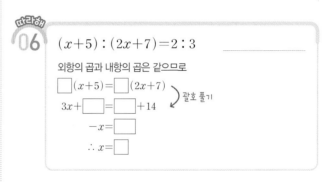

$$(x+5) : (2x+7) = 2 : 3 \underline{}$$

외항의 곱과 내항의 곱은 같으므로

$$\boxed{}(x+5) = \boxed{}(2x+7)$$

$$\left. 3x + \boxed{} = \boxed{} + 14 \right\} \text{괄호 풀기}$$

$$-x = \boxed{}$$

$$\therefore x = \boxed{}$$

07 $(3x-1) : (x+3) = 2 : 1$ _____

08 $(x+3) : (2x-4) = 4 : 3$ _____

09 $(5x+3) : 4 = (2x-3) : 3$ _____

10 $(4x-7) : 5 = (x+2) : 2$ _____

11 VISUAL 개념연산 해가 주어질 때, 미지수의 값 구하기

➔ 정답 및 풀이 64쪽

일차방정식 $3x+a=5x-2$의 해가 $x=-1$일 때, 상수 a의 값을 구해 보자.

$x=-1$을 주어진 일차방정식에 대입하면

$3\times(-1)+a=5\times(-1)-2$

$\therefore a=-4$

음수를 대입할 때는 괄호를 사용해!

개념 POINT

일차방정식의 해가 $x=$ ●이다.
→ $x=$ ●를 주어진 일차방정식에 대입하면 등식이 성립한다.

❋ 다음 물음에 답하시오.

 01 일차방정식 $-2x+1=9-ax$의 해가 $x=2$일 때, 상수 a의 값을 구하시오. _____

$-2x+1=9-ax$에 $x=2$를 대입하면

$-2\times\boxed{}+1=9-a\times\boxed{}$

$2a=\boxed{}$ $\quad\therefore a=\boxed{}$

일차방정식에 주어진 해를 대입해 봐.

02 일차방정식 $5x+2a=2x-5$의 해가 $x=1$일 때, 상수 a의 값을 구하시오. _____

03 일차방정식 $m(x+2)-3x=-2x+7$의 해가 $x=3$일 때, 상수 m의 값을 구하시오. _____

04 일차방정식 $3x+k=6-2(1-2x)$의 해가 $x=-1$일 때, 상수 k의 값을 구하시오. _____

05 일차방정식 $3(x-a)+2=a(x+3)$의 해가 $x=-2$일 때, 상수 a의 값을 구하시오. _____

❋ 다음 두 일차방정식의 해가 서로 같을 때, 상수 a의 값을 구하시오.

06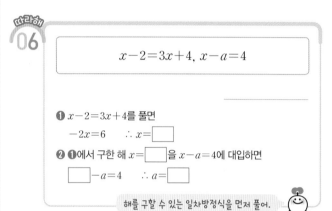

$x-2=3x+4,\ x-a=4$

❶ $x-2=3x+4$를 풀면

$-2x=6$ $\quad\therefore x=\boxed{}$

❷ ❶에서 구한 해 $x=\boxed{}$을 $x-a=4$에 대입하면

$\boxed{}-a=4$ $\quad\therefore a=\boxed{}$

해를 구할 수 있는 일차방정식을 먼저 풀어.

07

$2x+3=x-7,\ ax-5=5$

_____

08

$3x-1=x+9,\ 2x+a=4x-6$

_____

09

$2(x-5)=-3x+5,\ (4+a)x=x+3$

_____

맞힌 개수 ____개 /20개

[01~04] 다음 중 일차방정식인 것에는 ○표, 아닌 것에는 ×표를 하시오.

01 $x+5=3-8x$　　　　　(　　　)

02 $-3(4-x)=3x-12$　　　(　　　)

03 $x^2+x-2=x^2+4x$　　　(　　　)

04 $x(x-5)=x^2-5$　　　　(　　　)

[05~08] 다음 일차방정식을 푸시오.

05 $2x-11=4x+1$

06 $8-3x=6x-10$

07 $5(x+4)=2x-1$

08 $7(x+2)=2-5(3-2x)$

[09~11] 다음 일차방정식을 푸시오.

09 $0.4x+3=0.1x$

10 $0.7x+0.2=0.9x-1$

11 $0.05x-0.4=0.2x+1.1$

[12~15] 다음 일차방정식을 푸시오.

12 $\dfrac{2}{5}x-1=\dfrac{1}{3}x$

13 $\dfrac{3}{4}x-\dfrac{3}{2}=\dfrac{1}{3}x-4$

14 $\dfrac{x+2}{4}=\dfrac{2x+3}{5}$

15 $\dfrac{1}{2}x+\dfrac{5}{3}=\dfrac{1}{3}(5x-2)$

[16~18] 다음 일차방정식을 푸시오.

16 $0.3x-\dfrac{4}{5}=\dfrac{1}{2}x+0.6$

17 $\dfrac{2}{3}x+1.5=\dfrac{1}{6}(2x-3)$

18 $\dfrac{1}{4}(x-4)=0.4x+0.5$

19 비례식 $(5x-1):3=(3x+1):2$를 만족시키는 x의 값을 구하시오.

20 일차방정식 $12x-5-a=ax+10$의 해가 $x=2$일 때, 상수 a의 값을 구하시오.

10분 연산 TEST 2회

맞힌 개수 ___개/20개

[01~04] 다음 중 일차방정식인 것에는 ○표, 아닌 것에는 ×표를 하시오.

01 $2x=3x-5$ ( )

02 $7-x^2=3x-x^2+4$ ( )

03 $2x^2-x=1-2x$ ( )

04 $-x(x+5)=5-x^2$ ( )

[05~08] 다음 일차방정식을 푸시오.

05 $7x-6=4x$

06 $-5x+13=7-8x$

07 $2x+9=4-(5-3x)$

08 $2(x-5)=-3(2-4x)$

[09~11] 다음 일차방정식을 푸시오.

09 $0.5-0.9x=2.3$

10 $0.03x+0.4=0.8-0.05x$

11 $0.3(x+1)=3-0.6x$

[12~15] 다음 일차방정식을 푸시오.

12 $\dfrac{6}{5}x=\dfrac{1}{2}x+7$

13 $\dfrac{2}{3}x+\dfrac{5}{2}=\dfrac{1}{6}x$

14 $\dfrac{4}{9}x-\dfrac{4}{3}=\dfrac{1}{6}x-\dfrac{2}{9}$

15 $\dfrac{x+6}{4}=\dfrac{7x-3}{8}$

[16~18] 다음 일차방정식을 푸시오.

16 $\dfrac{1}{5}x=0.7x-2$

17 $\dfrac{1}{4}(x-5)=-0.5(x+7)$

18 $\dfrac{x+1}{3}=0.6x-0.2$

19 비례식 $(x-4):2=(x+8):5$를 만족시키는 x의 값을 구하시오.

20 일차방정식 $ax+3=5x-3$의 해가 $x=-2$일 때, 상수 a의 값을 구하시오.

맞힌 개수 ___개/20개

12 일차방정식의 활용 (1)

정답 및 풀이 66쪽

어떤 수의 4배보다 1만큼 큰 수는 어떤 수에 10을 더한 수와 같을 때, 어떤 수를 구해 보자.

| ❶ 미지수 정하기 | ❷ 방정식 세우기 | ❸ 방정식 풀기 | ❹ 확인하기 |

어떤 수를 x라 하자. → (어떤 수의 4배보다 1만큼 큰 수)
$\quad\quad\quad\quad\quad\quad\quad\quad \hookrightarrow 4x+1$
$\quad\quad\quad\quad$ = (어떤 수에 10을 더한 수)
$\quad\quad\quad\quad\quad\quad\quad\quad\quad\quad\quad \hookrightarrow x+10$
이므로 $4x+1=x+10$

→ $3x=9$
$\quad\therefore\ x=3$

→ 어떤 수가 3이므로
$4\times 3+1=3+10$

(좌변) = (우변)이므로 문제의 뜻에 맞아!

따라해

01 어떤 수의 2배에 5를 더한 수는 어떤 수의 3배와 같을 때, 어떤 수를 구하려고 한다. 다음 물음에 답하시오.

(1) 어떤 수를 x라 할 때, 방정식을 세우시오.

> 어떤 수의 2배에 5를 더한 수 : $2x+\boxed{}$
>
> 어떤 수의 3배 : $\boxed{}$
>
> 방정식 세우기 : $2x+\boxed{}=\boxed{}$

(2) (1)에서 세운 방정식을 푸시오.

(3) 어떤 수를 구하시오.

02 어떤 수의 3배에서 7을 뺀 수는 어떤 수의 2배보다 6만큼 크다고 할 때, 어떤 수를 구하려고 한다. 다음 물음에 답하시오.

(1) 어떤 수를 x라 할 때, 방정식을 세우시오.

(2) (1)에서 세운 방정식을 푸시오.

(3) 어떤 수를 구하시오.

따라해

03 연속하는 세 자연수의 합이 39일 때, 세 자연수를 구하려고 한다. 다음 물음에 답하시오.

(1) 연속하는 세 자연수 중 가운데 수를 x라 할 때, 방정식을 세우시오.

> 세 자연수 : $x-\boxed{}$, x, $x+\boxed{}$
>
> 방정식 세우기 :
>
> $(x-\boxed{})+x+(x+\boxed{})=\boxed{}$

(2) (1)에서 세운 방정식을 푸시오.

(3) 세 자연수를 구하시오.

> 연속하는 세 정수
> → $x, x+1, x+2$ 또는 $x-1, x, x+1$

04 연속하는 세 짝수의 합이 60일 때, 세 짝수를 구하려고 한다. 다음 물음에 답하시오.

(1) 연속하는 세 짝수 중 가운데 수를 x라 할 때, 방정식을 세우시오.

(2) (1)에서 세운 방정식을 푸시오.

(3) 세 짝수를 구하시오.

> 연속하는 세 짝수(홀수)
> → $x, x+2, x+4$ 또는 $x-2, x, x+2$

십의 자리의 숫자가 3인 두 자리의 자연수가 있다. 이 자연수의 십의 자리의 숫자와 일의 자리의 숫자를 바꾼 수는 처음 수보다 18만큼 클 때, 처음 수를 구하려고 한다. 다음 물음에 답하시오.

(1) 처음 수의 일의 자리의 숫자를 x라 할 때, 방정식을 세우시오.

처음 수 : $\boxed{}+x$

십의 자리와 일의 자리의 숫자를 바꾼 수 :

$10x+\boxed{}$

방정식 세우기 :

$10x+\boxed{}=(\boxed{}+x)+\boxed{}$

(2) (1)에서 세운 방정식을 푸시오.

(3) 처음 수를 구하시오.

십의 자리의 숫자가 a, 일의 자리의 숫자가 b인 두 자리의 자연수는 $10a+b$야!

06

일의 자리의 숫자가 7인 두 자리의 자연수가 있다. 이 자연수의 십의 자리의 숫자와 일의 자리의 숫자를 바꾼 수는 처음 수의 2배보다 1만큼 작다고 할 때, 처음 수를 구하려고 한다. 다음 물음에 답하시오.

(1) 처음 수의 십의 자리의 숫자를 x라 할 때, 방정식을 세우시오.

(2) (1)에서 세운 방정식을 푸시오.

(3) 처음 수를 구하시오.

형과 동생의 나이의 차는 4세이고, 나이의 합은 34세일 때, 동생의 나이를 구하려고 한다. 다음 물음에 답하시오.

(1) 동생의 나이를 x세라 할 때, 방정식을 세우시오.

동생의 나이 : x세

형의 나이 : $(x+\boxed{})$세

방정식 세우기 : $x+(x+\boxed{})=\boxed{}$

(2) (1)에서 세운 방정식을 푸시오.

(3) 동생의 나이를 구하시오.

답을 적을 때는 단위를 써야 해.

08

올해 아버지의 나이는 37세이고, 아들의 나이는 5세일 때, 아버지의 나이가 아들의 나이의 3배가 되는 것은 몇 년 후인지 구하려고 한다. 다음 물음에 답하시오.

(1) x년 후에 아버지의 나이가 아들의 나이의 3배가 된다고 할 때, 방정식을 세우시오.

(2) (1)에서 세운 방정식을 푸시오.

(3) 아버지의 나이가 아들의 나이의 3배가 되는 것은 몇 년 후인지 구하시오.

올해 a세일 때, x년 후에는 $(a+x)$세!

한 개에 900원인 과자와 한 개에 1500원인 초콜릿을 합하여 9개를 사고 10500원을 지불하였다. 과자의 개수와 초콜릿의 개수를 구하려고 할 때, 다음 물음에 답하시오.

(1) 과자의 개수를 x라 할 때, 방정식을 세우시오.

> 과자의 개수 : x
>
> 초콜릿의 개수 : $\boxed{}-x$
>
> 과자의 가격 : $\boxed{}x$ 원
>
> 초콜릿의 가격 : $1500(\boxed{}-x)$ 원
>
> 방정식 세우기 :
>
> $\boxed{}x+1500(\boxed{}-x)=\boxed{}$

(2) (1)에서 세운 방정식을 푸시오.

_____

(3) 과자의 개수와 초콜릿의 개수를 각각 구하시오.

과자 : _____ , 초콜릿 : _____

> A의 개수가 x이면 B의 개수는
> (A, B의 개수의 합)$-x$야!

---

10 예원이가 2점짜리 문제와 3점짜리 문제를 합하여 20문제를 맞히고 48점을 받았을 때, 예원이가 맞힌 2점짜리 문제의 개수를 구하려고 한다. 다음 물음에 답하시오.

(1) 예원이가 맞힌 2점짜리 문제의 개수를 x라 할 때, 방정식을 세우시오.

_____

(2) (1)에서 세운 방정식을 푸시오.

_____

(3) 예원이가 맞힌 2점짜리 문제의 개수를 구하시오.

---

11 세로의 길이가 가로의 길이보다 5 cm 더 짧은 직사각형의 둘레의 길이가 38 cm일 때, 이 직사각형의 가로의 길이를 구하려고 한다. 다음 물음에 답하시오.

(1) 직사각형의 가로의 길이를 x cm라 할 때, 방정식을 세우시오.

> 직사각형의 가로의 길이 : x cm
>
> 직사각형의 세로의 길이 : $(x-\boxed{})$ cm
>
> 방정식 세우기 :
>
> $2\{x+(x-\boxed{})\}=\boxed{}$

(2) (1)에서 세운 방정식을 푸시오.

_____

(3) 직사각형의 가로의 길이를 구하시오.

_____

---

12 가로의 길이가 세로의 길이의 3배인 직사각형의 둘레의 길이가 48 cm일 때, 이 직사각형의 세로의 길이를 구하려고 한다. 다음 물음에 답하시오.

(1) 직사각형의 세로의 길이를 x cm라 할 때, 방정식을 세우시오.

_____

(2) (1)에서 세운 방정식을 푸시오.

_____

(3) 직사각형의 세로의 길이를 구하시오.

_____

$$(거리) = (속력) \times (시간), \quad (속력) = \frac{(거리)}{(시간)}, \quad (시간) = \frac{(거리)}{(속력)}$$

단위가 다르면
방정식을 세우기 전에 단위를 통일해!
1 km = 1000 m,
1시간 = 60분

따라해 01

정은이가 등산을 하는데 올라갈 때는 시속 2 km로 걷고, 내려올 때는 같은 등산로를 시속 3 km로 걸었더니 총 5시간이 걸렸다. 등산로의 길이를 구하려고 할 때, 다음 물음에 답하시오.

(1) 등산로의 길이를 x km라 할 때, 방정식을 세우시오.

> 올라갈 때 걸린 시간 : $\dfrac{x}{2}$시간
>
> 내려올 때 걸린 시간 : $\dfrac{x}{\boxed{}}$시간
>
> 방정식 세우기 : $\dfrac{x}{2} + \dfrac{x}{\boxed{}} = \boxed{}$

(2) (1)에서 세운 방정식을 푸시오.

_____

(3) 등산로의 길이를 구하시오.

_____

02

두 지점 A, B 사이를 왕복하는데 갈 때는 시속 4 km로 걷고, 올 때는 시속 2 km로 걸었더니 총 3시간이 걸렸다. 두 지점 A, B 사이의 거리를 구하려고 할 때, 다음 물음에 답하시오.

(1) 두 지점 A, B 사이의 거리를 x km라 할 때, 방정식을 세우시오. _____

(2) (1)에서 세운 방정식을 푸시오.

_____

(3) 두 지점 A, B 사이의 거리를 구하시오.

따라해 03

노찬이가 집에서 공원을 다녀오는데 갈 때는 시속 3 km로 걷고, 올 때는 갈 때보다 1 km 더 먼 길을 시속 4 km로 걸었더니 총 2시간이 걸렸다. 노찬이가 공원을 갈 때 걸은 거리를 구하려고 할 때, 다음 물음에 답하시오.

(1) 노찬이가 공원을 갈 때 걸은 거리를 x km라 할 때, 방정식을 세우시오.

> 갈 때 걸린 시간 : $\dfrac{x}{3}$시간
>
> 올 때 걸린 시간 : $\dfrac{x+\boxed{}}{4}$시간
>
> 방정식 세우기 : $\dfrac{x}{3} + \dfrac{x+\boxed{}}{4} = 2$

(2) (1)에서 세운 방정식을 푸시오.

_____

(3) 노찬이가 공원을 갈 때 걸은 거리를 구하시오.

_____

04

현우가 집에서 자동차를 타고 기차역을 다녀오는데 갈 때는 시속 80 km로 가고, 올 때는 갈 때보다 1 km 더 가까운 길을 시속 60 km로 왔더니 총 1시간 30분이 걸렸다. 현우가 기차역을 갈 때 이동한 거리를 구하려고 할 때, 다음 물음에 답하시오.

(1) 현우가 집에서 기차역을 갈 때 이동한 거리를 x km라 할 때, 방정식을 세우시오.

_____

(2) (1)에서 세운 방정식을 푸시오.

_____

(3) 현우가 기차역을 갈 때 이동한 거리를 구하시오.

10분 연산 TEST 1회

01 어떤 수의 3배에 7을 더한 수는 어떤 수의 5배보다 1만큼 작을 때, 어떤 수를 구하려고 한다. 다음 물음에 답하시오.

(1) 어떤 수를 x라 할 때, 방정식을 세우시오.

(2) 어떤 수를 구하시오.

02 연속하는 세 홀수의 합이 93일 때, 세 홀수를 구하려고 한다. 다음 물음에 답하시오.

(1) 연속하는 세 홀수 중 가운데 수를 x라 할 때, 방정식을 세우시오.

(2) 세 홀수를 구하시오.

03 십의 자리의 숫자가 8인 두 자리의 자연수가 있다. 이 자연수의 십의 자리의 숫자와 일의 자리의 숫자를 바꾼 수는 처음 수보다 36만큼 작을 때, 처음 수를 구하려고 한다. 다음 물음에 답하시오.

(1) 처음 수의 일의 자리의 숫자를 x라 할 때, 방정식을 세우시오.

(2) 처음 수를 구하시오.

04 올해 아버지의 나이는 42세이고, 딸의 나이는 12세일 때, 아버지의 나이가 딸의 나이의 4배였던 것은 몇 년 전인지 구하려고 한다. 다음 물음에 답하시오.

(1) x년 전에 아버지의 나이가 딸의 나이의 4배였다고 할 때, 방정식을 세우시오.

(2) 아버지의 나이가 딸의 나이의 4배였던 것은 몇 년 전인지 구하시오.

05 한 개에 1800원인 사과와 한 개에 2200원인 배를 합하여 7개를 사고 13800원을 지불하였다. 사과의 개수와 배의 개수를 구하려고 할 때, 다음 물음에 답하시오.

(1) 사과의 개수를 x라 할 때, 방정식을 세우시오.

(2) 사과의 개수와 배의 개수를 각각 구하시오.

06 가로의 길이가 세로의 길이보다 3 cm 더 긴 직사각형의 둘레의 길이가 34 cm일 때, 이 직사각형의 세로의 길이를 구하려고 한다. 다음 물음에 답하시오.

(1) 직사각형의 세로의 길이를 x cm라 할 때, 방정식을 세우시오.

(2) 직사각형의 세로의 길이를 구하시오.

07 현수가 집과 서점을 왕복하는데 갈 때는 시속 20 km로 달리는 버스를 타고, 올 때는 같은 길을 시속 5 km로 걸었더니 총 1시간 15분이 걸렸다. 집에서 서점까지의 거리를 구하려고 할 때, 다음 물음에 답하시오.

(1) 집에서 서점까지의 거리를 x km라 할 때, 방정식을 세우시오.

(2) 집에서 서점까지의 거리를 구하시오.

08 정우가 집에서 학교까지 가는데 시속 12 km로 자전거를 타고 가면 같은 길을 시속 6 km로 뛰어갈 때보다 20분 빨리 도착한다고 한다. 집에서 학교까지의 거리를 구하려고 할 때, 다음 물음에 답하시오.

(1) 집에서 학교까지의 거리를 x km라 할 때, 방정식을 세우시오.

(2) 집에서 학교까지의 거리를 구하시오.

10분 연산 TEST 2회

01 어떤 수의 4배에서 11을 뺀 수가 어떤 수의 $\frac{1}{3}$배와 같을 때, 어떤 수를 구하려고 한다. 다음 물음에 답하시오.

(1) 어떤 수를 x라 할 때, 방정식을 세우시오.

(2) 어떤 수를 구하시오.

02 연속하는 세 자연수의 합이 72일 때, 가장 큰 수를 구하려고 한다. 다음 물음에 답하시오.

(1) 연속하는 세 자연수 중 가운데 수를 x라 할 때, 방정식을 세우시오.

(2) 가장 큰 수를 구하시오.

03 일의 자리의 숫자가 5인 두 자리의 자연수가 있다. 이 자연수의 십의 자리의 숫자와 일의 자리의 숫자를 바꾼 수는 처음 수보다 27만큼 클 때, 처음 수를 구하려고 한다. 다음 물음에 답하시오.

(1) 처음 수의 십의 자리의 숫자를 x라 할 때, 방정식을 세우시오.

(2) 처음 수를 구하시오.

04 올해 어머니의 나이는 46세이고, 아들의 나이는 13세이다. 어머니의 나이가 아들의 나이의 2배가 되는 것은 몇 년 후인지 구하려고 한다. 다음 물음에 답하시오.

(1) x년 후에 어머니의 나이가 아들의 나이의 2배가 된다고 할 때, 방정식을 세우시오.

(2) 어머니의 나이가 아들의 나이의 2배가 되는 것은 몇 년 후인지 구하시오.

05 민지가 농구 시합에서 2점짜리 슛과 3점짜리 슛을 합하여 10개를 넣어 27점을 득점하였다. 민지가 넣은 2점짜리 슛의 개수를 구하려고 할 때, 다음 물음에 답하시오.

(1) 민지가 넣은 2점짜리 슛의 개수를 x라 할 때, 방정식을 세우시오.

(2) 민지가 넣은 2점짜리 슛의 개수를 구하시오.

06 윗변의 길이가 8 cm이고, 아랫변의 길이가 10 cm인 사다리꼴의 넓이가 36 cm^{2}일 때, 이 사다리꼴의 높이를 구하려고 한다. 다음 물음에 답하시오.

(1) 사다리꼴의 높이를 x cm라 할 때, 방정식을 세우시오.

(2) 사다리꼴의 높이를 구하시오.

07 연우가 집에서 영화관을 다녀오는데 갈 때는 자전거를 타고 시속 12 km로 가고, 올 때는 같은 길을 시속 4 km로 걸었더니 총 1시간이 걸렸다. 집에서 영화관까지의 거리를 구하려고 할 때, 다음 물음에 답하시오.

(1) 집에서 영화관까지의 거리를 x km라 할 때, 방정식을 세우시오.

(2) 집에서 영화관까지의 거리를 구하시오.

08 수지가 집에서 도서관까지 가는데 시속 24 km로 달리는 버스를 타고 갔더니 같은 길을 시속 8 km로 뛰어갈 때보다 30분 빨리 도착하였다. 집에서 도서관까지의 거리를 구하려고 할 때, 다음 물음에 답하시오.

(1) 집에서 도서관까지의 거리를 x km라 할 때, 방정식을 세우시오.

(2) 집에서 도서관까지의 거리를 구하시오.

개 / 8개

학교 시험 PREVIEW

2. 일차방정식

(1) ⬜ : 등호 '='를 사용하여 두 수 또는 두 식이 같음을 나타낸 식

(2) x의 값에 따라 참이 되기도 하고 거짓이 되기도 하는 등식을 x에 대한 ⬜ 이라 한다.

① ⬜ : 방정식에 있는 x, y 등의 문자

② 방정식의 ⬜ (근) : 방정식을 참이 되게 하는 미지수의 값

(3) 미지수 x에 어떤 값을 대입하여도 항상 참이 되는 등식을 x에 대한 ⬜ 이라 한다.

(4) ⬜ : 등식의 성질을 이용하여 등식의 어느 한 변에 있는 항을 부호를 바꾸어 다른 변으로 옮기는 것

(5) 방정식의 우변에 있는 모든 항을 좌변으로 이항하여 정리한 식이 (x에 대한 일차식)=0 꼴이 되는 방정식을 x에 대한 ⬜ 이라 한다.

01

다음 중 문장을 등식으로 나타낸 것으로 옳은 것은?

① 어떤 수 x보다 7만큼 큰 수는 11이다. → $x-7=11$

② 5개에 x원인 빵 한 개의 가격은 5500원이다.
→ $5x=5500$

③ x km의 거리를 시속 3 km로 걸을 때 걸린 시간은 4시간이다. → $\dfrac{x}{3}=4$

④ 언니의 나이 14세와 동생의 나이 x세의 차는 3세이다.
→ $x-14=3$

⑤ 길이가 30 cm인 테이프를 x cm씩 4번 잘랐더니 2 cm가 남았다. → $30-\dfrac{x}{4}=2$

02

다음 중 [ ] 안의 수가 주어진 일차방정식의 해인 것은?

① $x-2=6$ 　[4]　　② $2x+5=4$ 　$\left[-\dfrac{1}{2}\right]$

③ $4(x-1)=4$ 　[0]　　④ $-\dfrac{1}{3}x=1$ 　[3]

⑤ $5x=2x-7$ 　[1]

03

다음 등식 중 모든 x의 값에 대하여 항상 참이 되는 것은?

① $2x=2$　　　　　② $4x-5=-4x-5$

③ $2(x+3)=2x$　　④ $-5(x-2)=-5+10x$

⑤ $3(x-3)+4=3x-5$

04

등식 $ax+6=2(x-b)$가 x에 대한 항등식일 때, 상수 a, b에 대하여 $a+b$의 값은?

① -2　　　　② -1　　　　③ 0

④ 1　　　　　⑤ 2

05 출제율 85%

다음 중 옳지 않은 것은?

① $a+4=b+4$이면 $a=b$이다.

② $a=b$이면 $ac=bc$이다.

③ $a-c=b-c$이면 $a=b$이다.

④ $a=b$이면 $-\dfrac{a}{5}=-\dfrac{b}{5}$이다.

⑤ $a=\dfrac{b}{3}$이면 $6a=3b$이다.

06

다음은 방정식 $x+4=6x-6$을 푸는 과정이다. (가)~(다) 중 등식의 성질 「$a=b$이고 $c\neq0$이면 $\dfrac{a}{c}=\dfrac{b}{c}$이다.」를 이용한 곳을 모두 고른 것은?

$$x+4=6x-6 \quad \text{(가)}$$
$$x-6x=-6-4 \quad \text{(나)}$$
$$-5x=-10 \quad \text{(다)}$$
$$\therefore x=2$$

① (가)   ② (나)   ③ (다)

④ (가), (나)   ⑤ (나), (다)

07

다음 중 밑줄 친 항을 이항한 것으로 옳지 <u>않은</u> 것은?

① $5x\underline{-2}=1 \implies 5x=1+2$

② $-x=\underline{-6x}+5 \implies -x+6x=5$

③ $3x\underline{+7}=\underline{x}-2 \implies 3x+x=-2+7$

④ $2x\underline{-3}=\underline{9x}+5 \implies 2x-9x=5+3$

⑤ $-6x\underline{+1}=2\underline{-7x} \implies -6x+7x=2-1$

08

다음 중 일차방정식이 <u>아닌</u> 것은?

① $4x-9=x+5$ ② $5(1-x)=-1+5x$

③ $8-3x=11$ ④ $3x^2-2=7x+3x^2$

⑤ $9-2x=-\dfrac{1}{3}(6x+3)$

09 출제율 80%

일차방정식 $7x+6=3x-4$의 해가 $x=a$이고, 일차방정식 $5x+3=-7$의 해가 $x=b$일 때, ab의 값은?

① -5 ② -3 ③ 3

④ 5   ⑤ 7

10

일차방정식 $0.32(x-2)=0.3x-0.16$을 풀면?

① $x=-48$ ② $x=-24$ ③ $x=24$

④ $x=32$ ⑤ $x=48$

11

일차방정식 $\dfrac{3}{4}x+1=\dfrac{x}{2}-\dfrac{1}{4}$을 풀면?

① $x=-5$ ② $x=-1$ ③ $x=1$

④ $x=5$ ⑤ $x=10$

12

다음 비례식을 만족시키는 x의 값은?

$$5:(3x+1)=2:(-x+7)$$

① -3 ② -2 ③ 0

④ 2   ⑤ 3

13 ⚠️실수 주의

일차방정식 $\dfrac{a}{2}(x+1)-5(x-a)=6$의 해가 $x=3$일 때, 상수 a의 값은?

① 1
② 3
③ 5
④ 7
⑤ 9

14

다음 두 일차방정식의 해가 서로 같을 때, 상수 a의 값은?

$$x-3=a,\ \frac{x}{2}-\frac{x-1}{3}=2$$

① 1
② 3
③ 5
④ 7
⑤ 9

15

연속하는 세 홀수의 합이 69일 때, 세 홀수 중 가장 큰 수는?

① 21
② 23
③ 25
④ 27
⑤ 29

16

정삼각형의 세 변의 길이를 각각 1 cm, 2 cm, 3 cm씩 늘였더니 삼각형의 둘레의 길이가 54 cm가 되었다. 처음 정삼각형의 한 변의 길이는?

① 14 cm
② 15 cm
③ 16 cm
④ 17 cm
⑤ 18 cm

17

태민이가 등산을 하는데 올라갈 때는 시속 2 km로 걷고, 내려올 때는 올라갈 때보다 4 km 더 먼 길을 시속 3 km로 걸었더니 총 3시간이 걸렸다. 태민이가 올라갈 때 걸은 거리는?

① 1 km
② 2 km
③ 3 km
④ 4 km
⑤ 5 km

18 📝서술형

소와 닭이 모두 13마리 있는데 다리의 수를 세어 보니 모두 42개였다. 소와 닭이 각각 몇 마리인지 구하시오.

채점기준 1   소의 수를 x마리라 하고, 방정식 세우기

채점기준 2   방정식 풀기

채점기준 3   소와 닭이 각각 몇 마리인지 구하기

개수 맞히기

같은 그림이 몇 개나 있을까?

개	개	개	개	개

정답

개수 차례로 8, 16, 10, 14, 27

IV

좌표평면과 그래프

 좌표평면과 그래프는 왜 배우나요?

좌표평면을 이용하면 특정 위치를
정확하고 쉽게 나타낼 수 있어요.
그리고 그래프를 배우면 수량 사이의 변화
관계를 알아보기 쉽게 표현할 수 있지요.

한눈에 쏙 개념 한바닥
좌표평면과 그래프

01 순서쌍과 좌표

(1) **수직선 위의 점의 좌표**

수직선 위의 점에 대응하는 수를 그 점의 **좌표**라 하고, 수 a가 점 P 의 좌표일 때, 이것을 기호로 P(a)와 같이 나타낸다.

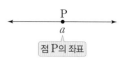

(2) **좌표평면**

두 수직선을 점 O에서 서로 수직으로 만나게 할 때

① x축 : 가로의 수직선 ⎤

② y축 : 세로의 수직선 ⎦ → x축과 y축을 통틀어 **좌표축**이라 한다.

③ **원점** : 두 좌표축이 만나는 점

④ **좌표평면** : 좌표축이 정해져 있는 평면

(3) **좌표평면 위의 점의 좌표**

① **순서쌍** : 두 수의 순서를 정하여 짝 지어 나타낸 쌍

② 좌표평면 위의 한 점 P에서 x축, y축에 각각 내린 수선과 x축, y축이 만나는 점에 대응하는 수가 각각 a, b일 때, 순서쌍 (a, b) 를 점 P의 좌표라 하고, 이것을 기호로 P(a, b)와 같이 나타낸 다. 이때 a를 점 P의 **x좌표**, b를 점 P의 **y좌표**라 한다.

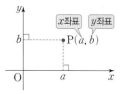

(4) **사분면**

좌표평면을 x축과 y축에 의하여 네 부분으로 나눌 때, 이들을 각각

　　제1사분면, 제2사분면, 제3사분면, 제4사분면

이라 한다.

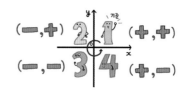

02 그래프의 뜻과 표현

(1) **변수** : 변하는 값을 나타내는 문자

(2) **그래프** : 한 변수와 그에 대응하는 다른 변수 사이의 관계를 좌표평면 위에 점, 직선, 곡선 등으로 나타낸 그림

(3) **그래프의 해석**

두 변수 사이의 관계를 그래프로 나타내면 두 변수의 변화 관계를 알아보기 쉽다.

예 시간과 속력 사이의 관계를 나타낸 그래프에서 시간에 따른 속력의 변화를 해석해 보자.

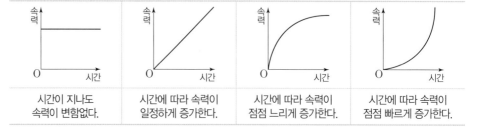

| 시간이 지나도 속력이 변함없다. | 시간에 따라 속력이 일정하게 증가한다. | 시간에 따라 속력이 점점 느리게 증가한다. | 시간에 따라 속력이 점점 빠르게 증가한다. |

Q. 좌표축 위의 점의 좌표는 어떻게 나타낼까?

A. • 원점 → (0, 0)

　• x축 위의 점 → (x좌표, 0)
　　　　　　　　　└ y좌표가 0 ┘

　• y축 위의 점 → (0, y좌표)
　　　　　　　└ x좌표가 0 ┘

Q. 좌표축 위의 점은 어느 사분면에 속할까?

A. 원점, x축 위의 점, y축 위의 점은 어느 사분면에도 속하지 않는다.

Q. 변수와 달리 일정한 값을 나타내는 수나 문자를 무엇이라 할까?

A. 상수라 한다.

01 VISUAL 개념연산 수직선 위의 점의 좌표

⤷ 정답 및 풀이 70쪽

좌표 : 수직선 위의 점에 대응하는 수
➡ 수 a가 점 P의 좌표일 때, 이것을 기호로 P(a)와 같이 나타낸다.

점 A의 좌표는 −2
점 B의 좌표는 1

기호 A(−2), B(1)

✱ 다음 수직선 위의 네 점 A, B, C, D의 좌표를 각각 기호로 나타내시오.

01 따라해
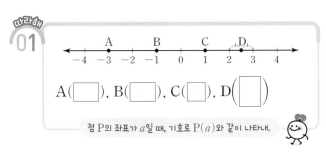

A(☐), B(☐), C(☐), D(☐)

점 P의 좌표가 a일 때, 기호로 P(a)와 같이 나타내.

02
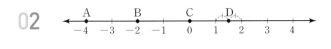

_____

03
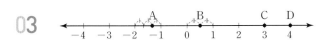

_____

04
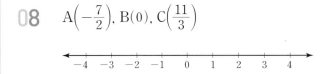

✱ 다음 점들을 수직선 위에 나타내시오.

05 $A(-3), B\left(\dfrac{1}{2}\right), C(2)$
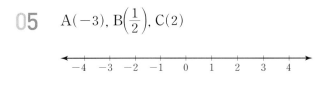

06 $A(4), B\left(-\dfrac{3}{2}\right), C\left(\dfrac{7}{3}\right)$
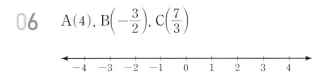

07 $A(-4), B\left(\dfrac{3}{2}\right), C\left(-\dfrac{5}{3}\right)$
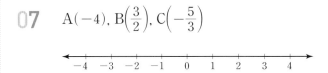

08 $A\left(-\dfrac{7}{2}\right), B(0), C\left(\dfrac{11}{3}\right)$

02 좌표평면 위의 점의 좌표

(1) **순서쌍** : 두 수의 순서를 정하여 짝 지어 나타낸 쌍

(2) 좌표평면 위의 한 점 P에서 x축, y축에 각각 내린 수선과 x축, y축이 만나는 점에 대응하는 수가 각각 a, b일 때, 순서쌍 (a, b)를 점 P의 좌표라 하고, 이것을 기호로 $P(a, b)$와 같이 나타낸다. 이때 a를 점 P의 **x좌표**, b를 점 P의 **y좌표**라 한다.

> 좌표평면 위의 점 P의 x좌표가 a, y좌표가 b일 때 → [기호] $P(a, b)$

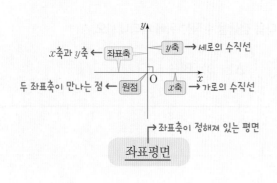

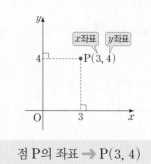

점 P의 좌표 → $P(3, 4)$

> **실수 Check**
> $a \neq b$일 때, 두 점 (a, b)와 (b, a)는 서로 다르다.

❈ 다음 좌표평면 위의 네 점 A, B, C, D의 좌표를 각각 기호로 나타내려고 한다. ☐ 안에 알맞은 수를 써넣으시오.

01

점 P의 좌표가 (a, b)일 때, 기호로 $P(a, b)$와 같이 나타내.

$A(①, ②) \rightarrow A(\ \square\ , \ \square\ )$

$B(③, ④) \rightarrow B(\ \square\ , \ \square\ )$

$C(⑤, ⑥) \rightarrow C(\ \square\ , \ \square\ )$

$D(⑦, ⑧) \rightarrow D(\ \square\ , \ \square\ )$

02

$A(\ \square\ , \ \square\ )$

$B(\ \square\ , \ \square\ )$

$C(\ \square\ , \ \square\ )$

$D(\ \square\ , \ \square\ )$

❈ 다음 점들을 좌표평면 위에 나타내시오.

03　$A(-2, 0), B(0, 1), C(4, 3), D(-3, -2)$

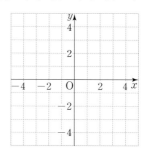

04　$A(-2, -4), B(-4, 3), C(3, 0), D(2, -3)$

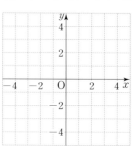

✽ **다음 점의 좌표를 기호로 나타내시오.**

05 원점 O

06 x좌표가 1이고, y좌표가 -4인 점 A

07 x좌표가 -3이고, y좌표가 2인 점 B

08 x축 위에 있고, x좌표가 4인 점 C

x축 위의 점의 좌표는 $(x$좌표, $0)$이야.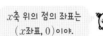

09 x축 위에 있고, x좌표가 -3인 점 D

10 y축 위에 있고, y좌표가 6인 점 E

y축 위의 점의 좌표는 $(0, y$좌표$)$야.

11 y축 위에 있고, y좌표가 -5인 점 F

따라해 12 세 점 A(-2, 4), B(-2, -4), C(3, -4)에 대하여 다음 물음에 답하시오.

(1) 좌표평면 위에 세 점 A, B, C를 각각 나타내시오.

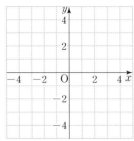

(2) 세 점 A, B, C를 꼭짓점으로 하는 삼각형 ABC의 넓이를 구하시오. _____

(삼각형 ABC의 넓이) $= \dfrac{1}{2} \times$ (밑변의 길이) $\times$ (높이)

$= \dfrac{1}{2} \times \boxed{} \times 8 = \boxed{}$

(1)에서 그린 세 점을 선분으로 연결해 봐.

13 다음 좌표평면 위에 세 점 A(1, 4), B(-2, -1), C(4, -1)을 각각 나타내고, 세 점 A, B, C를 꼭짓점으로 하는 삼각형 ABC의 넓이를 구하시오.

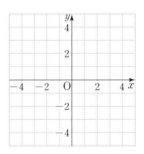

14 다음 좌표평면 위에 네 점 A(-4, 2), B(-4, -3), C(3, -3), D(3, 2)를 각각 나타내고 네 점 A, B, C, D를 꼭짓점으로 하는 사각형 ABCD의 넓이를 구하시오.

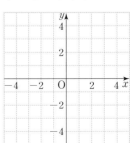

 VISUAL 개념연산 **사분면**

↪ 정답 및 풀이 71쪽

(1) 좌표평면을 x축과 y축에 의하여 네 부분으로 나눌 때, 이들을 각각

　　제1사분면, 제2사분면, 제3사분면, 제4사분면

이라 한다.

(2) 좌표평면 위의 점 (x, y)가

・제1사분면 위의 점 → $x>0$, $y>0$

・제2사분면 위의 점 → $x<0$, $y>0$

・제3사분면 위의 점 → $x<0$, $y<0$

・제4사분면 위의 점 → $x>0$, $y<0$

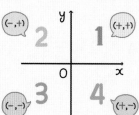

사분면 이름은 제1사분면을 기준으로 시계 반대 방향으로 읽어.

실수 Check

좌표축 위의 점은 어느 사분면에도 속하지 않는다.

❋ 다음 점을 좌표평면 위에 나타내고, 제몇 사분면 위의 점인지 구하시오.

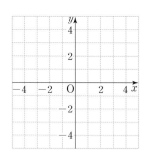

01　A$(3, 2)$ ＿＿＿＿＿

02　B$(-2, -4)$ ＿＿＿＿＿

03　C$(1, -3)$ ＿＿＿＿＿

04　D$(-4, 1)$ ＿＿＿＿＿

❋ 다음 점은 제몇 사분면 위의 점인지 구하시오.

05 따라해
　A$(-1, 4)$ ＿＿＿＿＿

x좌표가 (음수 , 양수)이고, y좌표가 (음수 , 양수)이므로 점 A$(-1, 4)$는 제 ▢ 사분면 위의 점이다.

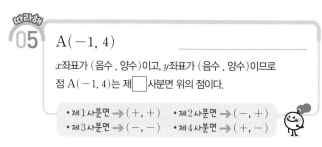
・제1사분면 → $(+, +)$　・제2사분면 → $(-, +)$
・제3사분면 → $(-, -)$　・제4사분면 → $(+, -)$

06　B$(5, 3)$ ＿＿＿＿＿

07　C$(-3, -2)$ ＿＿＿＿＿

08　D$(3, -4)$ ＿＿＿＿＿

09　E$(0, 1)$ ＿＿＿＿＿

좌표축 위의 점은 어느 사분면에도 속하지 않아.

10　F$(-2, 0)$ ＿＿＿＿＿

✽ $a>0$, $b<0$일 때, 다음 점의 좌표의 부호를 □ 안에 써넣고, 제몇 사분면 위의 점인지 구하시오.

11 A(a, b) $\xrightarrow{\text{부호}}$ $(+, \boxed{})$

_____

12 B$(a, -b)$

→ $a>0$, $b<0$이므로 $a>0$, $-b>0$

→ B$(a, -b)$ $\xrightarrow{\text{부호}}$ $(+, \boxed{})$

→ 점 B는 제$\boxed{}$사분면 위의 점이다.

13 C$(-a, b)$ $\xrightarrow{\text{부호}}$ $(\boxed{}, \boxed{})$

_____

14 D$(-a, -b)$ $\xrightarrow{\text{부호}}$ $(\boxed{}, \boxed{})$

_____

15 E(b, a) $\xrightarrow{\text{부호}}$ $(\boxed{}, \boxed{})$

_____

16 F$(b, -a)$ $\xrightarrow{\text{부호}}$ $(\boxed{}, \boxed{})$

_____

✽ 점 P(a, b)가 제3사분면 위의 점일 때, 다음 점은 제몇 사분면 위의 점인지 구하시오.

17 A$(a, -b)$ _____

점 P(a, b)가 제3사분면 위의 점이므로 $a<0$, $b<0$

$a<0$, $-b>0$이므로 점 A의 좌표의 부호는 $(\boxed{}, \boxed{})$이다.

따라서 점 A는 제$\boxed{}$사분면 위의 점이다.

18 B$(-a, b)$ _____

19 C$(-a, -b)$ _____

20 D(b, a) _____

21 E$(-b, a)$ _____

22 F$(a+b, ab)$ _____

10분 연산 TEST 1회

01 다음 수직선 위의 네 점 A, B, C, D의 좌표를 각각 기호로 나타내시오.

02 다음 점들을 수직선 위에 나타내시오.

$$A(2),\ B\left(-\frac{7}{3}\right),\ C(-4),\ D\left(\frac{1}{2}\right)$$

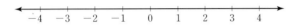

03 다음 좌표평면 위의 점 A, B, C, D, E의 좌표를 각각 기호로 나타내시오.

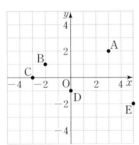

04 다음 점들을 좌표평면 위에 나타내시오.

$$A(-4,\ -2),\ B(-3,\ 3),\ C(1,\ 4),$$
$$D(4,\ -2),\ E(0,\ -3)$$

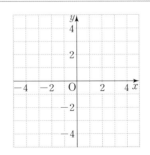

[05~08] 다음 점의 좌표를 기호로 나타내시오.

05 x좌표가 2이고, y좌표가 5인 점 A

06 x좌표가 -3이고, y좌표가 -4인 점 B

07 x축 위에 있고, x좌표가 -1인 점 C

08 y축 위에 있고, y좌표가 4인 점 D

[09~12] 다음 점은 제몇 사분면 위의 점인지 구하시오.

09 $(-3,\ 1)$

10 $(2,\ 3)$

11 $(-5,\ -1)$

12 $(4,\ 0)$

[13~15] $a<0,\ b>0$일 때, 다음 점은 제몇 사분면 위의 점인지 구하시오.

13 $A(-a,\ b)$

14 $B(a,\ -b)$

15 $C(b,\ a)$

10분 연산 TEST 2회

01 다음 수직선 위의 네 점 A, B, C, D의 좌표를 각 각 기호로 나타내시오.

02 다음 점들을 수직선 위에 나타내시오.

$$A(-2), B\left(\frac{8}{3}\right), C(0), D\left(-\frac{7}{2}\right)$$

03 다음 좌표평면 위의 점 A, B, C, D, E의 좌표를 각 각 기호로 나타내시오.

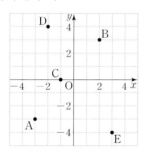

04 다음 점들을 좌표평면 위에 나타내시오.

$$A(3, 4), B(6, -3), C(-4, 1),$$
$$D(0, -5), E(2, 0)$$

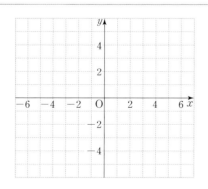

[05~08] 다음 점의 좌표를 기호로 나타내시오.

05 x좌표가 3이고, y좌표가 -1인 점 A

06 x좌표가 -5이고, y좌표가 2인 점 B

07 x축 위에 있고, x좌표가 7인 점 C

08 y축 위에 있고, y좌표가 -3인 점 D

[09~12] 다음 점은 제몇 사분면 위의 점인지 구하시오.

09 $(4, -1)$

10 $(-6, 3)$

11 $(-2, -7)$

12 $(0, 5)$

[13~15] $a>0$, $b<0$일 때, 다음 점은 제몇 사분면 위의 점 인지 구하시오.

13 $A(-b, a)$

14 $B(-2a, b)$

15 $C(a-b, ab)$

맞힌 개수   개 / 15개

(1) **변수** : 변하는 값을 나타내는 문자
(2) **그래프** : 한 변수와 그에 대응하는 다른 변수 사이의 관계를 좌표평면 위에 점, 직선, 곡선 등으로 나타낸 그림
(3) **그래프로 나타내기**
   빈 물통에 2분에 1 L씩 물을 넣는다고 한다. 물을 넣기 시작한 지 x분 후의 물의 양을 y L라 할 때, x와 y 사이의 관계를 나타내 보자.

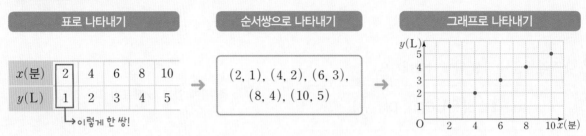

표로 나타내기				
x(분)	2	4	6	8	10
y(L)	1	2	3	4	5

→ 이렇게 한 쌍!

순서쌍으로 나타내기
$(2, 1), (4, 2), (6, 3),$
$(8, 4), (10, 5)$

✤ 어느 날 준서네 동네의 기온을 3시간마다 측정하였을 때, 아래는 x시일 때의 기온 $y\ ℃$를 나타낸 표이다. 다음 물음에 답하시오.

x(시)	0	3	6	9	12	15	18	21
y(℃)	-1	-2	-3	-1	5	7	5	2

따라하기
01 위의 표를 순서쌍 (x, y)로 나타내시오.

$(0, -1), (3, \boxed{\ \ }), (\boxed{\ \ }, \boxed{\ \ }),$
$(\boxed{\ \ }, \boxed{\ \ }), (\boxed{\ \ }, \boxed{\ \ }), (\boxed{\ \ }, \boxed{\ \ }),$
$(\boxed{\ \ }, \boxed{\ \ }), (\boxed{\ \ }, \boxed{\ \ })$

x, y는 변하는 값을 나타내는 문자이므로 변수야.

02 01의 순서쌍 (x, y)를 좌표로 하는 점을 좌표평면 위에 나타내시오.

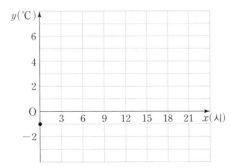

✤ 어떤 음료수 캔 1개를 생산·소비할 때 발생하는 이산화탄소의 배출량이 50 g이라고 한다. 이 음료수 캔 x개를 생산·소비할 때 발생하는 이산화탄소의 배출량을 y g이라 할 때, 다음 물음에 답하시오.

03 표를 완성하시오.

x(개)	1	2	3	4	5
y(g)	50				

04 03의 표를 순서쌍 (x, y)로 나타내시오.

05 04의 순서쌍 (x, y)를 좌표로 하는 점을 좌표평면 위에 나타내시오.

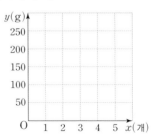

050 VISUAL 개념연산 그래프의 해석

정답 및 풀이 73쪽

자동차가 x시간 동안 시속 y km로 이동할 때, x와 y 사이의 관계를 나타낸 다음 그래프를 해석해 보자.

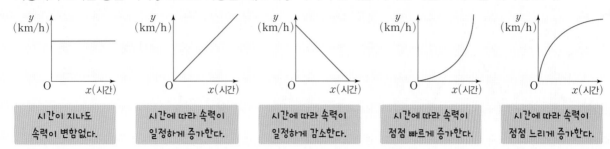

| 시간이 지나도 속력이 변함없다. | 시간에 따라 속력이 일정하게 증가한다. | 시간에 따라 속력이 일정하게 감소한다. | 시간에 따라 속력이 점점 빠르게 증가한다. | 시간에 따라 속력이 점점 느리게 증가한다. |

❈ 다음 그림과 같은 여러 가지 모양의 병에 시간당 일정한 양의 물을 넣으려고 한다. 병에 물을 넣기 시작한 지 x초 후의 물의 높이를 y cm라 할 때, 병의 모양에 따른 x와 y 사이의 관계를 나타낸 그래프를 바르게 연결하시오.

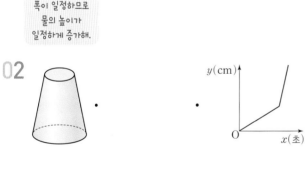

01

폭이 일정하므로 물의 높이가 일정하게 증가해.

02

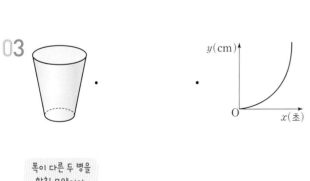

03

폭이 다른 두 병을 합친 모양이야.

04

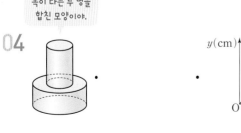

❈ 지수는 자전거를 타고 집에서 출발하여 중간에 잠깐 휴식 시간을 가진 후 할머니 댁에 도착하였다. 아래 그림은 집에서 출발하여 x분 동안 이동한 거리를 y km라 할 때, x와 y 사이의 관계를 나타낸 그래프이다. 다음 물음에 답하시오.

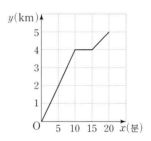

따라해

05 지수가 집에서 출발하여 10분 동안 이동한 거리는 몇 km인지 구하시오. _____

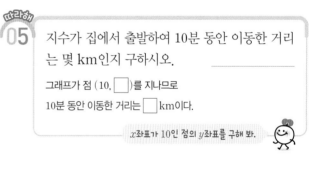

그래프가 점 (10, ☐)를 지나므로

10분 동안 이동한 거리는 ☐ km이다.

x좌표가 10인 점의 y좌표를 구해 봐.

06 지수가 집으로부터 2 km 이동하였을 때는 집에서 출발한 지 몇 분 후인지 구하시오.

_____

07 지수가 할머니 댁에 가는 중간에 몇 분 동안 휴식 시간을 가졌는지 구하시오.

_____

08 지수네 집에서 할머니 댁까지의 거리는 몇 km인지 구하시오. _____

❋ 태민이는 집에서 출발하여 500 m 떨어진 편의점에 갔다가 음료수를 사고 돌아왔다. 아래 그림은 집에서 출발한 지 x분 후에 태민이가 집으로부터 떨어진 거리를 y m라 할 때, x와 y 사이의 관계를 나타낸 그래프이다. 다음 물음에 답하시오.

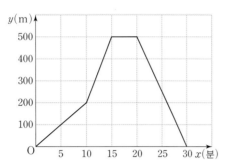

09 태민이가 집에서 출발한 지 10분 후에 집으로부터 떨어진 거리는 몇 m인지 구하시오.

그래프가 점 (10, ⬜)을 지나므로
집으로부터 떨어진 거리는 ⬜ m이다.

x좌표가 10인 점의 y좌표를 구해 봐.

10 태민이가 집에서 출발한 지 15분 후에 집으로부터 떨어진 거리는 몇 m인지 구하시오.

11 태민이가 집에서 편의점까지 가는 데 걸린 시간은 몇 분인지 구하시오.

12 태민이가 편의점에 머문 시간은 몇 분인지 구하시오.

13 태민이가 편의점에서 집으로 돌아오는 데 걸린 시간은 몇 분인지 구하시오.

❋ 소정이와 한울이가 각각 자전거를 타고 학교에서 동시에 출발하여 서점까지 갔다. 아래 그림은 두 사람이 학교에서 출발하여 x분 동안 이동한 거리를 y km라 할 때, x와 y 사이의 관계를 나타낸 그래프이다. 다음 물음에 답하시오.

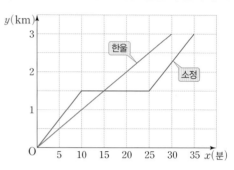

14 소정이와 한울이가 학교에서 출발하여 10분 동안 이동한 거리는 몇 km인지 각각 구하시오.

15 소정이와 한울이는 출발한 지 몇 분 후에 처음으로 다시 만나는지 구하시오.

16 출발한 지 25분 후에 소정이와 한울이 사이의 거리는 몇 km인지 구하시오.

17 학교에서 서점까지의 거리는 몇 km인지 구하시오.

18 소정이와 한울이가 서점에 도착하는 데 걸린 시간의 차는 몇 분인지 구하시오.

10분 연산 TEST 1회

[01~02] 원기둥 모양의 빈 물통에 매분 2 L씩 물을 넣으려고 한다. 물을 넣기 시작한 지 x분 후의 물의 양을 y L라 할 때, 다음 물음에 답하시오.

01 표를 완성하시오.

x(분)	1	2	3	4	5
y(L)					

02 순서쌍 (x, y)를 좌표로 하는 점을 오른쪽 좌표평면 위에 나타내시오.

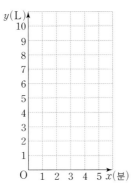

[03~05] 다음 각 상황에 알맞은 그래프를 보기에서 찾아 짝지으시오.

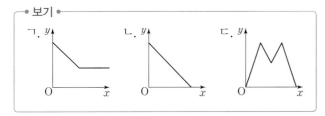

03 음료수 한 병을 일정한 속력으로 다 마셨을 때, 음료수를 마시기 시작한 지 x초 후 남아 있는 음료수의 양 y mL

04 일정한 속력으로 타는 양초에 불을 붙이고 얼마 후에 불을 껐을 때, 양초에 불을 붙인 지 x분 후의 양초의 길이 y cm

05 열기구가 일정한 속력으로 위아래로 움직일 때, 열기구가 움직이기 시작한 지 x분 후의 열기구의 지면으로부터의 높이 y m

[06~07] 아래 그림은 어느 지역의 하루 동안의 기온을 나타낸 그래프이다. x시일 때의 기온을 y ℃라 할 때, 다음 물음에 답하시오.

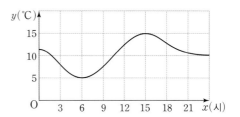

06 15시일 때의 기온은 몇 ℃인지 구하시오.

07 기온이 가장 낮았던 시각은 몇 시인지 구하시오.

[08~10] 민호는 집에서 400 m 떨어진 도서관에 갔다가 집으로 돌아왔다. 아래 그림은 집에서 출발한 지 x분 후에 민호가 집으로부터 떨어진 거리를 y m라 할 때, x와 y 사이의 관계를 나타낸 그래프이다. 다음 물음에 답하시오.

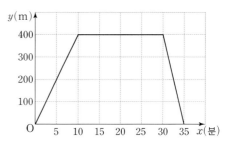

08 민호가 집에서 출발하여 10분 동안 이동한 거리는 몇 m인지 구하시오.

09 민호가 도서관에 머문 시간은 몇 분인지 구하시오.

10 민호가 도서관에서 집으로 돌아오는 데 걸린 시간은 몇 분인지 구하시오.

맞힌 개수 □개 / 10개

10분 연산 TEST 2회

[01~02] 한 변의 길이가 x cm인 정사각형의 둘레의 길이를 y cm라 할 때, 다음 물음에 답하시오.

01 표를 완성하시오.

x(cm)	1	2	3	4	5
y(cm)					

02 순서쌍 (x, y)를 좌표로 하는 점을 오른쪽 좌표평면 위에 나타내시오.

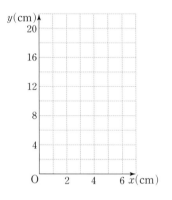

[03~05] 다음 각 상황에 알맞은 그래프를 보기에서 찾아 짝 지으시오.

• 보기 •

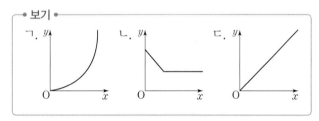

03 우유 한 병을 일정한 속력으로 마시다가 남겼을 때, 우유를 마시기 시작한 지 x초 후에 남아 있는 우유의 양 y mL

04 물을 끓였더니 물의 온도가 점점 빠르게 높아졌을 때, 물을 끓이기 시작한 지 x초 후의 물의 온도 y ℃

05 토마토의 싹이 일정한 속력으로 자랐을 때, 싹이 자라기 시작한 지 x주 후의 싹의 키 y cm

[06~08] 민영이는 자전거를 타고 집에서 출발하여 중간에 편 의점에 들렀다가 공원에 도착하였다. 아래 그림은 집에서 출발한 지 x분 후에 민영이가 집으로부터 떨어진 거리를 y km라 할 때, x와 y 사이의 관계를 나타낸 그래프이다. 다음 물음에 답하시오.

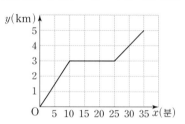

06 민영이가 집에서 출발하여 10분 동안 이동한 거리는 몇 km인지 구하시오.

07 민영이가 편의점에 머문 시간은 몇 분인지 구하시오.

08 집에서 공원까지 가는 데 걸린 시간은 몇 분인지 구하시오.

[09~10] 효진이와 민수가 학교에서 동시에 출발하여 영화관까지 갔다. 아래 그림은 학교에서 출발하여 x분 동안 이동한 거리를 y m라 할 때, x와 y 사이의 관계를 나타낸 그래프이다. 다음 물음에 답하시오.

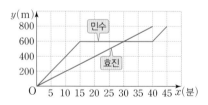

09 효진이와 민수는 출발한 지 몇 분 후에 처음으로 다시 만나는지 구하시오.

10 학교에서 영화관까지의 거리는 몇 m인지 구하시오.

맞힌 개수 개/10개

학교 시험 PREVIEW

스스로 개념 점검

1. 좌표평면과 그래프

(1) 수직선 위의 점에 대응하는 수를 그 점의 [ ]라 한다.

(2) 두 수직선을 점 O에서 서로 수직으로 만나게 할 때, 가로의 수직선을 [ ], 세로의 수직선을 [ ]이라 하고, 이 둘을 통틀어 [ ]이라 한다.

(3) [ ] : 두 좌표축이 만나는 점

(4) [ ] : 좌표축이 정해져 있는 평면

(5) [ ] : 두 수의 순서를 정하여 짝 지어 나타낸 쌍

(6) 점 P의 좌표가 (a, b)일 때, a를 점 P의 [ ], b를 점 P의 [ ]라 한다.

(7) 좌표평면을 x축과 y축에 의하여 네 부분으로 나눌 때, 이들을 각각 [ ], [ ], [ ], [ ]이라 한다.

(8) [ ] : 변하는 값을 나타내는 문자

(9) [ ] : 한 변수와 그에 대응하는 다른 변수 사이의 관계를 좌표평면 위에 점, 직선, 곡선 등으로 나타낸 그림

01

다음 수직선 위의 점의 좌표를 기호로 나타낸 것 중 옳지 않은 것은?

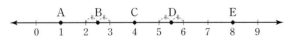

① A(1)   ② B($\dfrac{5}{2}$)   ③ C(4)

④ D($\dfrac{9}{2}$)   ⑤ E(8)

02

두 순서쌍 $(a, 7)$, $(-2, 2b-1)$이 서로 같을 때, $a+b$의 값은?

① -4 ② -2 ③ 0

④ 2 ⑤ 4

03 출제율 80%

다음 중 오른쪽 좌표평면 위의 점 A, B, C, D, E의 좌표를 나타낸 것으로 옳지 않은 것은?

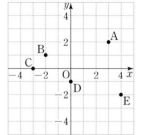

① A($3, 2$)

② B($-2, 1$)

③ C($-3, 0$)

④ D($-1, 0$)

⑤ E($4, -2$)

04

다음 중 좌표축 위의 점이 아닌 것은?

① $(-4, 0)$ ② $(3, 2)$ ③ $(0, 0)$

④ $(0, -3)$ ⑤ $(0, 5)$

05

다음 중 옳지 않은 것은?

① 점 $(-3, 1)$은 제2사분면 위의 점이다.

② 점 $(5, 0)$은 x축 위의 점이다.

③ 점 (a, b)가 제4사분면 위의 점이면 $a>0$, $b<0$이다.

④ y축 위의 점의 x좌표는 0이다.

⑤ 제3사분면 위의 점의 y좌표는 양수이다.

06 출제율 85%

$x<0$, $y>0$일 때, 점 P($-x, -y$)는 제몇 사분면 위의 점인가?

① 제1사분면   ② 제2사분면   ③ 제3사분면

④ 제4사분면   ⑤ 어느 사분면에도 속하지 않는다.

07

희수가 학교에서 집으로 오는데 일정한 속력으로 걸어오다가 중간에 잠시 멈춘 후 다시 처음과 같은 속력으로 걸어서 집에 도착하였다. 다음 중 희수와 집 사이의 거리를 시간에 따라 나타낸 그래프로 알맞은 것은?

①

②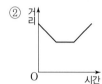

③

④

⑤

08 실수 주의

아래 그림은 직선 도로를 달리는 자동차의 시간에 따른 속력의 변화를 나타낸 그래프이다. 자동차가 출발한 지 x초 후의 속력을 y m/s라 할 때, 다음 중 옳지 않은 것은?

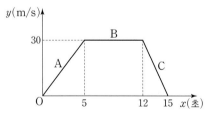

① A 구간에서 자동차의 속력은 일정하게 증가하였다.
② 자동차는 B 구간을 7초 동안 달렸다.
③ B 구간에서 자동차의 속력은 일정하였다.
④ B 구간에서 자동차가 이동한 거리는 30 m이다.
⑤ C 구간에서 자동차의 속력은 일정하게 감소하였다.

09

서준이와 소희가 서점에서 동시에 출발하여 공원까지 갔다. 다음 그림은 서점에서 출발하여 x분 동안 이동한 거리를 y m라 할 때, x와 y 사이의 관계를 나타낸 그래프이다. 소희가 공원에 도착한 지 몇 분 후에 서준이가 도착했는가?

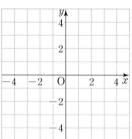

① 10분 후   ② 15분 후   ③ 20분 후
④ 25분 후   ⑤ 30분 후

10 서술형

다음 세 점을 꼭짓점으로 하는 삼각형 ABC의 넓이를 구하시오.

$$A(3, 2), B(3, -2), C(-2, 0)$$

채점기준 1 세 점을 좌표평면 위에 나타내기

채점기준 2 삼각형 ABC의 넓이 구하기

정비례와 반비례

01 정비례와 그 그래프

(1) **정비례** : 두 변수 x, y에 대하여 x의 값이 2배, 3배, 4배, ...로 변함에 따라 y의 값도 2배, 3배, 4배, ...로 변할 때, y는 x에 정비례한다고 한다.

(2) y가 x에 정비례하면 x와 y 사이의 관계는 $y=ax$ $(a \neq 0)$로 나타낼 수 있다.

(3) **정비례 관계 $y=ax$ $(a \neq 0)$의 그래프**

Q. 정비례 관계 $y=ax$ $(a \neq 0)$의 그래프는 a의 절댓값에 따라 어떻게 달라질까?

A. a의 절댓값이 클수록 y축에 가까워지고, a의 절댓값이 작을수록 x축에 가까워진다.

	$a>0$일 때	$a<0$일 때
그래프		
그래프의 모양	원점을 지나고 오른쪽 위로 향하는 직선	원점을 지나고 오른쪽 아래로 향하는 직선
지나는 사분면	제1사분면, 제3사분면	제2사분면, 제4사분면
증가·감소 상태	x의 값이 증가하면 y의 값도 증가한다.	x의 값이 증가하면 y의 값은 감소한다.

> 참고 정비례 관계 $y=ax$ $(a \neq 0)$의 그래프는 a의 값의 부호에 관계없이 항상 점 $(1, a)$를 지난다.

02 반비례와 그 그래프

(1) **반비례** : 두 변수 x, y에 대하여 x의 값이 2배, 3배, 4배, ...로 변함에 따라 y의 값은 $\frac{1}{2}$배, $\frac{1}{3}$배, $\frac{1}{4}$배, ...로 변할 때, y는 x에 반비례한다고 한다.

(2) y가 x에 반비례하면 x와 y 사이의 관계는 $y=\dfrac{a}{x}$ $(a \neq 0)$로 나타낼 수 있다.

(3) **반비례 관계 $y=\dfrac{a}{x}$ $(a \neq 0)$의 그래프**

Q. 반비례 관계 $y=\dfrac{a}{x}$ $(a \neq 0)$의 그래프는 a의 절댓값에 따라 어떻게 달라질까?

A. a의 절댓값이 클수록 원점에서 멀어지고, a의 절댓값이 작을수록 원점에 가까워진다.

	$a>0$일 때	$a<0$일 때
그래프		
그래프의 모양	좌표축에 점점 가까워지면서 한없이 뻗어 나가는 한 쌍의 매끄러운 곡선	
지나는 사분면	제1사분면, 제3사분면	제2사분면, 제4사분면
증가·감소 상태	각 사분면에서 x의 값이 증가하면 y의 값은 감소한다.	각 사분면에서 x의 값이 증가하면 y의 값도 증가한다.

> 참고 반비례 관계 $y=\dfrac{a}{x}$ $(a \neq 0)$의 그래프는 a의 값의 부호에 관계없이 항상 점 $(1, a)$를 지난다.

 **정비례 관계**

➲ 정답 및 풀이 75쪽

(1) **정비례** : 두 변수 x, y에 대하여 x의 값이 2배, 3배, 4배, …로 변함에 따라 y의 값도 2배, 3배, 4배, …로 변할 때, y는 x에 정비례한다고 한다.

$$y\text{가 } x\text{에 정비례} \Longleftrightarrow \text{관계식} : y=ax\,(a\neq 0)$$

$y=ax$ 또는 $\dfrac{y}{x}=a\,(a\neq 0)$의 꼴이면 y는 x에 정비례해.

(2) 한 개에 500원인 사탕 x개의 가격을 y원이라 할 때, x와 y 사이의 관계를 식으로 나타내 보자.

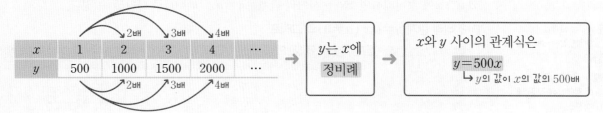

x	1	2	3	4	…
y	500	1000	1500	2000	…

y는 x에 **정비례** → x와 y 사이의 관계식은 $y=500x$ └▸y의 값이 x의 값의 500배

따라해 01

어떤 전동킥보드가 분속 250 m로 움직이고 있다. 이 전동킥보드가 x분 동안 움직인 거리를 y m라 할 때, 다음 물음에 답하시오.

(1) 표를 완성하시오.

x	1	2	3	4	…
y	250	500			…

└▸y의 값이 x의 값의 250배

(2) x와 y 사이의 관계를 식으로 나타내시오.

_____

y는 x에 [   ]하고, y의 값이 x의 값의 250배이다.

→ $y=$ [   ] x

x의 값이 2배, 3배, 4배, … 일 때, y의 값도 2배, 3배, 4배, …이면 y는 x에 정비례해.

02 가로의 길이가 3 cm, 세로의 길이가 x cm인 직사각형의 넓이를 y cm²라 할 때, 다음 물음에 답하시오.

(1) 표를 완성하시오.

x	1	2	3	4	…
y					…

(2) x와 y 사이의 관계를 식으로 나타내시오.

_____

✿ 다음 중 y가 x에 정비례하는 것에는 ○표, 정비례하지 않는 것에는 ×표를 하시오.

03 $y=\dfrac{x}{4}$ (   )

04 $y=x+4$ (   )

05 $y=-2x$ (   )

06 $xy=2$ (   )

07 $\dfrac{y}{x}=3$ (   )

08 한 개에 10 g인 구슬 x개의 무게 y g

→ $y=$ [   ] (   )

09 나이가 x세인 동생보다 3세 많은 누나의 나이 y세 → $y=$ [   ] (   )

10 빈 물통에 매분 4 L씩 물을 넣을 때 x분 동안 넣은 물의 양 y L → $y=$ [   ] (   )

020 VISUAL 개념연산 정비례 관계 $y=ax$ $(a\neq0)$의 그래프 그리기

➡ 정답 및 풀이 75쪽

정비례 관계 $y=2x$에서 x의 값에 따라 x, y의 순서쌍 (x, y)를 좌표로 하는 점을 좌표평면 위에 나타내면 다음과 같다.

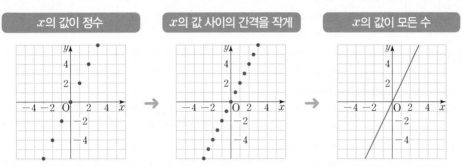

개념 POINT

정비례 관계
$y=ax$ $(a\neq0)$의 그래프는
원점을 지나는 직선이다.

참고 y가 x에 정비례할 때, x의 값의 범위가 주어지지 않으면 x의 값의 범위는 수 전체로 생각한다.

---

01 정비례 관계 $y=3x$에 대하여 다음 물음에 답하시오.

(1) 표를 완성하시오.

x	-2	-1	0	1	2
y					

(2) x의 값이 -2, -1, 0, 1, 2일 때, 정비례 관계 $y=3x$의 그래프를 좌표평면 위에 그리시오.

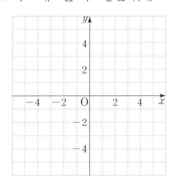

(3) x의 값의 범위가 수 전체일 때, 정비례 관계 $y=3x$의 그래프를 좌표평면 위에 그리시오.

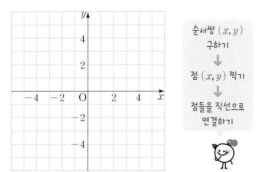

순서쌍 (x, y)
구하기
↓
점 (x, y) 찍기
↓
점들을 직선으로
연결하기

✿ 다음 정비례 관계에 대하여 표를 완성하고, 이를 이용하여 x의 값의 범위가 수 전체일 때, 그래프를 그리시오.

02 $y=-x$

x	-6	-4	-2	0	2	4	6
y							

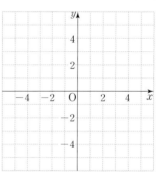

03 $y=\dfrac{1}{2}x$

x	-4	-2	0	2	4
y					

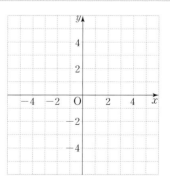

✽ 다음 정비례 관계의 그래프를 좌표평면 위에 그리시오.

04 $y = 4x$

❶ 원점 $(0, \boxed{})$을 지난다.

❷ $x = 1$일 때, $y = \boxed{}$이므로 점 $(\boxed{}, \boxed{})$를 지난다.

→ 그래프의 모양은 직선이므로

원점과 점 $(1, \boxed{})$를 연결한 직선을 그린다.

정비례 관계 $y = ax$의 그래프는
원점과 점 $(1, a)$를 지나는 직선이야.

05 $y = -\dfrac{2}{3}x$

❶ 원점 $(0, \boxed{})$을 지난다.

❷ $x = 3$일 때, $y = \boxed{}$이므로 점 $(\boxed{}, \boxed{})$를 지난다.

→ 그래프의 모양은 직선이므로

원점과 점 $(3, \boxed{})$를 연결한 직선을 그린다.

$y = -\dfrac{2}{3}x$에 $x = 3$을 대입하여
y의 값을 먼저 구해 봐.

✽ 다음 정비례 관계의 그래프가 지나는 두 점의 좌표를 구하고, 이 두 점을 이용하여 그래프를 그리시오.

06 $y = \dfrac{1}{3}x$ → $(0, \boxed{})$, $(3, \boxed{})$

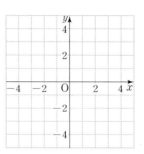

07 $y = -\dfrac{3}{2}x$ → $(\boxed{}, 0)$, $(2, \boxed{})$

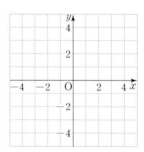

08 $y = \dfrac{3}{4}x$ → $(0, \boxed{})$, $(4, \boxed{})$

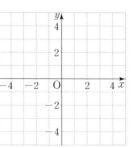

정비례 관계 $y=ax$ $(a\neq0)$의 그래프는 원점을 지나는 직선이다.

a>0일 때

① 오른쪽 위로 향한다.
② 제1사분면과 제3사분면을 지난다.
③ x의 값이 증가하면 y의 값도 증가한다.

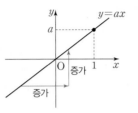

a<0일 때

① 오른쪽 아래로 향한다.
② 제2사분면과 제4사분면을 지난다.
③ x의 값이 증가하면 y의 값은 감소한다.

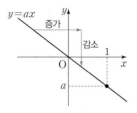

참고 정비례 관계 $y=ax$ $(a\neq0)$의 그래프는 a의 절댓값이 클수록 y축에 가까워진다.

❋ 오른쪽 그림은 세 정비례 관계의 그래프이다. 이 그래프들에 대하여 ☐ 안에 알맞은 것을 써넣으시오.

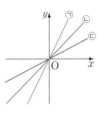

01 오른쪽 ☐로 향하는 직선이다.

02 제☐사분면과 제☐사분면을 지난다.

03 x의 값이 증가하면 y의 값도 ☐한다.

04 y축에 가장 가까운 그래프는 ☐이다.

❋ 오른쪽 그림은 세 정비례 관계의 그래프이다. 이 그래프들에 대하여 ☐ 안에 알맞은 것을 써넣으시오.

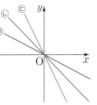

05 오른쪽 ☐로 향하는 직선이다.

06 제☐사분면과 제☐사분면을 지난다.

07 x의 값이 증가하면 y의 값은 ☐한다.

08 y축에 가장 가까운 그래프는 ☐이다.

❋ 다음 정비례 관계의 그래프에 대한 설명으로 옳은 것에는 ○표, 옳지 않은 것에는 ×표를 하시오.

09 정비례 관계 $y=2x$의 그래프는 오른쪽 아래로 향하는 직선이다. (   )

10 정비례 관계 $y=\dfrac{1}{5}x$의 그래프는 제1사분면을 지난다. (   )

11 정비례 관계 $y=-3x$의 그래프는 x의 값이 증가하면 y의 값도 증가한다. (   )

❋ 그래프가 다음 조건을 만족시키는 것을 보기에서 모두 고르시오.

┌ 보기 ┐
ㄱ. $y=3x$ ㄴ. $y=-x$ ㄷ. $y=0.5x$
ㄹ. $y=-\dfrac{2}{3}x$ ㅁ. $y=\dfrac{5}{2}x$ ㅂ. $y=-2.7x$
└─────┘

12 x의 값이 증가하면 y의 값도 증가한다.

_____

13 오른쪽 아래로 향하는 직선이다.

_____

14 제2사분면과 제4사분면을 지나는 직선이다.

_____

정비례 관계 $y=2x$의 그래프가 다음과 같을 때, a의 값을 구해 보자.

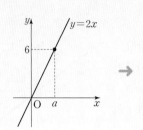

정비례 관계 $y=2x$의 그래프가 점 $(a, 6)$을 지난다.

=

점 $(a, 6)$이 정비례 관계 $y=2x$의 그래프 위의 점이다.

→

$y=2x$에 $x=a$, $y=6$을 대입하면 등식 성립 $6=2\times a$ ∴ $a=3$

✽ 다음 점이 정비례 관계 $y=-2x$의 그래프 위의 점이면 ○표, 아니면 ×표를 하시오.

01 $(2, -4)$ (   )

02 $\left(\dfrac{1}{4}, \dfrac{1}{2}\right)$ (   )

03 $\left(-\dfrac{1}{2}, 2\right)$ (   )

04 $(-3, 6)$ (   )

✽ 다음을 구하시오.

05 정비례 관계 $y=4x$의 그래프가 점 $(-2, a)$를 지날 때, a의 값 _____

$y=4x$에 $x=-2$, $y=a$를 대입하면
$a=4\times(\boxed{})=\boxed{}$

$y=4x$에 주어진 점의 좌표를 대입해.

06 정비례 관계 $y=-5x$의 그래프가 점 $(a, 10)$을 지날 때, a의 값 _____

07 정비례 관계 $y=\dfrac{3}{2}x$의 그래프가 점 $(-4, a)$를 지날 때, a의 값 _____

08 점 $(a, 3)$이 정비례 관계 $y=6x$의 그래프 위의 점일 때, a의 값 _____

09 점 $\left(-\dfrac{1}{3}, a\right)$가 정비례 관계 $y=-9x$의 그래프 위의 점일 때, a의 값 _____

10 점 $(a, 2)$가 정비례 관계 $y=-\dfrac{3}{4}x$의 그래프 위의 점일 때, a의 값 _____

✽ 정비례 관계의 그래프가 다음과 같을 때, a의 값을 구하시오.

11 $y=3x$

그래프 위의 점 : 점 $(2, \boxed{})$
→ $y=3x$에 $x=2$, $y=\boxed{}$를 대입하면
$a=3\times2=\boxed{}$

$y=3x$에 주어진 그래프 위의 점의 좌표를 대입해.

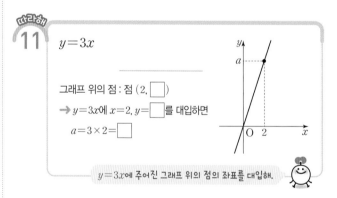

12 $y=-\dfrac{1}{2}x$

05 VISUAL 개념연산 정비례 관계 $y=ax$ $(a\neq0)$의 식 구하기

❶ 정비례 관계 $y=ax$의 그래프 위의 점 (■, ▲) ❷ $y=ax$에 $x=$■, $y=$▲를 대입 ❸ 상수 a의 값 구하기 ❹ 식 구하기

정비례 관계 $y=ax$의 그래프가 점 $(2, 6)$을 지난다. → $y=ax$에 $x=2$, $y=6$을 대입 → $6=a\times2$ ∴ $a=3$ → $y=3x$

❋ 정비례 관계 $y=ax$의 그래프가 다음 점을 지날 때, 상수 a의 값을 구하시오.

01 $(2, 8)$

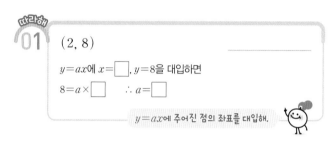

$y=ax$에 $x=\boxed{}$, $y=8$을 대입하면

$8=a\times\boxed{}$ ∴ $a=\boxed{}$

$y=ax$에 주어진 점의 좌표를 대입해.

02 $(-1, 3)$

03 $(2, 5)$

04 $(6, -2)$

05 $\left(\dfrac{1}{3}, 2\right)$

06 $\left(\dfrac{3}{4}, -\dfrac{1}{2}\right)$

❋ 정비례 관계 $y=ax$의 그래프가 다음 그림과 같을 때, 상수 a의 값을 구하시오.

07

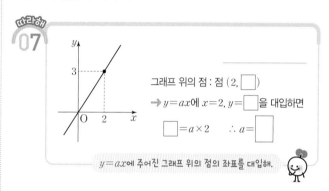

그래프 위의 점 : 점 $\left(2, \boxed{}\right)$

→ $y=ax$에 $x=2$, $y=\boxed{}$을 대입하면

$\boxed{}=a\times2$ ∴ $a=\boxed{}$

$y=ax$에 주어진 그래프 위의 점의 좌표를 대입해.

08

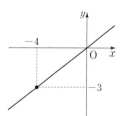

09

10

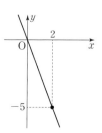

✤ 다음 좌표평면 위에 주어진 그래프가 나타내는 식을 구하시오.

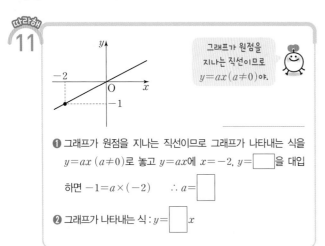

11

그래프가 원점을
지나는 직선이므로
$y=ax\,(a\neq0)$야.

❶ 그래프가 원점을 지나는 직선이므로 그래프가 나타내는 식을 $y=ax\,(a\neq0)$로 놓고 $y=ax$에 $x=-2$, $y=$ ☐ 을 대입하면 $-1=a\times(-2)$ ∴ $a=$ ☐

❷ 그래프가 나타내는 식 : $y=$ ☐ x

12

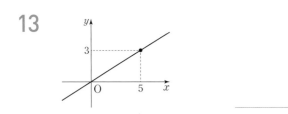

13

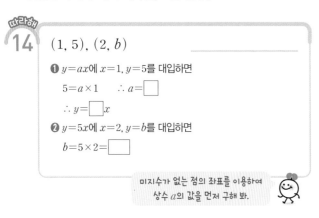

✤ 정비례 관계 $y=ax$의 그래프가 다음 두 점을 지날 때, a, b의 값을 각각 구하시오. (단, a는 상수)

14 $(1,\,5)$, $(2,\,b)$ _____

❶ $y=ax$에 $x=1$, $y=5$를 대입하면
$5=a\times1$ ∴ $a=$ ☐
∴ $y=$ ☐ x

❷ $y=5x$에 $x=2$, $y=b$를 대입하면
$b=5\times2=$ ☐

미지수가 없는 점의 좌표를 이용하여
상수 a의 값을 먼저 구해 봐.

15 $(2,\,3)$, $(b,\,-6)$ _____

16 $(4,\,-1)$, $(b,\,2)$ _____

17 $(-3,\,5)$, $(6,\,b)$ _____

✤ 다음 좌표평면 위에 주어진 그래프가 나타내는 식과 b의 값을 각각 구하시오.

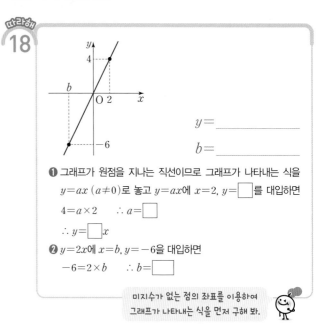

18

$y=$ _____

$b=$ _____

❶ 그래프가 원점을 지나는 직선이므로 그래프가 나타내는 식을 $y=ax\,(a\neq0)$로 놓고 $y=ax$에 $x=2$, $y=$ ☐ 를 대입하면 $4=a\times2$ ∴ $a=$ ☐
∴ $y=$ ☐ x

❷ $y=2x$에 $x=b$, $y=-6$을 대입하면
$-6=2\times b$ ∴ $b=$ ☐

미지수가 없는 점의 좌표를 이용하여
그래프가 나타내는 식을 먼저 구해 봐.

19

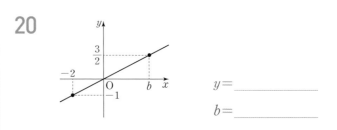

$y=$ _____

$b=$ _____

20

$y=$ _____

$b=$ _____

1 L의 휘발유로 11 km를 달릴 수 있는 자동차가 x L의 휘발유로 달릴 수 있는 거리를 y km라 할 때, 121 km의 거리를 가기 위해 필요한 휘발유의 양을 구해 보자.

↳ x, y가 정비례 관계

❶ 관계식 $y=ax$ 세우기

1 L의 휘발유로 11 km를 달릴 수 있으므로
관계식은 $y=11x$

→

❷ 구하는 값 찾기

$y=11x$에 $y=121$을 대입하면
$121=11x$ ∴ $x=11$
따라서 필요한 휘발유의 양은 11 L이다.

따라해 01

어떤 액체를 가열하면 1분에 4 ℃씩 올라간다. 이 액체를 0 ℃에서 x분 동안 가열한 후의 온도를 y ℃라 할 때, 다음 물음에 답하시오.

(1) 표를 완성하시오.

x	1	2	3	4	⋯
y					⋯

(2) x와 y 사이의 관계를 식으로 나타내시오.

x, y가 정비례 관계이면 관계식을 $y=ax$로 놓고 구해 봐.

(3) 이 액체를 20분 동안 가열하면 온도가 몇 ℃가 되는지 구하시오.

02

빈 물통에 매분 2 L씩 물을 채우고 있다. x분 후 물통 안에 들어 있는 물의 양을 y L라 할 때, 다음 물음에 답하시오.

(1) x와 y 사이의 관계를 식으로 나타내시오.

(2) 물을 채우기 시작한 지 16분 후 물통 안에 들어 있는 물의 양은 몇 L인지 구하시오.

03

현성이가 자전거를 타고 분속 500 m로 x분 동안 움직인 거리를 y m라 할 때, 다음 물음에 답하시오.

(1) x와 y 사이의 관계를 식으로 나타내시오.

(2) 현성이가 자전거를 타고 8 km를 가는 데 몇 분이 걸리는지 구하시오.

단위에 주의해!
1 km=1000 m

04

한 대에 6명씩 탈 수 있는 배가 있다. x대에 탈 수 있는 사람을 y명이라 할 때, 다음 물음에 답하시오.

(1) x와 y 사이의 관계를 식으로 나타내시오.

(2) 72명이 타려면 배가 적어도 몇 대 필요한지 구하시오.

10분 연산 TEST 1회

[01~02] 다음 중 y가 x에 정비례하는 것에는 ○표, 정비례 하지 않는 것에는 ×표를 하시오.

01 한 개에 900원인 과자 x개의 가격 y원 (   )

02 무게가 800 g인 피자 한 판을 x조각으로 똑같이 나누었을 때, 피자 한 조각의 무게 y g (   )

[03~04] 다음 중 옳은 것에는 ○표, 옳지 않은 것에는 ×표를 하시오.

03 정비례 관계 $y = \dfrac{1}{7}x$의 그래프는 x의 값이 증가하면 y의 값은 감소한다. (   )

04 정비례 관계 $y = -3x$의 그래프는 오른쪽 아래로 향하는 직선이다. (   )

[05~07] 다음을 구하시오.

05 정비례 관계 $y = \dfrac{1}{4}x$의 그래프가 점 $(2, a)$를 지날 때, a의 값

06 점 $\left(a, \dfrac{1}{2}\right)$이 정비례 관계 $y = -5x$의 그래프 위의 점일 때, a의 값

07 정비례 관계 $y = -2x$의 그래프 가 오른쪽 그림과 같을 때, a의 값

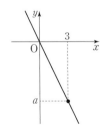

[08~09] 정비례 관계 $y = ax$의 그래프가 다음 점을 지날 때, 상수 a의 값을 구하시오.

08 $(-2, 7)$

09 $\left(\dfrac{1}{4}, 1\right)$

[10~11] 다음 좌표평면 위에 주어진 그래프를 보고, a의 값을 구하시오.

10

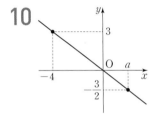

11

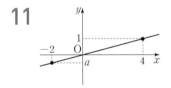

12 걷기 운동을 하면 1분에 3 kcal의 열량이 소모된다고 한다. 걷기 운동을 x분 동안 하면 y kcal의 열량이 소모된다고 할 때, 다음 물음에 답하시오.

(1) x와 y 사이의 관계를 식으로 나타내시오.

(2) 걷기 운동을 25분 동안 하면 소모되는 열량은 몇 kcal인지 구하시오.

맞힌 개수   개/12개

10분 연산 TEST 2회

맞힌 개수

[01~02] 다음 중 y가 x에 정비례하는 것에는 ○표, 정비례 하지 않는 것에는 ×표를 하시오.

01 한 개에 500원인 젤리 x개의 가격 y원 (   )

02 펜 24자루를 x명에게 똑같이 나누어 줄 때, 한 명 이 받는 펜의 수 y자루 (   )

[03~04] 다음 중 옳은 것에는 ○표, 옳지 않은 것에는 ×표를 하시오.

03 정비례 관계 $y=-5x$의 그래프는 x의 값이 증가 하면 y의 값은 감소한다. (   )

04 정비례 관계 $y=\dfrac{3}{4}x$의 그래프는 제2사분면과 제4사 분면을 지난다. (   )

[05~07] 다음을 구하시오.

05 정비례 관계 $y=\dfrac{3}{5}x$의 그래프가 점 $(-5, a)$를 지 날 때, a의 값

06 점 $(a, 6)$이 정비례 관계 $y=-3x$의 그래프 위의 점일 때, a의 값

07 정비례 관계 $y=\dfrac{1}{3}x$의 그래 프가 오른쪽 그림과 같을 때, a의 값

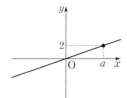

[08~09] 정비례 관계 $y=ax$의 그래프가 다음 점을 지날 때, 상수 a의 값을 구하시오.

08 $(3, -5)$

09 $\left(2, \dfrac{1}{3}\right)$

[10~11] 다음 좌표평면 위에 주어진 그래프를 보고, a의 값 을 구하시오.

10

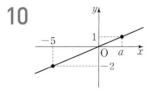

11

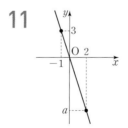

12 밑변의 길이가 $x\,\mathrm{cm}$, 높이가 $10\,\mathrm{cm}$인 삼각형의 넓이를 $y\,\mathrm{cm}^2$라 할 때, 다음 물음에 답하시오.

(1) x와 y 사이의 관계를 식으로 나타내시오.

(2) 삼각형의 넓이가 $40\,\mathrm{cm}^2$일 때, 밑변의 길이를 구하시오.

맞힌 개수   개/12개

(1) **반비례** : 두 변수 x, y에 대하여 x의 값이 2배, 3배, 4배, ...로 변함에 따라 y의 값은 $\frac{1}{2}$ 배, $\frac{1}{3}$ 배, $\frac{1}{4}$ 배, ...로 변할 때, y는 x에 반비례한다고 한다.

$$y가\ x에\ 반비례 \Longleftrightarrow 관계식 : y=\frac{a}{x}\ (a \neq 0)$$

$y=\frac{a}{x}$ 또는 $xy=a\ (a \neq 0)$의 꼴이면 y는 x에 반비례해.

(2) 120쪽인 책을 매일 x쪽씩 읽으면 다 읽는 데 y일이 걸린다고 할 때, x와 y 사이의 관계를 식으로 나타내 보자.

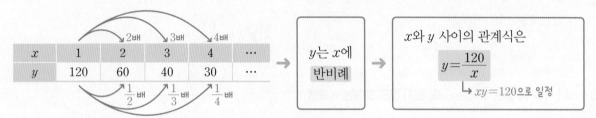

x	1	2	3	4	...
y	120	60	40	30	...

→ y는 x에 **반비례** →

x와 y 사이의 관계식은
$$y=\frac{120}{x}$$
↳ $xy=120$으로 일정

---

01 24 L짜리 빈 물통에 매분 x L씩 물을 넣으면 가득 채우는 데 y분이 걸린다고 한다. 다음 물음에 답하시오.

(1) 표를 완성하시오.

x	1	2	3	4	...
y	24	12			...

↳ $xy=24$로 일정

(2) x와 y 사이의 관계를 식으로 나타내시오.

_____

y는 x에 ☐하고, $xy=$☐로 일정하다.

→ $y=\dfrac{☐}{x}$

x의 값이 2배, 3배, 4배, ...일 때, y의 값은 $\frac{1}{2}$배, $\frac{1}{3}$배, $\frac{1}{4}$배, ...이면 y는 x에 반비례해.

02 넓이가 36 cm²인 직사각형의 가로의 길이가 x cm이고, 세로의 길이가 y cm일 때, 다음 물음에 답하시오.

(1) 표를 완성하시오.

x	1	2	3	4	...
y					...

(2) x와 y 사이의 관계를 식으로 나타내시오.

_____

✿ 다음 중 y가 x에 반비례하는 것에는 ○표, 반비례하지 않는 것에는 ×표를 하시오.

03 $y=\dfrac{10}{x}$ ( )

04 $y=\dfrac{x}{5}$ ( )

05 $y=-\dfrac{1}{x}+2$ ( )

06 $xy=7$ ( )

07 $\dfrac{y}{x}=4$ ( )

08 연필 20자루를 x명에게 똑같이 나누어 줄 때, 한 명이 받는 연필의 수 y자루

→ $y=$☐ ( )

09 시속 x km로 2시간 동안 간 거리 y km

→ $y=$☐ ( )

반비례 관계 $y=\dfrac{6}{x}$에서 x의 값에 따라 x, y의 순서쌍 (x, y)를 좌표로 하는 점을 좌표평면 위에 나타내면 다음과 같다.

개념 POINT

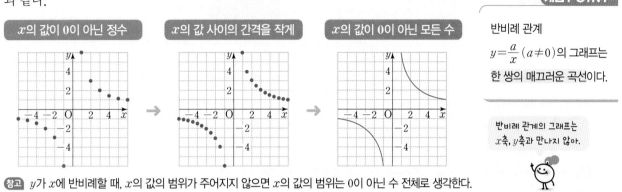

| x의 값이 0이 아닌 정수 | x의 값 사이의 간격을 작게 | x의 값이 0이 아닌 모든 수 |

반비례 관계
$y=\dfrac{a}{x}$ $(a \neq 0)$의 그래프는
한 쌍의 매끄러운 곡선이다.

반비례 관계의 그래프는
x축, y축과 만나지 않아.

참고 y가 x에 반비례할 때, x의 값의 범위가 주어지지 않으면 x의 값의 범위는 0이 아닌 수 전체로 생각한다.

---

01 반비례 관계 $y=\dfrac{4}{x}$에 대하여 다음 물음에 답하시오.

(1) 표를 완성하시오.

x	-4	-2	-1	1	2	4
y						

(2) x의 값이 -4, -2, -1, 1, 2, 4일 때, 반비례 관계 $y=\dfrac{4}{x}$의 그래프를 좌표평면 위에 그리시오.

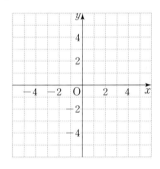

(3) x의 값의 범위가 0이 아닌 수 전체일 때, 반비례 관계 $y=\dfrac{4}{x}$의 그래프를 좌표평면 위에 그리시오.

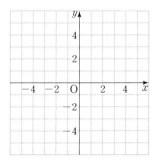

순서쌍 (x, y)
구하기
↓
점 (x, y) 찍기
↓
점들을 매끄러운
곡선으로 연결하기

✱ 다음 반비례 관계에 대하여 표를 완성하고, 이를 이용하여 x의 값의 범위가 0이 아닌 수 전체일 때, 그래프를 그리시오.

02 $y=-\dfrac{6}{x}$

x	-6	-3	-2	-1	1	2	3	6
y								

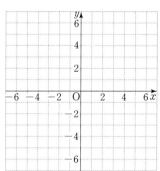

03 $y=\dfrac{12}{x}$

x	-6	-4	-3	-2	2	3	4	6
y								

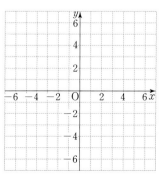

반비례 관계 $y = \dfrac{a}{x}$ ($a \neq 0$)의 그래프는 한 쌍의 매끄러운 곡선이다.

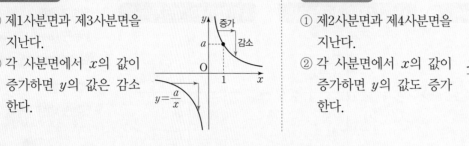

$a > 0$일 때

① 제1사분면과 제3사분면을 지난다.

② 각 사분면에서 x의 값이 증가하면 y의 값은 감소한다.

$a < 0$일 때

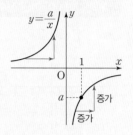

① 제2사분면과 제4사분면을 지난다.

② 각 사분면에서 x의 값이 증가하면 y의 값도 증가한다.

참고 반비례 관계 $y = \dfrac{a}{x}$ ($a \neq 0$)의 그래프는 a의 절댓값이 클수록 원점에서 멀어진다.

❋ 다음 그림은 세 반비례 관계 $y = \dfrac{1}{x}$, $y = \dfrac{3}{x}$, $y = \dfrac{6}{x}$의 그래프이다. 이 그래프들에 대하여 ☐ 안에 알맞은 것을 써넣으시오.

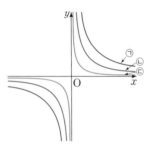

01 제☐사분면과 제☐사분면을 지난다.

02 각 사분면에서 x의 값이 증가하면 y의 값은 ☐한다.

03 원점에 가장 가까운 그래프는 ☐이다.

04 반비례 관계 $y = \dfrac{1}{x}$의 그래프는 ☐이다.

❋ 다음 그림은 세 반비례 관계 $y = -\dfrac{1}{x}$, $y = -\dfrac{3}{x}$, $y = -\dfrac{6}{x}$의 그래프이다. 이 그래프들에 대하여 ☐ 안에 알맞은 것을 써넣으시오.

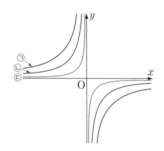

05 제☐사분면과 제☐사분면을 지난다.

06 각 사분면에서 x의 값이 증가하면 y의 값도 ☐한다.

07 원점에서 가장 멀리 떨어진 그래프는 ☐이다.

08 반비례 관계 $y = -\dfrac{6}{x}$의 그래프는 ☐이다.

✱ 다음 반비례 관계의 그래프에 대하여 ☐ 안에 알맞은 것을 써넣으시오.

09 $y = \dfrac{3}{x} \rightarrow 3 > 0$

→ 주어진 반비례 관계의 그래프는 제 ☐ 사분면 과 제 ☐ 사분면을 지나고, 각 사분면에서 x의 값이 증가하면 y의 값은 ☐ 한다.

10 $y = -\dfrac{5}{x}$

→ 주어진 반비례 관계의 그래프는 제 ☐ 사분면 과 제 ☐ 사분면을 지나고, 각 사분면에서 x의 값이 증가하면 y의 값은 ☐ 한다.

11 $y = \dfrac{9}{x}$

→ 주어진 반비례 관계의 그래프는 제 ☐ 사분면 과 제 ☐ 사분면을 지나고, 각 사분면에서 x의 값이 증가하면 y의 값은 ☐ 한다.

12 $y = -\dfrac{10}{x}$

→ 주어진 반비례 관계의 그래프는 제 ☐ 사분면 과 제 ☐ 사분면을 지나고, 각 사분면에서 x의 값이 증가하면 y의 값은 ☐ 한다.

✱ 반비례 관계 $y = \dfrac{12}{x}$의 그래프에 대한 설명으로 옳은 것에는 ○표, 옳지 않은 것에는 ×표를 하시오.

13 원점을 지나는 한 쌍의 매끄러운 곡선이다.

( )

14 제1사분면과 제3사분면을 지난다. ( )

15 $x > 0$일 때, x의 값이 증가하면 y의 값도 증가한다.

( )

✱ 반비례 관계 $y = -\dfrac{4}{x}$의 그래프에 대한 설명으로 옳은 것에는 ○표, 옳지 않은 것에는 ×표를 하시오.

16 원점을 지나지 않는 한 쌍의 매끄러운 곡선이다.

( )

17 제1사분면과 제3사분면을 지난다. ( )

18 $x < 0$일 때, x의 값이 증가하면 y의 값은 감소한다.

( )

✱ 그래프가 다음 조건을 만족시키는 것을 보기에서 모두 고르시오.

┌─ 보기 ──────────────────────┐
ㄱ. $y = \dfrac{1}{x}$　　　　ㄴ. $y = -\dfrac{3}{x}$

ㄷ. $y = \dfrac{2}{x}$　　　　ㄹ. $y = -\dfrac{7}{x}$

ㅁ. $y = -\dfrac{14}{x}$　　　ㅂ. $y = \dfrac{25}{x}$
└──────────────────────────┘

19 각 사분면에서 x의 값이 증가하면 y의 값도 증가한다.

_____

20 각 사분면에서 x의 값이 증가하면 y의 값은 감소한다.

_____

21 제2사분면과 제4사분면을 지난다.

_____

↪ 정답 및 풀이 80쪽

반비례 관계 $y=\dfrac{6}{x}$의 그래프가 다음과 같을 때, a의 값을 구해 보자.

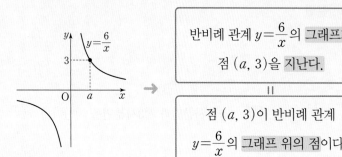

반비례 관계 $y=\dfrac{6}{x}$의 그래프가 점 $(a, 3)$을 지난다.

=

점 $(a, 3)$이 반비례 관계 $y=\dfrac{6}{x}$의 그래프 위의 점이다.

→

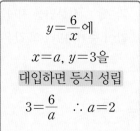

$y=\dfrac{6}{x}$에 $x=a, y=3$을 대입하면 등식 성립

$3=\dfrac{6}{a}$ $\therefore a=2$

✿ 다음 점이 반비례 관계 $y=\dfrac{16}{x}$의 그래프 위의 점이면 ○표, 아니면 ×표를 하시오.

01 $(2, 6)$ (   )

02 $(-8, -2)$ (   )

03 $(-4, 4)$ (   )

04 $\left(6, \dfrac{8}{3}\right)$ (   )

✿ 다음을 구하시오.

05 반비례 관계 $y=\dfrac{12}{x}$의 그래프가 점 $(-2, a)$를 지날 때, a의 값 ____

$y=\dfrac{12}{x}$에 $x=-2, y=a$를 대입하면

$a=\dfrac{12}{\boxed{}}=\boxed{}$

 $y=\dfrac{12}{x}$에 주어진 점의 좌표를 대입해.

06 반비례 관계 $y=\dfrac{10}{x}$의 그래프가 점 $(a, 5)$를 지날 때, a의 값 ____

07 반비례 관계 $y=-\dfrac{15}{x}$의 그래프가 점 $(a, 3)$을 지날 때, a의 값 ____

08 점 $(4, a)$가 반비례 관계 $y=\dfrac{20}{x}$의 그래프 위의 점일 때, a의 값 ____

09 점 $(a, 3)$이 반비례 관계 $y=-\dfrac{6}{x}$의 그래프 위의 점일 때, a의 값 ____

10 점 $\left(a, -\dfrac{1}{4}\right)$이 반비례 관계 $y=\dfrac{2}{x}$의 그래프 위의 점일 때, a의 값 ____

✿ 반비례 관계의 그래프가 다음과 같을 때, a의 값을 구하시오.

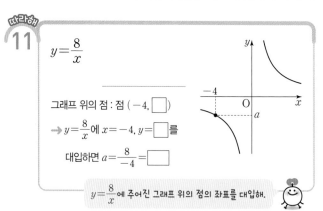
11 $y=\dfrac{8}{x}$

그래프 위의 점 : 점 $(-4, \boxed{})$

→ $y=\dfrac{8}{x}$에 $x=-4, y=\boxed{}$를

대입하면 $a=\dfrac{8}{-4}=\boxed{}$

$y=\dfrac{8}{x}$에 주어진 그래프 위의 점의 좌표를 대입해.

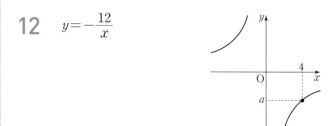
12 $y=-\dfrac{12}{x}$

❶ 반비례 관계 $y=\dfrac{a}{x}$의 그래프 위의 점 (■, ▲)

❷ $y=\dfrac{a}{x}$에 $x=$■, $y=$▲를 대입

❸ 상수 a의 값 구하기

❹ 식 구하기

반비례 관계 $y=\dfrac{a}{x}$의 그래프가 점 $(3,4)$를 지난다. → $y=\dfrac{a}{x}$에 $x=3$, $y=4$를 대입 → $4=\dfrac{a}{3}$ ∴ $a=12$ → $y=\dfrac{12}{x}$

❋ 반비례 관계 $y=\dfrac{a}{x}$의 그래프가 다음 점을 지날 때, 상수 a의 값을 구하시오.

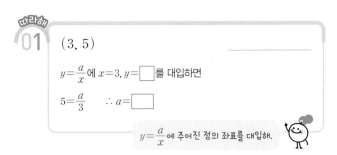

01 $(3,5)$

$y=\dfrac{a}{x}$에 $x=3$, $y=$ ☐ 를 대입하면

$5=\dfrac{a}{3}$ ∴ $a=$ ☐

$y=\dfrac{a}{x}$에 주어진 점의 좌표를 대입해.

02 $(3,3)$

03 $(-2,7)$

04 $(3,-6)$

05 $(-6,-5)$

06 $\left(-8,-\dfrac{1}{2}\right)$

❋ 반비례 관계 $y=\dfrac{a}{x}$의 그래프가 다음 그림과 같을 때, 상수 a의 값을 구하시오.

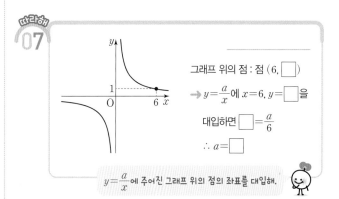

07

그래프 위의 점 : 점 $(6,$ ☐ $)$

→ $y=\dfrac{a}{x}$에 $x=6$, $y=$ ☐ 을 대입하면 ☐ $=\dfrac{a}{6}$

∴ $a=$ ☐

$y=\dfrac{a}{x}$에 주어진 그래프 위의 점의 좌표를 대입해.

08

09

10

✽ 다음 좌표평면 위에 주어진 그래프가 나타내는 식을 구하시오.

11

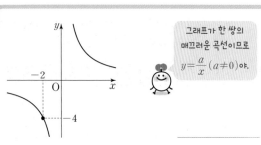

그래프가 한 쌍의 매끄러운 곡선이므로 $y=\dfrac{a}{x}$ $(a\neq0)$야.

① 그래프가 한 쌍의 매끄러운 곡선이므로 그래프가 나타내는 식을 $y=\dfrac{a}{x}$ $(a\neq0)$로 놓고 $y=\dfrac{a}{x}$에 $x=-2$, $y=\boxed{}$를 대입

하면 $-4=\dfrac{a}{-2}$ $\qquad \therefore a=\boxed{}$

② 그래프가 나타내는 식 : $y=\boxed{}$

12

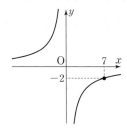

_____

13

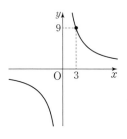

_____

✽ 반비례 관계 $y=\dfrac{a}{x}$의 그래프가 다음 두 점을 지날 때, a, b의 값을 각각 구하시오. (단, a는 상수)

14 $(2, 6), (4, b)$ _____

① $y=\dfrac{a}{x}$에 $x=2$, $y=6$을 대입하면

$6=\dfrac{a}{2}$ $\qquad \therefore a=\boxed{}$

$\therefore y=\boxed{}$

미지수가 없는 점의 좌표를 이용하여 상수 a의 값을 먼저 구해 봐.

② $y=\dfrac{12}{x}$에 $x=4$, $y=b$를 대입하면

$b=\dfrac{12}{4}=\boxed{}$

15 $(-4, -5), (b, 2)$ _____

16 $(7, -4), (8, b)$ _____

✽ 다음 좌표평면 위에 주어진 그래프가 나타내는 식과 b의 값을 각각 구하시오.

17

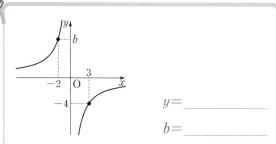

$y=$_____

$b=$_____

① 그래프가 한 쌍의 매끄러운 곡선이므로 그래프가 나타내는 식을 $y=\dfrac{a}{x}$ $(a\neq0)$로 놓고 $y=\dfrac{a}{x}$에 $x=3$, $y=\boxed{}$를 대입하면

$-4=\dfrac{a}{3}$ $\qquad \therefore a=\boxed{}$ $\qquad \therefore y=\boxed{}$

② $y=-\dfrac{12}{x}$에 $x=-2$, $y=b$를 대입하면 $b=-\dfrac{12}{-2}=\boxed{}$

미지수가 없는 점의 좌표를 이용하여 그래프가 나타내는 식을 먼저 구해 봐.

18

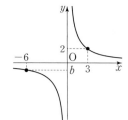

$y=$_____

$b=$_____

19

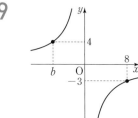

$y=$_____

$b=$_____

12 VISUAL 개념연산 반비례 관계의 활용

정답 및 풀이 82쪽

리아는 집에서 1200 m 떨어진 학교까지 뛰어서 가려고 한다. 분속 x m로 뛰어가면 y분이 걸린다고 할 때, 분속 150 m로 뛰어가면 몇 분이 걸리는지 구해 보자.
┗➤ x, y가 반비례 관계

❶ 관계식 $y = \dfrac{a}{x}$ 세우기

집에서 학교까지의 거리가 1200 m이므로

관계식은 $y = \dfrac{1200}{x}$

→

❷ 구하는 값 찾기

$y = \dfrac{1200}{x}$ 에 $x = 150$을 대입하면

$y = \dfrac{1200}{150} = 8$

따라서 학교까지 가는 데 8분이 걸린다.

따라해 01

2 L의 주스를 x명이 똑같이 나누어 마시려고 한다. 한 사람이 마시는 주스의 양을 y L라 할 때, 다음 물음에 답하시오.

(1) 표를 완성하시오.

x	1	2	3	4	…
y					…

(2) x와 y 사이의 관계를 식으로 나타내시오.

 x, y가 반비례 관계이면 관계식을 $y = \dfrac{a}{x}$ 로 놓고 구해 봐.

(3) 8명이 나누어 마실 때, 한 사람이 마시는 주스의 양은 몇 L인지 구하시오.

02

길이가 80 cm인 끈을 x도막으로 똑같이 자르려고 한다. 한 도막의 길이를 y cm라 할 때, 다음 물음에 답하시오.

(1) x와 y 사이의 관계를 식으로 나타내시오.

(2) 한 도막의 길이가 16 cm가 되게 하려면 몇 도막으로 잘라야 하는지 구하시오.

03

공연장에 의자 480개를 한 줄에 x개씩 나열하려고 한다. 나열한 줄을 y줄이라 할 때, 다음 물음에 답하시오. (단, 한 줄에 나열하는 의자 수는 모두 같다.)

(1) x와 y 사이의 관계를 식으로 나타내시오.

(2) 의자를 나열한 줄이 15줄이 되게 하려면 한 줄에 나열해야 하는 의자는 몇 개인지 구하시오.

04

넓이가 40 cm²인 직사각형의 가로의 길이를 x cm, 세로의 길이를 y cm라 할 때, 다음 물음에 답하시오.

(1) x와 y 사이의 관계를 식으로 나타내시오.

(2) 가로의 길이가 15 cm일 때, 세로의 길이를 구하시오.

10분 연산 TEST 1회

맞힌 개수

[01~02] 다음 중 y가 x에 반비례하는 것에는 ○표, 반비례 하지 않는 것에는 ×표를 하시오.

01 학생 30명 중 남학생이 x명일 때, 여학생 수 y명
( )

02 150쪽의 책을 하루에 x쪽씩 읽을 때, 모두 읽는 데 걸리는 기간 y일
( )

[03~04] 다음 중 옳은 것에는 ○표, 옳지 않은 것에는 ×표를 하시오.

03 반비례 관계 $y=\dfrac{7}{x}$의 그래프는 $x>0$일 때 x의 값 이 증가하면 y의 값은 감소한다.
( )

04 반비례 관계 $y=-\dfrac{1}{x}$의 그래프는 제3사분면과 제 4사분면을 지난다.
( )

[05~07] 다음을 구하시오.

05 반비례 관계 $y=\dfrac{6}{x}$의 그래프가 점 $(4, a)$를 지날 때, a의 값

06 점 $(a, 3)$이 반비례 관계 $y=-\dfrac{24}{x}$의 그래프 위의 점일 때, a의 값

07 반비례 관계 $y=-\dfrac{16}{x}$의 그 래프가 오른쪽 그림과 같을 때, a의 값

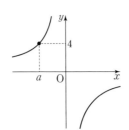

[08~09] 반비례 관계 $y=\dfrac{a}{x}$의 그래프가 다음 점을 지날 때, 상수 a의 값을 구하시오.

08 $(-3, -7)$

09 $\left(15, -\dfrac{1}{3}\right)$

10 반비례 관계 $y=\dfrac{a}{x}$의 그래 프가 오른쪽 그림과 같을 때, a, b의 값을 각각 구하 시오. (단, a는 상수)

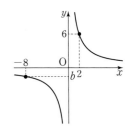

11 일정한 온도에서 기 체의 부피는 압력에 반비례한다. 오른쪽 그림은 일정한 온도 에서 압력 x기압과 어떤 기체의 부피 y mL 사이의 관계를 나타낸 그 래프이다. 다음 물음에 답하시오.

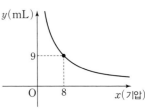

(1) x와 y 사이의 관계를 식으로 나타내시오.

(2) 이 기체의 부피가 12 mL일 때, 압력은 몇 기압 인지 구하시오.

맞힌 개수 개 /11개

1○분 연산 TEST 2회

[01~02] 다음 중 y가 x에 반비례하는 것에는 ○표, 반비례하지 않는 것에는 ×표를 하시오.

01 한 변의 길이가 x cm인 정사각형의 둘레의 길이 y cm   (   )

02 700 m인 거리를 매초 x m의 속력으로 뛰어갈 때 걸린 시간 y초   (   )

[03~04] 다음 중 옳은 것에는 ○표, 옳지 않은 것에는 ×표를 하시오.

03 반비례 관계 $y=-\dfrac{5}{x}$의 그래프는 $x<0$일 때 x의 값이 증가하면 y의 값은 감소한다.   (   )

04 반비례 관계 $y=\dfrac{2}{x}$의 그래프는 제1사분면과 제3사분면을 지난다.   (   )

[05~07] 다음을 구하시오.

05 반비례 관계 $y=-\dfrac{8}{x}$의 그래프가 점 $(-2, a)$를 지날 때, a의 값

06 점 $(a, -6)$이 반비례 관계 $y=\dfrac{12}{x}$의 그래프 위의 점일 때, a의 값

07 반비례 관계 $y=-\dfrac{15}{x}$의 그래프가 오른쪽 그림과 같을 때, a의 값

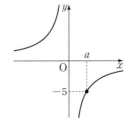

[08~09] 반비례 관계 $y=\dfrac{a}{x}$의 그래프가 다음 점을 지날 때, 상수 a의 값을 구하시오.

08 $(-2, 5)$

09 $\left(9, -\dfrac{1}{3}\right)$

[10~11] 반비례 관계 $y=\dfrac{a}{x}$의 그래프가 다음 그림과 같을 때, a, b의 값을 각각 구하시오. (단, a는 상수)

10

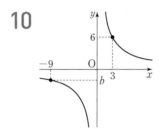

11

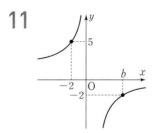

12 우유 900 mL를 x명이 y mL씩 똑같이 나누어 마실 때, 다음 물음에 답하시오.

(1) x와 y 사이의 관계를 식으로 나타내시오.

(2) 6명이 똑같이 나누어 마실 때, 한 사람이 마시는 우유의 양은 몇 mL인지 구하시오.

맞힌 개수   개／12개

2. 정비례와 반비례

(1) 두 변수 x, y에 대하여 x의 값이 2배, 3배, 4배, …로 변함에 따라 y의 값도 2배, 3배, 4배, …로 변할 때, y는 x에 [ ]한다고 한다.

(2) 정비례 관계 $y=ax$ $(a>0)$의 그래프

   ① [ ]을 지나고 오른쪽 위로 향하는 직선

   ② 제1사분면과 제[ ]사분면을 지난다.

   ③ x의 값이 증가하면 y의 값도 [ ]한다.

(3) 정비례 관계 $y=ax$ $(a<0)$의 그래프

   ① 원점을 지나고 오른쪽 [ ]로 향하는 직선

   ② 제[ ]사분면과 제4사분면을 지난다.

   ③ x의 값이 증가하면 y의 값은 [ ]한다.

(4) 두 변수 x, y에 대하여 x의 값이 2배, 3배, 4배, …로 변함에 따라 y의 값은 $\frac{1}{2}$배, $\frac{1}{3}$배, $\frac{1}{4}$배, …로 변할 때, y는 x에 [ ]한다고 한다.

(5) 반비례 관계 $y=\dfrac{a}{x}$ $(a>0)$의 그래프

   ① 제[ ]사분면과 제3사분면을 지나는 한 쌍의 매끄러운 곡선

   ② 각 사분면에서 x의 값이 증가하면 y의 값은 [ ]한다.

(6) 반비례 관계 $y=\dfrac{a}{x}$ $(a<0)$의 그래프

   ① 제2사분면과 제[ ]사분면을 지나는 한 쌍의 매끄러운 곡선

   ② 각 사분면에서 x의 값이 증가하면 y의 값도 [ ]한다.

01

다음 중 y가 x에 정비례하는 것을 모두 고르면?

(정답 2개)

① 한 개에 1200원인 초콜릿 x개의 가격 y원

② 넓이가 $200\ cm^2$인 삼각형의 밑변의 길이 $x\ cm$와 높이 $y\ cm$

③ 시속 $x\ km$로 3시간 동안 이동한 거리 $y\ km$

④ 지점토 $100\ g$을 x명에게 똑같이 나누어 줄 때, 한 사람이 받는 지점토의 무게 $y\ g$

⑤ 한 자루에 1500원인 볼펜 x자루를 구입하고 5000원을 냈을 때 거스름돈 y원

02

y가 x에 정비례하고, $x=2$일 때 $y=10$이다. $y=20$일 때, x의 값은?

① 1   ② 2   ③ 3

④ 4   ⑤ 5

03

다음 중 정비례 관계 $y=-\dfrac{3}{4}x$의 그래프에 대한 설명으로 옳지 <u>않은</u> 것을 모두 고르면? (정답 2개)

① 원점을 지나는 직선이다.

② 제1사분면과 제3사분면을 지난다.

③ 점 $(-4,\ 3)$을 지난다.

④ x의 값이 증가하면 y의 값도 증가한다.

⑤ 정비례 관계 $y=-x$의 그래프보다 x축에 더 가깝다.

04

다음 정비례 관계의 그래프 중 y축에 가장 가까운 것은?

① $y=x$ ② $y=-3x$ ③ $y=-\dfrac{x}{3}$

④ $y=\dfrac{x}{4}$ ⑤ $y=\dfrac{3}{5}x$

05

다음 **보기**에서 정비례 관계 $y=-\dfrac{3}{8}x$의 그래프 위의 점을 모두 고른 것은?

보기

  ㄱ. $(-8,\ 3)$ ㄴ. $(0,\ 0)$ ㄷ. $(3,\ -8)$

  ㄹ. $\left(4,\ \dfrac{3}{2}\right)$ ㅁ. $(8,\ -6)$ ㅂ. $\left(\dfrac{8}{3},\ -1\right)$

① ㄱ, ㄴ   ② ㄴ, ㄷ   ③ ㄷ, ㄹ

④ ㄱ, ㄴ, ㅂ   ⑤ ㄴ, ㄹ, ㅁ

● 정답 및 풀이 84쪽

06 출제율 80%

정비례 관계 $y=\dfrac{2}{5}x$의 그래프가 점 $(a, -4)$를 지날 때, a의 값은?

① -6 ② -7 ③ -8
④ -9 ⑤ -10

07

두 점 $(3, a)$, $(b, -8)$이 정비례 관계 $y=4x$의 그래프 위의 점일 때, $a+b$의 값은?

① 2 ② 4 ③ 6
④ 8 ⑤ 10

08 실수 주의

정비례 관계 $y=ax$의 그래프가 오른쪽 그림과 같을 때, $a+b$의 값은? (단, a는 상수)

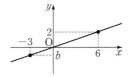

① -1 ② $-\dfrac{2}{3}$

③ $-\dfrac{1}{3}$ ④ $\dfrac{1}{3}$

⑤ $\dfrac{2}{3}$

09

민성이가 자동차를 타고 시속 $90\,\mathrm{km}$로 x시간 동안 이동한 거리를 $y\,\mathrm{km}$라 할 때, x와 y 사이의 관계를 나타낸 식과 $240\,\mathrm{km}$를 이동하는 데 걸리는 시간을 차례로 구하면?

① $y=90x$, 2시간
② $y=90x$, 2시간 20분
③ $y=90x$, 2시간 40분
④ $y=\dfrac{90}{x}$, 2시간 20분
⑤ $y=\dfrac{90}{x}$, 2시간 40분

10

다음 중 x의 값이 2배, 3배, 4배, …로 변함에 따라 y의 값은 $\dfrac{1}{2}$배, $\dfrac{1}{3}$배, $\dfrac{1}{4}$배, …로 변하는 것을 모두 고르면?

(정답 2개)

① $y=4x$ ② $y=x+1$ ③ $xy=-1$
④ $y=\dfrac{2}{x}$ ⑤ $y=\dfrac{x}{5}$

11

다음 보기에서 반비례 관계 $y=-\dfrac{12}{x}$의 그래프에 대한 설명으로 옳은 것은 모두 몇 개인가?

• 보기 •
ㄱ. 한 쌍의 매끄러운 곡선이다.
ㄴ. 점 $(-2, -6)$을 지난다.
ㄷ. 제2사분면과 제4사분면을 지난다.
ㄹ. $x<0$일 때, x의 값이 증가하면 y의 값도 증가한다.
ㅁ. $x>0$일 때, x의 값이 증가하면 y의 값은 감소한다.

① 1개   ② 2개   ③ 3개
④ 4개   ⑤ 5개

12

다음 중 그 그래프가 제2사분면과 제4사분면을 지나는 것을 모두 고르면? (정답 2개)

① $y = 3x$ ② $y = -\dfrac{1}{2}x$ ③ $y = \dfrac{3}{5}x$

④ $y = \dfrac{3}{x}$ ⑤ $y = -\dfrac{2}{x}$

13

다음 중 반비례 관계 $y = -\dfrac{36}{x}$ 의 그래프 위의 점이 <u>아닌</u> 것은?

① $(-9,\ 4)$ ② $(-6,\ 6)$ ③ $(-3,\ 12)$

④ $\left(8,\ -\dfrac{7}{2}\right)$ ⑤ $\left(10,\ -\dfrac{18}{5}\right)$

14 출제율 85%

반비례 관계 $y = \dfrac{a}{x}$ 의 그래프가 점 $(3,\ 6)$을 지날 때, 상수 a의 값은?

① 16   ② 18   ③ 20

④ 22   ⑤ 24

15

반비례 관계의 그래프가 오른쪽 그림과 같을 때, x와 y 사이의 관계를 식으로 나타내면?

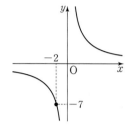

① $y = -\dfrac{14}{x}$ ② $y = -\dfrac{12}{x}$

③ $y = \dfrac{7}{x}$ ④ $y = \dfrac{12}{x}$

⑤ $y = \dfrac{14}{x}$

16

반비례 관계 $y = \dfrac{a}{x}$의 그래프가 오른쪽 그림과 같을 때, $a+b$의 값은? (단, a는 상수)

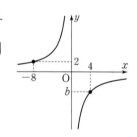

① -20 ② -16

③ -4 ④ 4

⑤ 16

17 서술형

넓이가 $48\ \text{cm}^2$인 평행사변형의 밑변의 길이를 $x\ \text{cm}$, 높이를 $y\ \text{cm}$라 하자. 높이가 $20\ \text{cm}$일 때, 밑변의 길이를 구하시오.

채점기준 1 x와 y 사이의 관계를 식으로 나타내기

채점기준 2   높이가 $20\ \text{cm}$일 때, 밑변의 길이 구하기

 **MEMO**

 MEMO

2022 개정
교육과정
2025년 중1부터 적용

모바일 빠른 정답

MATHING

수 매씽

개념
연산

중학 수학

1·1

정답및 풀이

동아출판

✓ 빠른 정답

I. 소인수분해

1. 소인수분해

01 약수와 배수 — 8쪽

01 8, 4, 2, 8   02 1, 7   03 1, 2, 5, 10

04 1, 2, 4, 8, 16   05 1, 2, 4, 7, 14, 28

06 6, 12, 18, 24, 30, 18, 30   07 4, 8, 12, 16, 20, 24, 28

08 9, 18, 27   09 11, 22   10 15, 30

02 소수와 합성수 — 9쪽

01 1, 5, 소수   02 1, 2, 3, 4, 6, 12, 합성수   03 1, 17, 소수

04 1, 5, 25, 합성수   05 소   06 합

07 소   08 합

09 2, 3, 5, 7, 11, 13, 17, 19, 23, 29, 31, 37, 41, 43, 47

10 ×   11 ○   12 ×   13 ×

03 거듭제곱으로 나타내기 (1) — 10쪽

01 2, 4   02 3, 1   03 5, 2   04 x, 3

05 6, a 06 4, 4   07 5^3 08 7^4

09 2^6 10 11^5

04 거듭제곱으로 나타내기 (2) — 11쪽

01 4, 4   02 $\left(\dfrac{1}{7}\right)^3$ 03 $\dfrac{1}{5^4}$ 04 $3^2\times7^4$

05 $2^3\times5^3$ 06 $\left(\dfrac{1}{3}\right)^2\times\left(\dfrac{2}{11}\right)^3$ 07 $\dfrac{1}{5^2\times7^2}$

08 3   09 2^4 10 10^5 11 $\left(\dfrac{1}{3}\right)^3$

12 $\left(\dfrac{2}{7}\right)^2$

05 소인수분해 하기 — 12쪽~13쪽

01 2, 2, 2, $2^3\times3$ 02 $2^2\times3^2$ 03 3×5^2 04 $2^2\times3\times7$

05 2, 3, $2^3\times3$ 06 $2^2\times7$ 07 $2\times3^2\times5$ 08 $2^2\times3^3$

09 2×3^2 10 $2^2\times5$ 11 $2\times3\times7$ 12 $2^2\times3\times5$

13 $3\times5\times7$ 14 $2^2\times3^2\times5$ 15 3, 9, 3 ❶ 3 ❷ 3

16 ❶ $16=2^4$ ❷ 2   17 ❶ $45=3^2\times5$ ❷ 3, 5

18 ❶ $78=2\times3\times13$ ❷ 2, 3, 13   19 ❶ $135=3^3\times5$ ❷ 3, 5

20 ❶ $150=2\times3\times5^2$ ❷ 2, 3, 5

06 제곱인 수 만들기 — 14쪽

01 ❶ 5 ❷ 5   02 ❶ $28=2^2\times7$ ❷ 7

03 ❶ $40=2^3\times5$ ❷ 10   04 ❶ $84=2^2\times3\times7$ ❷ 21

05 ❶ 3 ❷ 3, 6   06 ❶ $48=2^4\times3$ ❷ 3

07 ❶ $98=2\times7^2$ ❷ 2   08 ❶ $126=2\times3^2\times7$ ❷ 14

07 소인수분해를 이용하여 약수 구하기 — 15쪽~16쪽

01 14, 4, 28, 4, 7, 14

02

×	1	3	3^2
1	1	3	9
2	2	6	18
2^2	4	12	36

36의 약수 : 1, 2, 3, 4, 6, 9, 12, 18, 36

03

×	1	3	3^2	3^3
1	1	3	9	27
2	2	6	18	54

54의 약수 : 1, 2, 3, 6, 9, 18, 27, 54

04 2×3^2,

×	1	3	3^2
1	1	3	9
2	2	6	18

18의 약수 : 1, 2, 3, 6, 9, 18

05 $2^2\times3^3$,

×	1	3	3^2	3^3
1	1	3	9	27
2	2	6	18	54
2^2	4	12	36	108

108의 약수 : 1, 2, 3, 4, 6, 9, 12, 18, 27, 36, 54, 108

06 $3^3\times5$,

×	1	5
1	1	5
3	3	15
3^2	9	45
3^3	27	135

135의 약수 : 1, 3, 5, 9, 15, 27, 45, 135

07 1, 3   08 4   09 1, 1, 6   10 8

11 12   12 12   13 ❶ 3, 3 ❷ 3, 1, 8

14 ❶ $55=5\times11$ ❷ 4   15 ❶ $75=3\times5^2$ ❷ 6

16 ❶ $100=2^2\times5^2$ ❷ 9   17 ❶ $144=2^4\times3^2$ ❷ 15

18 ❶ $315=3^2\times5\times7$ ❷ 12

10분 연산 TEST 1회   17쪽

01 2, 7, 19, 29   02 21, 26, 51   03 $5^4 \times 11^2$ 04 $\dfrac{1}{3^2 \times 7^3}$

05 3^3 06 $\left(\dfrac{1}{2}\right)^4$ 07 $30 = 2 \times 3 \times 5$, 소인수 : 2, 3, 5

08 $68 = 2^2 \times 17$, 소인수 : 2, 17   09 $189 = 3^3 \times 7$, 소인수 : 3, 7

10 3

11 ❶ $225 = 3^2 \times 5^2$ ❷

×	1	5	5^2
1	1	5	25
3	3	15	75
3^2	9	45	225

    ❸ 1, 3, 5, 9, 15, 25, 45, 75, 225

12 6   13 15   14 16   15 4

16 10

10분 연산 TEST 2회   18쪽

01 3, 11, 41, 47   02 4, 20, 25, 57   03 $3^3 \times 11^2$ 04 $\dfrac{1}{2^3 \times 5^3}$

05 2^5 06 $\left(\dfrac{3}{5}\right)^3$ 07 $50 = 2 \times 5^2$, 소인수 : 2, 5

08 $99 = 3^2 \times 11$, 소인수 : 3, 11   09 $126 = 2 \times 3^2 \times 7$, 소인수 : 2, 3, 7

10 5

11 ❶ $63 = 3^2 \times 7$ ❷

×	1	7
1	1	7
3	3	21
3^2	9	63

    ❸ 1, 3, 7, 9, 21, 63

12 10   13 12   14 15   15 16

16 12

08 공약수와 최대공약수   19쪽

01 ❶ 5, 15   ❷ 1, 2, 4, 5, 10, 20   ❸ 1, 5   ❹ 5

02 ❶ 1, 2, 3, 6, 9, 18   ❷ 1, 2, 3, 4, 6, 8, 12, 24   ❸ 1, 2, 3, 6   ❹ 6

03 ❶ 1, 2, 4, 8, 16   ❷ 1, 2, 4, 8, 16, 32   ❸ 1, 2, 4, 5, 8, 10, 20, 40

    ❹ 1, 2, 4, 8   ❺ 8

04 1, 2, 4, 8, 16   05 1, 2, 11, 22   06 13, 1, ○   07 2, ×

08 1, ○

09 소인수분해를 이용하여 최대공약수 구하기   20쪽~21쪽

01 5, 10   02 6   03 14   04 3

05 3, 3^2, 2^2, 3, 12   06 $3^2 \times 7$, $2^3 \times 3^2$, 9

07 $2 \times 3^2 \times 7$, $2^2 \times 3^2 \times 5$, 18   08 $2 \times 3 \times 7$, $2^3 \times 7$, $2^2 \times 3 \times 7$, 14

09 $2^2 \times 3 \times 5$, $2^5 \times 3$, $2^4 \times 3^2$, 12   10 2×3 11 3×5

12 $2 \times 3^2 \times 7$ 13 2^2 14 $2^3 \times 5^2$ 15 3^2

16 6   17 12   18 27   19 4

20 8   21 12

10 공배수와 최소공배수   22쪽

01 ❶ 24, 30, 36   ❷ 9, 18, 27, 36, …   ❸ 18, 36, …   ❹ 18

02 ❶ 8, 16, 24, 32, 40, 48, …   ❷ 12, 24, 36, 48, …   ❸ 24, 48, …

    ❹ 24

03 ❶ 10, 20, 30, 40, 50, 60, …   ❷ 15, 30, 45, 60, 75, 90, …

    ❸ 20, 40, 60, 80, 100, 120, …   ❹ 60, 120, …   ❺ 60

04 16 / ❶ 6   ❷ 6   ❸ 16   05 8   06 4

07 2

11 소인수분해를 이용하여 최소공배수 구하기   23쪽~24쪽

01 3, 7, 84   02 280   03 270   04 504

05 5, 5, 3, 5, 60   06 $2^3 \times 3$, $2^2 \times 3^2$, 72

07 $3^2 \times 7$, $2^2 \times 3 \times 7$, 252   08 2×3^2, $2^2 \times 5$, $2 \times 3 \times 5$, 180

09 3×7, 5×7, $2 \times 5 \times 7$, 210   10 $2^4 \times 3^2$

11 $2^2 \times 3^2 \times 5^3$ 12 $2^3 \times 3 \times 5^3 \times 7 \times 11^2$ 13 $2^2 \times 3^3 \times 5^3$

14 $2^2 \times 3 \times 5^3 \times 7^2$ 15 $2 \times 3 \times 5^2 \times 7^2$ 16 112   17 120

18 225   19 160   20 252   21 630

12 최대공약수와 최소공배수가 주어질 때, 지수 구하기   25쪽

01 2, 3, 1, 1   02 $a=1$, $b=3$ 03 $a=2$, $b=2$ 04 $a=1$, $b=3$

05 2^3, 3^2, 2, 3   06 $a=3$, $b=2$ 07 $a=4$, $b=4$ 08 $a=2$, $b=2$

13 어떤 자연수로 나누기, 어떤 자연수를 나누기   26쪽

01 12 / ❶ 2   ❷ 1   ❸ 84, 36, 12   02 6   03 14

04 22 / ❶ 4   ❷ 4   ❸ 4, 18, 22   05 48   06 65

14 두 분수를 자연수로 만들기 27쪽

01 4 / ❶ 12 ❷ 16 ❸ 16, 4　　02 8　　03 7

04 30 / ❶ 10 ❷ 15 ❸ 10, 30　　05 36　　06 72

07 $\frac{42}{5}$ / ❶ 21 ❷ 35 ❸ 35, 21, 42, 5　　08 $\frac{63}{2}$

10분 연산 TEST 1회 28쪽~29쪽

01 1, 2, 3, 4, 6, 12　　02 1, 3, 5, 15

03 1, 2, 4, 8, 16, 32　　04 ○　　05 ×

06 ○　　07 ×　　08 $2×3$　　09 $2×3^2×5^3$

10 $2×3×7$　　11 10　　12 6　　13 15

14 4, 8, 12　　15 9, 18, 27　　16 13, 26, 39　　17 $2^3×3^2×5$

18 $2^2×3^4×5^2$　　19 $2^2×3^3×5^2×7$　　20 210

21 216　　22 360　　23 $a=1, b=2$　　24 $a=3, b=4$

25 4, 5　　26 18　　27 2, 2, 2　　28 110

29 12　　30 105　　31 $\frac{30}{7}$

10분 연산 TEST 2회 30쪽~31쪽

01 1, 2, 7, 14　　02 1, 3, 9, 27　　03 1, 3, 5, 9, 15, 45

04 ×　　05 ○　　06 ×　　07 ○

08 $2^2×5$　　09 $2×3^3×5$　　10 $2×7$　　11 8

12 20　　13 6　　14 5, 10, 15　　15 11, 22, 33

16 18, 36, 54　　17 $2^2×3^3$　　18 $2^2×3^2×5^3$　　19 $2^3×5^2×7^2$

20 72　　21 126　　22 84　　23 $a=2, b=1$

24 $a=1, b=3$　　25 8　　26 6　　27 51

28 31　　29 6　　30 70　　31 $\frac{24}{5}$

학교 시험 PREVIEW 32쪽~33쪽

스스로 개념 점검

(1) 소수　　(2) 합성수　　(3) 거듭제곱, 밑, 지수

(4) 소인수　　(5) 소인수분해　　(6) 서로소

01 ①　　02 ①, ④　　03 ⑤　　04 ④

05 ⑤　　06 ④　　07 ③　　08 ③

09 ③, ④　　10 ③　　11 ③　　12 5

Ⅱ. 정수와 유리수

1. 정수와 유리수

01 분수와 소수 37쪽

01 0.3　　02 $\frac{9}{10}$　　03 0.21　　04 $\frac{37}{100}$

05 2　　06 3　　07 1　　08 7

09 $\frac{2}{3}$　　10 $\frac{4}{7}$　　11 $\frac{4}{12}, \frac{3}{12}$ / 4, 3

12 $\frac{3}{10}, \frac{4}{10}$　　13 $\frac{3}{12}, \frac{14}{12}$　　14 $\frac{3}{18}, \frac{10}{18}$　　15 $\frac{9}{33}, \frac{22}{33}$

16 $\frac{25}{120}, \frac{9}{120}$

02 양수와 음수 38쪽

01 −2000원　　02 −1시간　　03 +12 ℃　　04 −130 m

05 +5점　　06 −13명　　07 +3, 양　　08 −7, 음

09 $+\frac{4}{5}$, 양　　10 $-\frac{3}{8}$, 음　　11 +1.2, 양　　12 −3.5, 음

03 정수와 유리수 39쪽

01 $+3, 10, \frac{8}{2}$　　02 −8　　03 $-8, +3, 0, 10, \frac{8}{2}$

04 $+3, 2.5, 10, +\frac{7}{3}, \frac{8}{2}$　　05 $-8, -\frac{5}{4}$

06 $2.5, -\frac{5}{4}, +\frac{7}{3}$　　07 0　　08 ○

09 ○　　10 ×　　11 ○　　12 ○

13 ×　　14 ○

04 수직선 40쪽~41쪽

01 −3, +2　　02 −1, +4　　03 3, 4　　04 $-\frac{4}{3}, +\frac{3}{4}$

05 $-\frac{7}{2}, +\frac{5}{3}$

06

07

08 $\frac{1}{2},$

09

10

11

12

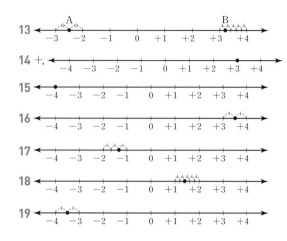

13
14 +,
15
16
17
18
19

10분 연산 TEST 1회 42쪽

01 $+4\,^{\circ}C$, $-9\,^{\circ}C$ 02 $+5000$원, -3000원

03 -15분, $+20$분 04 $+5$층, -2층 05 $+5$

06 -3 07 $+\dfrac{1}{2}$ 08 -2.5 09 $+\dfrac{9}{3}$, $+9$

10 -5, $-\dfrac{16}{4}$ 11 $+\dfrac{9}{3}$, -5, 0, $+9$, $-\dfrac{16}{4}$ 12 3

13 2 14 6

15 A : -3, B : $-\dfrac{3}{2}$, C : $+\dfrac{1}{2}$, D : $+2$

16 A : $-\dfrac{7}{3}$, B : -1, C : $+\dfrac{1}{3}$, D : $+\dfrac{4}{3}$

17

18

10분 연산 TEST 2회 43쪽

01 $+6$점, -1점 02 -2000원, $+1000$원

03 $-2\,kg$, $+3\,kg$ 04 $+1000\,m$, $-500\,m$

05 $+4$ 06 -9 07 $+\dfrac{1}{3}$ 08 -3.7

09 $+\dfrac{4}{2}$, $+7$, $\dfrac{10}{2}$, 8 10 -6, $-\dfrac{12}{3}$

11 $+\dfrac{4}{2}$, 0, $+7$, $\dfrac{10}{2}$, -6, $-\dfrac{12}{3}$, 8

12 4 13 2 14 6

15 A : -2, B : $-\dfrac{1}{2}$, C : $+\dfrac{3}{2}$, D : $+3$

16 A : $-\dfrac{4}{3}$, B : 0, C : $+\dfrac{5}{3}$, D : $+\dfrac{5}{2}$

17

18

05 절댓값 44쪽~45쪽

01 5, 5, 5, 5 02 $\dfrac{5}{3}$, $\dfrac{5}{3}$, $\dfrac{5}{3}$, $\dfrac{5}{3}$ 03 (1) 4 (2) 7 04 $\left|+\dfrac{8}{3}\right|=\dfrac{8}{3}$

05 $\left|-\dfrac{3}{4}\right|=\dfrac{3}{4}$ 06 $|+2.6|=2.6$ 07 $|-0.3|=0.3$ 08 6

09 10 10 $\dfrac{4}{5}$ 11 $\dfrac{7}{12}$ 12 0.9

13 2.1 14 -4, $+4$, $+4$, -4

15 $-\dfrac{4}{3}$, $+\dfrac{4}{3}$, $+\dfrac{4}{3}$, $-\dfrac{4}{3}$ 16 $+7$, -7 17 0

18 $+3.7$, -3.7 19 $+\dfrac{2}{5}$, $-\dfrac{2}{5}$ 20 $-\dfrac{7}{3}$ 21 $+5.3$

22 $+6$, -6 23 $+5$, -5 / -5, $+5$, 5, -5

24 $+4$, -4 25 $+6$, -6 26 $+13$, -13 27 ×

28 × 29 ○ 30 ×

06 정수와 유리수의 대소 관계 46쪽

01 > 02 < 03 < 04 >
05 < 06 < 07 > 08 <
09 15, 16, < 10 14, 13, > 11 < 12 <
13 > 14 8, 9, > 15 8, 7, <

07 부등호의 사용 47쪽

01 ≥ 02 < 03 ≥ 04 ≤, <
05 ≤, ≤ 06 $x\le5$ 07 $x>-4$ 08 $x\le0$
09 $\dfrac{1}{2}<x\le8$ 10 $-\dfrac{2}{3}<x<2.4$ 11 2, 3, 4
12 -2, -1, 0, 1 13 -2, -1 14 -2, -1, 0, 1 15 -1, 0, 1, 2, 3

10분 연산 TEST 1회 48쪽

01 9 02 13 03 $\dfrac{5}{7}$ 04 2.4
05 $+3$, -3 06 0 07 $-\dfrac{3}{5}$ 08 $a=-7$, $b=7$
09 8 10 0, $\dfrac{1}{2}$, -0.7, 1.5, 4
11 $-\dfrac{5}{3}$, -2, 2.4, $\dfrac{13}{4}$, $-\dfrac{7}{2}$ 12 > 13 <
14 > 15 > 16 < 17 >
18 $x\ge\dfrac{2}{5}$ 19 $3<x<10$ 20 $x\le-5$ 21 $-6<x\le5$
22 -1, 0, 1, 2 23 -1, 0, 1 24 -1, 0, 1, 2, 3, 4

10분 연산 TEST 2회 · 49쪽

01 7 　　02 11 　　03 $\frac{2}{5}$ 　　04 3.4

05 +8, −8 　　06 +6 　　07 $-\frac{5}{2}$

08 $a=-10$, $b=10$ 　　09 10

10 0, $\frac{1}{3}$, −0.8, 2, −2.5 　　11 0.5, 1, $\frac{5}{4}$, $-\frac{3}{2}$, −3

12 < 　　13 > 　　14 > 　　15 <

16 > 　　17 > 　　18 $x>\frac{4}{3}$ 　　19 $-3\le x\le 0$

20 $x>-7$ 　　21 $-5\le x<2$ 　　22 −3, −2, −1 　　23 −4, −3, −2

24 0, 1, 2, 3

학교 시험 PREVIEW · 50쪽~51쪽

스스로 개념 점검

(1) 양수, 음수 　　(2) 자연수, 0 　　(3) 수직선 　　(4) 절댓값

01 ④ 　　02 ③ 　　03 ②, ③ 　　04 ③

05 ⑤ 　　06 ④ 　　07 ④ 　　08 ③

09 ③ 　　10 ② 　　11 ④

12 (1) −4, 0, 3, −2 　　(2) −4, $-\frac{2}{5}$, −2 　　(3) −4

2. 정수와 유리수의 계산

01 분수와 소수의 덧셈과 뺄셈 · 54쪽

01 2, 1, 3 　　02 $\frac{5}{7}$ 　　03 $\frac{1}{2}$ 　　04 $\frac{3}{13}$

05 3, 4, 7 　　06 $\frac{29}{35}$ 　　07 $\frac{13}{40}$ 　　08 $\frac{17}{42}$

09 0.47 　　10 5.73 　　11 4.25 　　12 0.34

13 0.78 　　14 3.78

02 부호가 같은 두 수의 덧셈 · 55쪽

01 +7 　　02 −6, −8 　　03 +, +10 　　04 −17

05 $-\frac{7}{4}$ 　　06 14, +, 14, $+\frac{17}{10}$ 　　07 $-\frac{8}{3}$

08 +3.7 　　09 −5.1 　　10 2, 6, $+\frac{16}{15}$ 　　11 $-\frac{17}{4}$

03 부호가 다른 두 수의 덧셈 · 56쪽~57쪽

01 +4 　　02 −5, −1 　　03 −3 　　04 +7, +5

05 +, +3 　　06 −8 　　07 −7 　　08 +4

09 $-\frac{1}{5}$ 　　10 $+\frac{5}{2}$ 　　11 $+\frac{3}{2}$ 　　12 20, 6, $-\frac{14}{15}$

13 $-\frac{1}{6}$ 　　14 $-\frac{9}{4}$ 　　15 $-\frac{5}{9}$ 　　16 $+\frac{11}{12}$

17 +1.5 　　18 −0.5 　　19 7, 7, $-\frac{2}{5}$ 　　20 $+\frac{5}{6}$

04 덧셈의 계산 법칙 · 58쪽

01 +7, +7, +11, +2, 덧셈의 교환법칙, 덧셈의 결합법칙

02 −3, −3, −9, −1, 덧셈의 교환법칙, 덧셈의 결합법칙

03 $+\frac{5}{8}$, $+\frac{5}{8}$, +1, $+\frac{3}{4}$, 덧셈의 교환법칙, 덧셈의 결합법칙

04 −3 　　05 +4 　　06 +0.6 　　07 $-\frac{3}{2}$

08 $+\frac{1}{3}$

05 두 수의 뺄셈 · 59쪽~60쪽

01 9, −5 　　02 +9 　　03 −17 　　04 −23

05 +2.2 　　06 −6.8 　　07 6, 6, 6, $-\frac{10}{9}$ 　　08 $+\frac{3}{4}$

09 $-\frac{29}{12}$ 　　10 $+\frac{1}{5}$ 　　11 4, +16 　　12 −4

13 −5 　　14 +20 　　15 +4.1 　　16 −1.5

17 9, 9, 9, $+\frac{19}{12}$ 　　18 $-\frac{5}{3}$ 　　19 $+\frac{3}{2}$ 　　20 $-\frac{4}{21}$

21 $+\frac{13}{10}$ 　　22 −1

06 덧셈과 뺄셈의 혼합 계산 · 61쪽~62쪽

01 −7, −7, −7, −11, −9 　　02 −7 　　03 +2

04 −13 　　05 +7 　　06 +4 　　07 −17

08 +1 　　09 −2 　　10 +4

11 −1.2, −3.5, +0.4 　　12 −1.5 　　13 +2.8

14 +2 　　15 $-\frac{3}{8}$, $-\frac{3}{8}$, $-\frac{5}{4}$, −1 　　16 $+\frac{2}{3}$

17 $-\frac{1}{2}$, $-\frac{4}{8}$, 5, $+\frac{1}{8}$ 　　18 $+\frac{3}{2}$ 　　19 $-\frac{1}{3}$

20 0 　　21 $+\frac{3}{20}$ 　　22 $+\frac{1}{5}$

07 부호가 생략된 수의 덧셈과 뺄셈   63쪽~64쪽

01 $-3, -3, -12, -4$ 02 -5 03 -4

04 -15 05 1 06 -2 07 1

08 3 09 4 10 -11 11 -8

12 $+2.1, +2.1, +11.3, 7.8$ 13 -1.3 14 -4

15 0.2 16 -2 17 $-\dfrac{4}{5}, -\dfrac{4}{5}, -\dfrac{4}{5}, -\dfrac{6}{5}$

18 1 19 -2 20 $+\dfrac{2}{3}, +\dfrac{8}{12}, +\dfrac{8}{12}, +\dfrac{8}{12}, -\dfrac{1}{6}$

21 $\dfrac{1}{30}$ 22 $\dfrac{4}{3}$ 23 $-\dfrac{9}{20}$ 24 4

08 어떤 수보다 ~만큼 큰 수, 작은 수 구하기   65쪽

01 $-2, 5$ 02 5 03 -9 04 $\dfrac{1}{6}$

05 $-\dfrac{7}{12}$ 06 $4, -14$ 07 19 08 -18

09 $-\dfrac{15}{2}$ 10 $\dfrac{13}{20}$

10분 연산 TEST 1회   66쪽

01 -19 02 5.1 03 $-\dfrac{28}{15}$ 04 4

05 1.2 06 $-\dfrac{13}{28}$ 07 -10 08 7

09 $\dfrac{2}{7}$ 10 -21 11 -4 12 1.2

13 $\dfrac{33}{20}$ 14 9 15 -3.4 16 $\dfrac{1}{3}$

17 -5 18 $\dfrac{2}{3}$

10분 연산 TEST 2회   67쪽

01 17 02 -4.2 03 $-\dfrac{17}{8}$ 04 -8

05 2.2 06 $\dfrac{5}{12}$ 07 -1 08 0.8

09 $\dfrac{2}{3}$ 10 6 11 9 12 -1.3

13 $-\dfrac{37}{15}$ 14 -4 15 2 16 3

17 -7 18 $\dfrac{3}{4}$

09 부호가 같은 두 수의 곱셈   68쪽

01 $2, +14$ 02 $+27$ 03 $+32$ 04 $+30$

05 $+39$ 06 $+12$ 07 $+0.9$ 08 $+9$

09 $\dfrac{4}{5}, +\dfrac{8}{3}$ 10 $+\dfrac{3}{2}$ 11 $+\dfrac{4}{5}$ 12 0

10 부호가 다른 두 수의 곱셈   69쪽

01 $7, -35$ 02 -44 03 -24 04 -30

05 -96 06 -28 07 -0.48 08 -3

09 $\dfrac{9}{5}, -\dfrac{3}{5}$ 10 $-\dfrac{10}{11}$ 11 $-\dfrac{2}{15}$ 12 0

11 곱셈의 계산 법칙   70쪽

01 $+5, +5, +10, -130$, 곱셈의 교환법칙, 곱셈의 결합법칙

02 $-\dfrac{5}{3}, -\dfrac{5}{3}, +2, +8$, 곱셈의 교환법칙, 곱셈의 결합법칙

03 $-\dfrac{8}{3}, -\dfrac{8}{3}, -6, +\dfrac{6}{5}$, 곱셈의 교환법칙, 곱셈의 결합법칙

04 $+340$ 05 -3 06 $+30$ 07 $-\dfrac{8}{5}$

12 세 수 이상의 곱셈   71쪽

01 $+, +72$ 02 -56 03 $+96$ 04 -84

05 $+160$ 06 -90 07 $+\dfrac{2}{15}$ 08 $-\dfrac{3}{14}$

09 $-\dfrac{8}{9}$ 10 $+\dfrac{10}{7}$

13 거듭제곱의 계산   72쪽

01 (1) $+9$ (2) -9 02 (1) -64 (2) -64

03 -125 04 (1) $+1$ (2) -1 05 $+\dfrac{1}{16}$

06 $+\dfrac{1}{27}$ 07 $-8, +24$ 08 -25 09 $+54$

10 -2 11 $+20$

01 5, 70, 1470　02 480　03 −23　04 25, 50, 2450
05 −2163　06 5　07 13, 13, 130　08 64
09 −20　10 21, 21, 2100　11 −72　12 3

10분 연산 TEST 1회　　　　　　　　74쪽

01 28　02 24　03 −40　04 −54
05 0.9　06 $\dfrac{3}{2}$　07 −6　08 $-\dfrac{4}{25}$
09 (가) 곱셈의 교환법칙　(나) 곱셈의 결합법칙　10 64
11 −90　12 $-\dfrac{9}{7}$　13 $\dfrac{15}{8}$　14 −81
15 $-\dfrac{9}{2}$　16 $\dfrac{12}{5}$　17 760　18 −23
19 3600　20 10

10분 연산 TEST 2회　　　　　　　　75쪽

01 8　02 15　03 −30　04 −24
05 −0.39　06 2　07 $\dfrac{15}{4}$　08 $-\dfrac{2}{9}$
09 (가) 곱셈의 교환법칙　(나) 곱셈의 결합법칙　10 −54
11 60　12 $\dfrac{4}{5}$　13 $-\dfrac{20}{3}$　14 −81
15 $-\dfrac{9}{25}$　16 $\dfrac{16}{7}$　17 −1428　18 19
19 1200　20 −6

15 두 수의 나눗셈　　　　　　　　　76쪽

01 6, +4　02 +5　03 +3　04 +12
05 +0.8　06 48, −6　07 −13　08 −9
09 −7　10 −3

16 역수를 이용한 나눗셈　　　　　77쪽~78쪽

01 $\dfrac{3}{8}$, $\dfrac{3}{8}$　02 $-\dfrac{4}{7}$, $-\dfrac{4}{7}$　03 $\dfrac{1}{5}$, $\dfrac{1}{5}$　04 $\dfrac{10}{3}$, $\dfrac{10}{3}$
05 $\dfrac{9}{2}$　06 $-\dfrac{11}{2}$　07 $-\dfrac{1}{6}$　08 $\dfrac{5}{8}$
09 $+\dfrac{5}{2}$, $\dfrac{5}{2}$, −20　10 +6　11 $+\dfrac{1}{8}$
12 $-\dfrac{5}{3}$　13 $-\dfrac{3}{2}$　14 +8
15 $-\dfrac{5}{9}$, $\dfrac{5}{9}$, $+\dfrac{20}{3}$　16 $+\dfrac{3}{2}$　17 $-\dfrac{1}{10}$
18 $+\dfrac{4}{5}$　19 −6　20 $+\dfrac{7}{4}$

01 3, 16　02 −10　03 $-\dfrac{2}{5}$　04 −3
05 45　06 −8, −24, −28　07 4
08 6　09 −7　10 −70　11 7
12 −17　13 −8　14 −32　15 5
16 4　17 14　18 12　19 15
20 −5　21 −17　22 −4

10분 연산 TEST 1회　　　　　　　　81쪽

01 5　02 −7　03 −1.2　04 0.8
05 $\dfrac{1}{3}$　06 $-\dfrac{7}{6}$　07 $\dfrac{2}{5}$　08 $\dfrac{3}{7}$
09 $-\dfrac{15}{8}$　10 −6　11 $\dfrac{7}{2}$　12 2
13 $-\dfrac{6}{5}$　14 −1　15 32　16 −5
17 −22　18 23　19 4

10분 연산 TEST 2회　　　　　　　　82쪽

01 0　02 −9　03 −8　04 2
05 $-\dfrac{1}{4}$　06 $\dfrac{9}{14}$　07 $\dfrac{5}{16}$　08 21
09 $-\dfrac{5}{8}$　10 $\dfrac{27}{20}$　11 $\dfrac{7}{6}$　12 $-\dfrac{9}{5}$
13 −4　14 30　15 −37　16 2
17 −13　18 4　19 $\dfrac{17}{12}$

학교 시험 PREVIEW　　　　　　83쪽~85쪽

소소로 개념 점검
(1) 공통, 큰　(2) ① 교환법칙　② 결합법칙　(3) 부호
(4) 양, 음　(5) ① 교환법칙　② 결합법칙　(6) 분배법칙
(7) 양, 음　(8) 역수

01 ③　02 ③　03 ①　04 ④
05 ③　06 ②　07 ⑤　08 ①
09 ④　10 ②　11 ④　12 ②
13 ④　14 ③　15 ⑤
16 (1) ㉢, ㉣, ㉡, ㉠　(2) $\dfrac{7}{2}$

Ⅲ. 문자의 사용과 식

1. 문자의 사용과 식

01 문자를 사용한 식   89쪽

01 a 02 $90 \times x$ 03 $x \times 5 + y \times 7$

04 $10000 - 2000 \times a$ 05 $7000 - x \times 3$ 06 $a \div 12$

07 $3 \times x$ 08 $28 - x$ 09 $x + 3$ 10 $a - 17$

02 곱셈 기호의 생략   90쪽

01 $3a$ 02 $-2x$ 03 $\dfrac{1}{5}a$ 04 $-y$

05 $-0.01a$ 06 xyz 07 lmn 08 a^4

09 x^2y^3 10 $\dfrac{2}{3}(a-b)$ 11 $-3a(5x-2)$ 12 $\dfrac{1}{3}xy^2$

13 $-5a^2b^2$ 14 $-\dfrac{3}{4}x^3y$ 15 a^2 16 $-x-4y$

17 $8 + 5a^2$ 18 $2x^2 - 7y$ 19 $-5(a+b)+6c$

03 나눗셈 기호의 생략   91쪽~92쪽

01 $2, -\dfrac{1}{2}x$ 02 $\dfrac{b}{8}$ 03 $-\dfrac{7}{a}$ 04 $-5y$

05 $\dfrac{3a}{2b}$ 06 $\dfrac{x+y}{3}$ 07 $\dfrac{1}{2x-y}$ 08 $\dfrac{a}{b+c}$

09 $b, 1, \dfrac{a}{bc}$ 10 $-\dfrac{1}{xy}$ 11 $\dfrac{a-b}{ab}$ 12 $\dfrac{ab}{c}$

13 xyz 14 $\dfrac{4}{x(y-2)}$ 15 $-7x + \dfrac{10}{y}$ 16 $\dfrac{a}{5} - \dfrac{b+c}{3}$

17 (1) xy, xy (2) $\dfrac{a}{b}, \dfrac{ac}{b}$ 18 $-\dfrac{ab}{5}$ 19 $-\dfrac{xy}{7}$

20 $\dfrac{3(x+2y)}{4}$ 21 $-\dfrac{ab}{2}$ 22 $\dfrac{7y}{x+3}$ 23 $5a - \dfrac{b}{c}$

24 $-\dfrac{x}{6} + 8y$ 25 $m^2 - \dfrac{m}{7}$ 26 $xy + \dfrac{y}{x-1}$ 27 $\dfrac{b}{c}, \dfrac{ab}{c}$

28 $\dfrac{a}{bc}$ 29 $\dfrac{xy}{z}$ 30 $\dfrac{xz}{y}$ 31 $\dfrac{ab}{c}$

32 $6 \times x \times y$ 33 $(-1) \times a \times a \times b$

34 $(-2) \times x \times (a+b)$ 35 $b \div 7$ 36 $5 \div x \div y$

37 $(x-y) \div 3$

04 문자를 사용한 식으로 나타내기 (1)   93쪽

01 $4a, 3b$ 02 $xy + 2$ 03 $x, y, 10x+y$

04 $100a + 10b + 5$ 05 $a, b, \dfrac{1}{2}ab$ 06 $2(x+4)$

07 a^2 08 $\dfrac{5}{2}(x+8)$

05 문자를 사용한 식으로 나타내기 (2)   94쪽

01 $75, x, 75x$ 02 $2a$ 03 $\dfrac{45}{x}$ 04 $\dfrac{a}{3}$

05 $\dfrac{10}{y}$ 06 $\dfrac{x}{80}$ 07 $x, 50, 2x$ 08 $\dfrac{x}{2}$

09 $4x$ 10 $7, 7x$ 11 $20a$ 12 $5000 - 50x$

06 식의 값   95쪽~96쪽

01 $3, 14$ 02 16 03 3 04 8

05 $-2, 2$ 06 10 07 10 08 -8

09 6 10 -4 11 8 12 -5

13 12 14 8 15 -11 16 0

17 $\dfrac{1}{2}, 2, 16$ 18 $-\dfrac{5}{3}$ 19 3 20 8

21 5 22 -10 23 18 24 19

25 $90x$ km   26 180 km   27 $(2a+3b)$원   28 9000원

29 $\dfrac{1}{2}xy$ cm²   30 20 cm²

10분 연산 TEST 1회   97쪽

01 $-x^2$ 02 $0.1ab$ 03 $-\dfrac{1}{3}a^2b$ 04 $2a-4b$

05 $-a+5b^2$ 06 $\dfrac{a}{5}$ 07 $\dfrac{x-4}{y}$ 08 $-\dfrac{a}{7b}$

09 $\dfrac{xy}{z}$ 10 $\dfrac{ab}{4}$ 11 $\dfrac{ab}{c}$ 12 $\dfrac{x}{yz}$

13 $\dfrac{3}{x} - 5y$ 14 $(5000-8a)$원   15 $3x$ cm

16 $\dfrac{x}{20}$ 시간   17 2 18 3 19 3

20 -15 21 $\dfrac{1}{2}(4+x)y$ cm²   22 21 cm²

10분 연산 TEST 2회   98쪽

01 $-4a^2$ 02 $-0.1xy$ 03 $\dfrac{1}{2}a^2b^2$ 04 $3x + \dfrac{2}{5}y$

05 $2a^2 - a(b-1)$ 06 $-\dfrac{5}{x}$ 07 $\dfrac{a}{b-3}$ 08 $-\dfrac{6x}{y}$

09 $\dfrac{9a}{8b}$ 10 $-\dfrac{xy}{z}$ 11 $3ab$ 12 $\dfrac{ac}{b}$

13 $-x^2 + \dfrac{7}{y}$ 14 $(13-a)$세   15 $(1200x+900y)$원

16 $70x$ km   17 4 18 5 19 14

20 42 21 ah cm²   22 20 cm²

07 다항식
99쪽

01 $-5y$ (1) $2x$, $-5y$, 7 (2) 7 (3) 2 (4) -5

02 (1) $-3x$, y, -8 (2) -8 (3) -3 (4) 1

03 (1) $\frac{2}{5}x$, $\frac{y}{3}$, $-\frac{1}{2}$ (2) $-\frac{1}{2}$ (3) $\frac{2}{5}$ (4) $\frac{1}{3}$

04 (1) $-\frac{a}{4}$, $7b$ (2) 0 (3) $-\frac{1}{4}$ (4) 7

05 (1) x^2, $-6x$, 4 (2) 4 (3) 1 (4) -6 **06** ×

07 ○   **08** ×   **09** ○   **10** ×

11 ○

08 차수와 일차식
100쪽

01 1, 일차식이다   **02** 2, 일차식이 아니다

03 1, 일차식이다   **04** 3, 일차식이 아니다

05 1, 일차식이다   **06** 0, 일차식이 아니다

07 ○   **08** ×   **09** ○   **10** ×

11 ○   **12** ○   **13** ×

09 단항식과 수의 곱셈, 나눗셈
101쪽

01 (1) 3, $21x$ (2) -1, $-5x$ **02** $3x$ **03** $-14x$

04 $12a$ **05** $-9x$ **06** $-6x$ **07** $6y$

08 (1) $\frac{1}{3}$, $\frac{1}{3}$, $5x$ (2) $-\frac{7}{3}$, $-\frac{7}{3}$, $-28x$ **09** $8a$

10 $-5y$ **11** $8x$ **12** $-\frac{8}{5}b$ **13** $\frac{3}{2}x$

10 일차식과 수의 곱셈
102쪽

01 3, 3, $3x-6$ **02** $10a+6$ **03** $-24x+8$ **04** $-4x+5$

05 $-3x-21$ **06** $4y-6$ **07** $-3b-\frac{2}{5}$ **08** $-\frac{1}{2}x+\frac{2}{3}$

09 -3, -3, $-9x+15$ **10** $14x-2$ **11** $20a-5$

12 $2x-3$ **13** $-3x-5$ **14** $-8a+\frac{4}{3}$ **15** $-4y+3$

16 $-\frac{10}{3}x+1$

11 일차식과 수의 나눗셈
103쪽

01 $\frac{1}{4}$, $\frac{1}{4}$, $\frac{1}{4}$, $3x-2$ **02** $3-5y$ **03** $-2x-3$

04 $-\frac{2}{5}x+3$ **05** $6x-21$ **06** $-20a+10$ **07** $3x+12$

08 $-12x-8$ **09** $-25x+20$ **10** $-5y-15$ **11** $14a-21$

12 $-10x+3$

10분 연산 TEST 1회
104쪽

01 $-\frac{4}{7}$ **02** $-\frac{2}{3}$ **03** $\frac{1}{5}$ **04** ○

05 ×   **06** ×   **07** ○   **08** ㄱ, ㄴ, ㅁ

09 $6x$ **10** $-36a$ **11** $-\frac{3}{4}x$ **12** $-x$

13 $-\frac{5}{3}x$ **14** $3x$ **15** $-30x$ **16** $\frac{1}{2}x$

17 $-2x+5$ **18** $2x-y$ **19** $-3x+21$ **20** $-3x+\frac{1}{2}$

21 $x+4$ **22** $-6x-27y$ **23** $-6y+9$

10분 연산 TEST 2회
105쪽

01 3 **02** -1 **03** 6 **04** ×

05 ○   **06** ○   **07** ×   **08** ㄱ, ㄴ, ㄷ, ㅂ

09 $15x$ **10** $-24y$ **11** $-16a$ **12** $-\frac{1}{2}x$

13 $5x$ **14** $-3y$ **15** $-10y$ **16** $\frac{1}{5}a$

17 $15x-6$ **18** $-4y+3$ **19** $-2a-8b$ **20** $-4b+7$

21 $-3x+1$ **22** $4x-10y$ **23** $-4a+\frac{3}{5}$

12 동류항
106쪽~107쪽

01 ○   **02** ×   **03** ×   **04** ○

05 3과 2, $2x$와 $-5x$ **06** $5a$와 $-\frac{1}{2}a$, b와 $-3b$

07 $2y$와 $-3y$, $-\frac{2}{3}x$와 x, 4와 $-\frac{1}{3}$

08 (1) 2, $7a$ (2) 4, $3x$ **09** $6y$ **10** $-9b$

11 $-\frac{1}{3}x$ **12** $\frac{3}{4}y$ **13** $-\frac{5}{6}x$ **14** 6, a

15 $8x$ **16** $9a$ **17** $-9b$ **18** $-3x$

19 $-y$ **20** $-\frac{1}{6}a$ **21** $-\frac{5}{4}b$ **22** 2, 3, $3a+10$

23 $10x+15$ **24** $-7x+7$ **25** $-10a-11$ **26** $\frac{5}{2}x+\frac{3}{2}$

27 $2x-2y$ **28** $-2b+\frac{7}{2}$ **29** $\frac{7}{6}a-\frac{5}{4}b$

13 일차식의 덧셈과 뺄셈
108쪽~109쪽

01 2, 5, 5, 9 **02** $8x-2$ **03** $-2y$ **04** -4

05 $-2x+2$ **06** $\frac{3}{5}x+\frac{2}{3}$ **07** $2b-1$ **08** 6, 4, -3, 9

09 $-3x-5$ **10** $-8x+7$ **11** $11y-2$ **12** -4

13 $-x-1$ **14** $b+2$ **15** 8, 5 **16** $11x-8$

17 $10a+1$ **18** $5y+4$ **19** $-9x+42$ **20** $2y-25$

21 $-9a+35$ **22** $6x+4$ **23** $2y-11$ **24** 2, 6, 2, 2, 3, 6

25 $-5x+8$ **26** $7a+6$ **27** $26x-14$ **28** $x+2$

29 $3x-4$ **30** $3x+2$

⑭ 분수 꼴인 일차식의 덧셈과 뺄셈　110쪽

01 2, 6, 2, 7, 1, 7, 1　　　02 $\frac{11}{10}x+\frac{19}{10}$　03 $\frac{16}{15}y-\frac{2}{3}$

04 $\frac{5}{6}x-\frac{13}{12}$　05 $\frac{2}{3}a-\frac{7}{4}$　06 5, 5, 15, 3, 3, 3, 3

07 $-\frac{1}{6}x-\frac{11}{6}$　08 $-\frac{7}{15}y-\frac{9}{5}$　09 $\frac{5}{12}x+\frac{13}{6}$　10 $-\frac{11}{12}a-\frac{1}{4}$

⑮ 어떤 식 구하기　111쪽

01 2, 3, 7, 3, 4, 4　02 $-3x+6$　03 $7a+4$　　04 $9x-3$

05 $-2x+1$　06 $-3, 2, -3, 2, -3, 2, 4, -5, 2$　07 $-2x-5$

08 $5x+3$　　09 $-3x+9$

10분 연산 TEST 1회　112쪽

01 ㄷ, ㅁ　02 $5x$　03 $-\frac{3}{2}a$　04 $12x-7y$

05 $\frac{3}{4}x+\frac{1}{3}$　06 $7x+4$　07 $x-4y$　08 $3x-2$

09 $\frac{1}{3}x-4$　10 $x+1$　11 $11x-3$　12 $-11x-3$

13 $9x-13y$　14 $4x-6$　15 $2x-3$　16 $4x-1$

17 $\frac{7}{6}x-\frac{5}{3}$　18 $\frac{11}{12}x-\frac{1}{6}$　19 $-3x+5$　20 $a-1$

10분 연산 TEST 2회　113쪽

01 ㄱ, ㄹ, ㅁ　02 $-3y$　03 $\frac{7}{3}x$　04 $7a-3$

05 $\frac{1}{2}x+\frac{3}{5}$　06 $5x+3$　07 $2x-4$　08 $2x-8$

09 $-\frac{4}{3}x+5y$　10 $\frac{3}{5}x+3$　11 $4x+18$　12 $2x+19$

13 $11x-14y$　14 $2x-5$　15 $6x-19$　16 $2x+30$

17 $\frac{11}{5}x+\frac{13}{10}$　18 $-\frac{1}{6}a+\frac{11}{12}$　19 $-x+5$　20 $7x+4$

학교 시험 PREVIEW　114쪽~116쪽

스스로 개념 점검

(1) 대입　(2) 항　(3) 상수항　(4) 계수

(5) 다항식, 단항식　(6) 차수　(7) 일차식

(8) 동류항

01 ②　02 ⑤　03 ③　04 ②

05 ③　06 ⑤　07 ③　08 ③

09 ②　10 ③　11 ②　12 ③

13 ④　14 ①　15 ②　16 ④

17 ③　18 15

2. 일차방정식

① 등식　118쪽

01 ○　02 ×　03 ○　04 ×

05 ○　06 ○　07 2, 13

08 $400x+4500=6500$　09 $7x=56$　10 $70x=280$

11 $30-4x=2$

② 방정식과 그 해　119쪽

01
x의 값	좌변	우변	참/거짓
-1	$4\times(-1)-1=-5$	3	거짓
0	-1	3	거짓
1	3	3	참

, 1

02
x의 값	좌변	우변	참/거짓
1	3	1	거짓
2	4	3	거짓
3	5	5	참

, 3

03 ○ / $-5, 2, -5$　04 ×　05 ×

06 ○　07 × / $-2, -1$　08 ○　09 ×

10 ○

③ 항등식　120쪽

01 ○ / $5x, 5x$　02 ×　03 ○　04 ×

05 ×　06 ○　07 3, 1　08 $a=2, b=7$

09 $a=-3, b=5$　10 $a=-4, b=2$　11 $a=4, b=-7$

12 $a=-3, b=-2$

④ 등식의 성질　121쪽

01 4　02 5　03 6　04 7

05 2　06 3　07 ○　08 ○

09 ×　10 ○ / 12, 4　11 ×　12 5

13 3　14 5　15 -7

⑤ 등식의 성질을 이용한 방정식의 풀이　122쪽

01 ③　02 ②　03 ①, ④　04 ②, ④

05 ②, ③　06 3, 3, 7　07 $x=-3$

08 5, 5, 5, $-4, -2, -2, -4$　09 $x=-1$　10 $x=18$

11 $x=6$

13 일차방정식의 활용 (2) 136쪽

01 (1) 3, 3, 5 (2) $x=6$ (3) 6 km

02 (1) $\dfrac{x}{4}+\dfrac{x}{2}=3$ (2) $x=4$ (3) 4 km

03 (1) 1, 1 (2) $x=3$ (3) 3 km

04 (1) $\dfrac{x}{80}+\dfrac{x-1}{60}=\dfrac{90}{60}$ (2) $x=52$ (3) 52 km

10분 연산 TEST 1회 137쪽

01 (1) $3x+7=5x-1$ (2) 4

02 (1) $(x-2)+x+(x+2)=93$ (2) 29, 31, 33

03 (1) $10x+8=(80+x)-36$ (2) 84

04 (1) $42-x=4(12-x)$ (2) 2년 전

05 (1) $1800x+2200(7-x)=13800$ (2) 사과 : 4, 배 : 3

06 (1) $2\{(x+3)+x\}=34$ (2) 7 cm

07 (1) $\dfrac{x}{20}+\dfrac{x}{5}=\dfrac{75}{60}$ (2) 5 km

08 (1) $\dfrac{x}{12}=\dfrac{x}{6}-\dfrac{20}{60}$ (2) 4 km

10분 연산 TEST 2회 138쪽

01 (1) $4x-11=\dfrac{1}{3}x$ (2) 3

02 (1) $(x-1)+x+(x+1)=72$ (2) 25

03 (1) $50+x=(10x+5)+27$ (2) 25

04 (1) $46+x=2(13+x)$ (2) 20년 후

05 (1) $2x+3(10-x)=27$ (2) 3

06 (1) $\dfrac{1}{2}\times(8+10)\times x=36$ (2) 4 cm

07 (1) $\dfrac{x}{12}+\dfrac{x}{4}=1$ (2) 3 km

08 (1) $\dfrac{x}{24}=\dfrac{x}{8}-\dfrac{30}{60}$ (2) 6 km

학교 시험 PREVIEW 139쪽~141쪽

소스로 개념 점검

(1) 등식 (2) 방정식 ① 미지수 ② 해 (3) 항등식

(4) 이항 (5) 일차방정식

01 ③	02 ②	03 ⑤	04 ②
05 ⑤	06 ③	07 ③	08 ⑤
09 ④	10 ③	11 ①	12 ⑤
13 ②	14 ④	15 ③	16 ③
17 ②	18 소 : 8마리, 닭 : 5마리		

Ⅳ. 좌표평면과 그래프

1. 좌표평면과 그래프

01 수직선 위의 점의 좌표 145쪽

01 $-3,\ -1,\ 1,\ \dfrac{5}{2}$

02 $A(-4),\ B(-2),\ C(0),\ D\left(\dfrac{3}{2}\right)$

03 $A\left(-\dfrac{4}{3}\right),\ B\left(\dfrac{1}{2}\right),\ C(3),\ D(4)$

04 $A\left(-\dfrac{5}{2}\right),\ B\left(\dfrac{1}{3}\right),\ C(2),\ D\left(\dfrac{7}{2}\right)$

05 ◄─A──────B───C────►
    -4 -3 -2 -1 0 1 2 3 4

06 ◄──────B────────C──A►
    -4 -3 -2 -1 0 1 2 3 4

07 ◄─A────C──────B────►
    -4 -3 -2 -1 0 1 2 3 4

08 ◄─A──────────B──────C►
    -4 -3 -2 -1 0 1 2 3 4

02 좌표평면 위의 점의 좌표 146쪽~147쪽

01 $2,\ 3,\ -1,\ 2,\ -4,\ -1,\ 3,\ -2$

02 $1,\ -3,\ -3,\ -4,\ 0,\ 0,\ 0,\ -4$

03 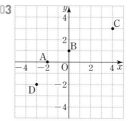 04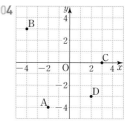

05 $O(0, 0)$ 06 $A(1, -4)$ 07 $B(-3, 2)$ 08 $C(4, 0)$

09 $D(-3, 0)$ 10 $E(0, 6)$ 11 $F(0, -5)$

12 (1)   (2) 20 / 5, 20

13 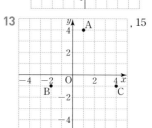 , 15 14 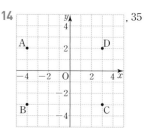 , 35

01~04
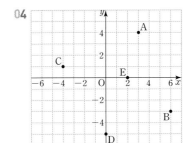

A(3, 2) → 제1사분면
B(−2, −4) → 제3사분면
C(1, −3) → 제4사분면
D(−4, 1) → 제2사분면

05 제2사분면 / 음수, 양수, 2　　06 제1사분면　　07 제3사분면

08 제4사분면　　09 어느 사분면에도 속하지 않는다.

10 어느 사분면에도 속하지 않는다.　11 −, 제4사분면　12 +, 1

13 −, −, 제3사분면　　　14 −, +, 제2사분면

15 −, +, 제2사분면　　　16 −, −, 제3사분면

17 제2사분면 / −, +, 2　　18 제4사분면

19 제1사분면　　20 제3사분면　　21 제4사분면　　22 제2사분면

01 A(−3), B($-\frac{1}{2}$), C(1), D($\frac{11}{3}$)

02
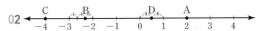

03 A(3, 2), B(−2, 1), C(−3, 0), D(0, −1), E(5, −2)

04
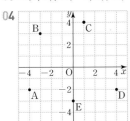

05 A(2, 5)　　06 B(−3, −4)　07 C(−1, 0)　　08 D(0, 4)

09 제2사분면　　10 제1사분면　　11 제3사분면

12 어느 사분면에도 속하지 않는다.　13 제1사분면　　14 제3사분면

15 제4사분면

01 A($-\frac{10}{3}$), B(−1), C($\frac{3}{2}$), D(4)

02
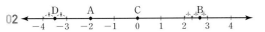

03 A(−3, −3), B(2, 3), C(−1, 0), D(−2, 4), E(3, −4)

04
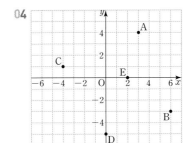

05 A(3, −1)　06 B(−5, 2)　07 C(7, 0)　　08 D(0, −3)

09 제4사분면　　10 제2사분면　　11 제3사분면

12 어느 사분면에도 속하지 않는다.　13 제1사분면

14 제3사분면　　15 제4사분면

01 −2, 6, −3, 9, −1, 12, 5, 15, 7, 18, 5, 21, 2

02
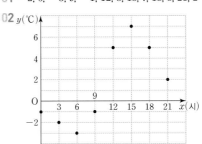

03 100, 150, 200, 250

04 (1, 50), (2, 100), (3, 150), (4, 200), (5, 250)

05
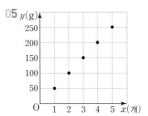

01~04

05 4 km / 4, 4　　06 5분 후

07 5분　　　08 5 km　　　09 200 m / 200, 200

10 500 m　　11 15분　　　12 5분　　　13 10분

14 소정 : 1.5 km, 한울 : 1 km　　15 15분 후　　16 1 km

17 3 km　　18 5분

10분 연산 TEST 1회   155쪽

01 2, 4, 6, 8, 10

02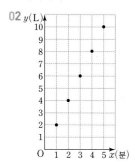

03 ㄴ	04 ㄱ	05 ㄷ	06 15 ℃
07 6시	08 400 m	09 20분	10 5분

10분 연산 TEST 2회   156쪽

01 4, 8, 12, 16, 20

02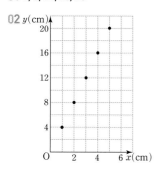

03 ㄴ	04 ㄱ	05 ㄷ	06 3 km
07 15분	08 35분	09 30분 후	10 800 m

학교 시험 PREVIEW   157쪽~158쪽

스스로 개념 점검

(1) 좌표   (2) x축, y축, 좌표축   (3) 원점

(4) 좌표평면   (5) 순서쌍   (6) x좌표, y좌표

(7) 제1사분면, 제2사분면, 제3사분면, 제4사분면   (8) 변수

(9) 그래프

01 ④	02 ④	03 ④	04 ②
05 ⑤	06 ④	07 ⑤	08 ④
09 ①	10 10		

2. 정비례와 반비례

01 정비례 관계   160쪽

01 (1) 750, 1000   (2) $y=250x$ / 정비례, 250

02 (1) 3, 6, 9, 12   (2) $y=3x$ 03 ○   04 ×

05 ○   06 ×   07 ○   08 $10x$, ○

09 $x+3$, ×   10 $4x$, ○

02 정비례 관계 $y=ax$ $(a \neq 0)$의 그래프 그리기   161쪽~162쪽

01 (1) -6, -3, 0, 3, 6

(2) 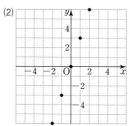   (3)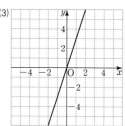

02 6, 4, 2, 0, -2, -4, -6,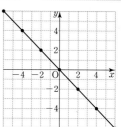

03 -2, -1, 0, 1, 2,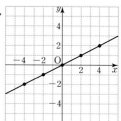

04 ❶ 0   ❷ 4, 1, 4, 4,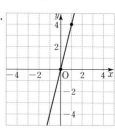

05 ❶ 0   ❷ -2, 3, -2, -2,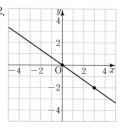

06 0, 1,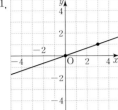

07 0, −3,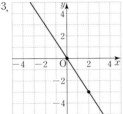

08 0, 3,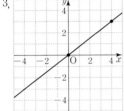

01 위   02 1, 3   03 증가   04 ㉠

05 아래   06 2, 4   07 감소   08 ㉢

09 ×   10 ○   11 ×   12 ㄱ, ㄷ, ㅁ

13 ㄴ, ㄹ, ㅂ   14 ㄴ, ㄹ, ㅂ

01 ○   02 ×   03 ×   04 ○

05 −8 / −2, −8   06 −2   07 −6

08 $\dfrac{1}{2}$ 09 3   10 $-\dfrac{8}{3}$ 11 6 / a, a, 6

12 −4

01 4 / 2, 2, 4   02 −3   03 $\dfrac{5}{2}$ 04 $-\dfrac{1}{3}$

05 6   06 $-\dfrac{2}{3}$ 07 $\dfrac{3}{2}$ / 3, 3, 3, $\dfrac{3}{2}$

08 $-\dfrac{1}{4}$ 09 $\dfrac{3}{4}$ 10 $-\dfrac{5}{2}$

11 $y=\dfrac{1}{2}x$ / ❶ −1, $\dfrac{1}{2}$ ❷ $\dfrac{1}{2}$ 12 $y=-\dfrac{4}{3}x$ 13 $y=\dfrac{3}{5}x$

14 $a=5$, $b=10$ / ❶ 5, 5 ❷ 10   15 $a=\dfrac{3}{2}$, $b=-4$

16 $a=-\dfrac{1}{4}$, $b=-8$ 17 $a=-\dfrac{5}{3}$, $b=-10$

18 $2x$, −3 / ❶ 4, 2, 2 ❷ −3   19 $-\dfrac{3}{4}x$, $\dfrac{3}{2}$ 20 $\dfrac{1}{2}x$, 3

01 (1) 4, 8, 12, 16   (2) $y=4x$ (3) 80 °C

02 (1) $y=2x$ (2) 32 L   03 (1) $y=500x$ (2) 16분

04 (1) $y=6x$ (2) 12대

01 ○   02 ×   03 ×   04 ○

05 $\dfrac{1}{2}$ 06 $-\dfrac{1}{10}$ 07 −6   08 $-\dfrac{7}{2}$

09 4   10 2   11 $-\dfrac{1}{2}$

12 (1) $y=3x$ (2) 75 kcal

01 ○   02 ×   03 ○   04 ×

05 −3   06 −2   07 6   08 $-\dfrac{5}{3}$

09 $\dfrac{1}{6}$ 10 $\dfrac{5}{2}$ 11 −6

12 (1) $y=5x$ (2) 8 cm

01 (1) 8, 6   (2) $y=\dfrac{24}{x}$ / 반비례, 24, 24

02 (1) 36, 18, 12, 9   (2) $y=\dfrac{36}{x}$ 03 ○   04 ×

05 ×   06 ○   07 ×   08 $\dfrac{20}{x}$, ○

09 $2x$, ×

01 (1) −1, −2, −4, 4, 2, 1

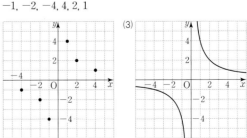

02 $1, 2, 3, 6, -6, -3, -2, -1,$

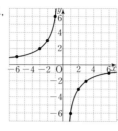

03 $-2, -3, -4, -6, 6, 4, 3, 2,$

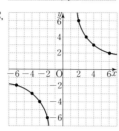

09 반비례 관계 $y=\dfrac{a}{x}\,(a \neq 0)$의 그래프의 성질 172쪽~173쪽

01 1, 3	**02** 감소	**03** ㉢	**04** ㉢
05 2, 4	**06** 증가	**07** ㉠	**08** ㉠
09 1, 3, 감소	**10** 2, 4, 증가	**11** 1, 3, 감소	**12** 2, 4, 증가
13 ×	**14** ○	**15** ×	**16** ○
17 ×	**18** ×	**19** ㄴ, ㄹ, ㅁ	**20** ㄱ, ㄷ, ㅂ
21 ㄴ, ㄹ, ㅁ			

10 반비례 관계 $y=\dfrac{a}{x}\,(a \neq 0)$의 그래프 위의 점 174쪽

01 ×	**02** ○	**03** ×	**04** ○
05 $-6 \,/\, -2, -6$		**06** 2	**07** -5
08 5	**09** -2	**10** -8	**11** $-2 \,/\, a, a, -2$
12 -3			

11 반비례 관계 $y=\dfrac{a}{x}\,(a \neq 0)$의 식 구하기 175쪽~176쪽

01 $15 \,/\, 5, 15$	**02** 9	**03** -14	**04** -18
05 30	**06** 4	**07** $6 \,/\, 1, 1, 1, 6$	**08** 8
09 -12	**10** -24	**11** $y=\dfrac{8}{x} \,/\, ❶ -4, 8$ ❷ $\dfrac{8}{x}$	

12 $y=-\dfrac{14}{x}$ **13** $y=\dfrac{27}{x}$ **14** $a=12, b=3 \,/\, ❶ 12, \dfrac{12}{x}$ ❷ 3

15 $a=20, b=10$ **16** $a=-28, b=-\dfrac{7}{2}$

17 $-\dfrac{12}{x}, 6 \,/\, ❶ -4, -12, -\dfrac{12}{x}$ ❷ 6 **18** $\dfrac{6}{x}, -1$

19 $-\dfrac{24}{x}, -6$

12 반비례 관계의 활용 177쪽

01 (1) $2, 1, \dfrac{2}{3}, \dfrac{1}{2}$ (2) $y=\dfrac{2}{x}$ (3) $\dfrac{1}{4}$ L

02 (1) $y=\dfrac{80}{x}$ (2) 5도막 **03** (1) $y=\dfrac{480}{x}$ (2) 32개

04 (1) $y=\dfrac{40}{x}$ (2) $\dfrac{8}{3}$ cm

10분 연산 TEST 1회 178쪽

01 ×	**02** ○	**03** ○	**04** ×
05 $\dfrac{3}{2}$	**06** -8	**07** -4	**08** 21
09 -5	**10** $a=12, b=-\dfrac{3}{2}$		

11 (1) $y=\dfrac{72}{x}$ (2) 6기압

10분 연산 TEST 2회 179쪽

01 ×	**02** ○	**03** ×	**04** ○
05 4	**06** -2	**07** 3	**08** -10
09 -3	**10** $a=18, b=-2$		

11 $a=-10, b=5$ **12** (1) $y=\dfrac{900}{x}$ (2) 150 mL

학교 시험 PREVIEW 180쪽~182쪽

스스로 개념 점검

(1) 정비례 (2) ① 원점 ② 3 ③ 증가

(3) ① 아래 ② 2 ③ 감소 (4) 반비례

(5) ① 1 ② 감소 (6) ① 4 ② 증가

01 ①, ③	**02** ④	**03** ②, ④	**04** ②
05 ④	**06** ⑤	**07** ⑤	**08** ②
09 ③	**10** ③, ④	**11** ③	**12** ②, ⑤
13 ④	**14** ②	**15** ⑤	**16** ①

17 $\dfrac{12}{5}$ cm

I. 소인수분해

1 소인수분해

01 약수와 배수
— 8쪽 —

01 8, 4, 2, 8　02 1, 7　03 1, 2, 5, 10

04 1, 2, 4, 8, 16　　05 1, 2, 4, 7, 14, 28

06 6, 12, 18, 24, 30, 18, 30　　07 4, 8, 12, 16, 20, 24, 28

08 9, 18, 27　09 11, 22　10 15, 30

02 소수와 합성수
— 9쪽 —

01 1, 5, 소수　　02 1, 2, 3, 4, 6, 12, 합성수

03 1, 17, 소수　　04 1, 5, 25, 합성수　05 소

06 합　　07 소　　08 합

09 2, 3, 5, 7, 11, 13, 17, 19, 23, 29, 31, 37, 41, 43, 47　10 ×

11 ○　　12 ×　　13 ×

05 13의 약수는 1, 13이므로 13은 소수이다.

06 22의 약수는 1, 2, 11, 22이므로 22는 합성수이다.

07 31의 약수는 1, 31이므로 31은 소수이다.

08 49의 약수는 1, 7, 49이므로 49는 합성수이다.

09 1부터 50까지의 자연수 중 소수를 구하면 다음과 같다.

1	2	3	4	5	6	7	8	9	10
11	12	13	14	15	16	17	18	19	20
21	22	23	24	25	26	27	28	29	30
31	32	33	34	35	36	37	38	39	40
41	42	43	44	45	46	47	48	49	50

10 가장 작은 소수는 2이다.

11 소수의 약수는 1과 그 수 자신이므로 소수의 약수의 개수는 2이다.

12 2는 짝수이지만 소수이다.

13 1은 소수도 아니고 합성수도 아니다.

03 거듭제곱으로 나타내기 (1)
— 10쪽 —

01 2, 4　02 3, 1　03 5, 2　04 x, 3　05 6, a

06 4, 4　07 5^3　08 7^4　09 2^6　10 11^5

04 거듭제곱으로 나타내기 (2)
— 11쪽 —

01 4, 4　02 $\left(\dfrac{1}{7}\right)^3$　03 $\dfrac{1}{5^4}$　04 $3^2 \times 7^4$　05 $2^3 \times 5^3$

06 $\left(\dfrac{1}{3}\right)^2 \times \left(\dfrac{2}{11}\right)^3$　　07 $\dfrac{1}{5^2 \times 7^2}$　08 3　09 2^4

10 10^5　11 $\left(\dfrac{1}{3}\right)^3$　12 $\left(\dfrac{2}{7}\right)^2$

09 $16 = 2 \times 2 \times 2 \times 2 = 2^4$

10 $100000 = 10 \times 10 \times 10 \times 10 \times 10 = 10^5$

11 $\dfrac{1}{27} = \dfrac{1}{3} \times \dfrac{1}{3} \times \dfrac{1}{3} = \left(\dfrac{1}{3}\right)^3$

12 $\dfrac{4}{49} = \dfrac{2}{7} \times \dfrac{2}{7} = \left(\dfrac{2}{7}\right)^2$

05 소인수분해 하기
— 12쪽~13쪽 —

01 2, 2, 2, $2^3 \times 3$　　02 $2^2 \times 3^2$　03 3×5^2　04 $2^2 \times 3 \times 7$

05 2, 3, $2^3 \times 3$　06 $2^2 \times 7$　07 $2 \times 3^2 \times 5$　08 $2^2 \times 3^3$

09 2×3^2　10 $2^2 \times 5$　11 $2 \times 3 \times 7$　12 $2^2 \times 3 \times 5$　13 $3 \times 5 \times 7$

14 $2^2 \times 3^2 \times 5$　　15 3, 9, 3 ❶ 3 ❷ 3

16 ❶ $16 = 2^4$ ❷ 2　　17 ❶ $45 = 3^2 \times 5$ ❷ 3, 5

18 ❶ $78 = 2 \times 3 \times 13$ ❷ 2, 3, 13　　19 ❶ $135 = 3^3 \times 5$ ❷ 3, 5

20 ❶ $150 = 2 \times 3 \times 5^2$ ❷ 2, 3, 5

02 36 ＜ 2, 18 ＜ 2, 9 ＜ 3, 3

03 75 ＜ 3, 25 ＜ 5, 5

04 84 ＜ 2, 42 ＜ 2, 21 ＜ 3, 7

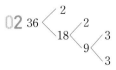

06

```
2 )  28
2 )  14
     7
```

07
$2\,)\,90$
$3\,)\,45$
$3\,)\,15$
　5

08
$2\,)\,108$
$2\,)\,54$
$3\,)\,27$
$3\,)\,9$
　3

09
$2\,)\,18$
$3\,)\,9$
　3

10
$2\,)\,20$
$2\,)\,10$
　5

11
$2\,)\,42$
$3\,)\,21$
　7

12
$2\,)\,60$
$2\,)\,30$
$3\,)\,15$
　5

13
$3\,)\,105$
$5\,)\,35$
　7

14
$2\,)\,180$
$2\,)\,90$
$3\,)\,45$
$3\,)\,15$
　5

16
$2\,)\,16$
$2\,)\,8$
$2\,)\,4$
　2

17
$3\,)\,45$
$3\,)\,15$
　5

18
$2\,)\,78$
$3\,)\,39$
　13

19
$3\,)\,135$
$3\,)\,45$
$3\,)\,15$
　5

20
$2\,)\,150$
$3\,)\,75$
$5\,)\,25$
　5

06 제곱인 수 만들기
14쪽

01 ❶ 5 ❷ 5
02 ❶ $28=2^2\times7$ ❷ 7
03 ❶ $40=2^3\times5$ ❷ 10
04 ❶ $84=2^2\times3\times7$ ❷ 21
05 ❶ 3 ❷ 3, 6
06 ❶ $48=2^4\times3$ ❷ 3
07 ❶ $98=2\times7^2$ ❷ 2
08 ❶ $126=2\times3^2\times7$ ❷ 14

02 $28=2^2\times7$이므로 곱해야 하는 가장 작은 자연수는 7이다.

03 $40=2^3\times5$이므로 곱해야 하는 가장 작은 자연수는
$2\times5=10$

04 $84=2^2\times3\times7$이므로 곱해야 하는 가장 작은 자연수는
$3\times7=21$

06 $48=2^4\times3$이므로 나누어야 하는 가장 작은 자연수는 3이다.

07 $98=2\times7^2$이므로 나누어야 하는 가장 작은 자연수는 2이다.

08 $126=2\times3^2\times7$이므로 나누어야 하는 가장 작은 자연수는
$2\times7=14$

07 소인수분해를 이용하여 약수 구하기
15쪽~16쪽

01 14, 4, 28, 4, 7, 14

02
×	1	3	3^2
1	1	3	9
2	2	6	18
2^2	4	12	36

36의 약수 : 1, 2, 3, 4, 6, 9, 12, 18, 36

03
×	1	3	3^2	3^3
1	1	3	9	27
2	2	6	18	54

54의 약수 : 1, 2, 3, 6, 9, 18, 27, 54

04 2×3^2,
×	1	3	3^2
1	1	3	9
2	2	6	18

18의 약수 : 1, 2, 3, 6, 9, 18

05 $2^2\times3^3$,
×	1	3	3^2	3^3
1	1	3	9	27
2	2	6	18	54
2^2	4	12	36	108

108의 약수 : 1, 2, 3, 4, 6, 9, 12, 18, 27, 36, 54, 108

06 $3^3\times5$,
×	1	5
1	1	5
3	3	15
3^2	9	45
3^3	27	135

135의 약수 : 1, 3, 5, 9, 15, 27, 45, 135

07 1, 3　　08 4　　09 1, 1, 6　　10 8　　11 12
12 12　　13 ❶ 3, 3　❷ 3, 1, 8　　14 ❶ $55=5\times11$　❷ 4
15 ❶ $75=3\times5^2$　❷ 6　　16 ❶ $100=2^2\times5^2$　❷ 9
17 ❶ $144=2^4\times3^2$　❷ 15
18 ❶ $315=3^2\times5\times7$　❷ 12

08 2^3의 약수의 개수는 $3+1=4$

10 7×11^3의 약수의 개수는 $(1+1) \times (3+1)=8$

11 $2^2 \times 5^3$의 약수의 개수는 $(2+1) \times (3+1)=12$

12 $2 \times 3^2 \times 7$의 약수의 개수는
$(1+1) \times (2+1) \times (1+1)=12$

14 $55=5 \times 11$의 약수의 개수는 $(1+1) \times (1+1)=4$

15 $75=3 \times 5^2$의 약수의 개수는 $(1+1) \times (2+1)=6$

16 $100=2^2 \times 5^2$의 약수의 개수는 $(2+1) \times (2+1)=9$

17 $144=2^4 \times 3^2$의 약수의 개수는 $(4+1) \times (2+1)=15$

18 $315=3^2 \times 5 \times 7$의 약수의 개수는
$(2+1) \times (1+1) \times (1+1)=12$

07
$\begin{array}{r} 2\,)\underline{\ 30\ } \\ 3\,)\underline{\ 15\ } \\ 5 \end{array}$

08
$\begin{array}{r} 2\,)\underline{\ 68\ } \\ 2\,)\underline{\ 34\ } \\ 17 \end{array}$

09
$\begin{array}{r} 3\,)\underline{\ 189\ } \\ 3\,)\underline{\ 63\ } \\ 3\,)\underline{\ 21\ } \\ 7 \end{array}$

10 $48=2^4 \times 3$이므로 곱해야 하는 가장 작은 자연수는 3이다.

12 5^5의 약수의 개수는 $5+1=6$

13 $2^4 \times 7^2$의 약수의 개수는 $(4+1) \times (2+1)=15$

14 $5^3 \times 11^3$의 약수의 개수는 $(3+1) \times (3+1)=16$

15 $125=5^3$의 약수의 개수는 $3+1=4$

16 $162=2 \times 3^4$의 약수의 개수는 $(1+1) \times (4+1)=10$

10분 연산 TEST 2회

18쪽

01 3, 11, 41, 47 02 4, 20, 25, 57 03 $3^3 \times 11^2$

04 $\dfrac{1}{2^3 \times 5^3}$ 05 2^5 06 $\left(\dfrac{3}{5}\right)^3$

07 $50=2 \times 5^2$, 소인수 : 2, 5

08 $99=3^2 \times 11$, 소인수 : 3, 11

09 $126=2 \times 3^2 \times 7$, 소인수 : 2, 3, 7 10 5

11 ❶ $63=3^2 \times 7$ ❷

×	1	7
1	1	7
3	3	21
3^2	9	63

❸ 1, 3, 7, 9, 21, 63

12 10 13 12 14 15 15 16 16 12

10분 연산 TEST 1회

17쪽

01 2, 7, 19, 29 02 21, 26, 51 03 $5^4 \times 11^2$

04 $\dfrac{1}{3^2 \times 7^3}$ 05 3^3 06 $\left(\dfrac{1}{2}\right)^4$

07 $30=2 \times 3 \times 5$, 소인수 : 2, 3, 5

08 $68=2^2 \times 17$, 소인수 : 2, 17

09 $189=3^3 \times 7$, 소인수 : 3, 7 10 3

11 ❶ $225=3^2 \times 5^2$ ❷

×	1	5	5^2
1	1	5	25
3	3	15	75
3^2	9	45	225

❸ 1, 3, 5, 9, 15, 25, 45, 75, 225

12 6 13 15 14 16 15 4 16 10

05 $27=3 \times 3 \times 3=3^3$

06 $\dfrac{1}{16}=\dfrac{1}{2} \times \dfrac{1}{2} \times \dfrac{1}{2} \times \dfrac{1}{2}=\left(\dfrac{1}{2}\right)^4$

---

05 $32=2 \times 2 \times 2 \times 2 \times 2=2^5$

06 $\dfrac{27}{125}=\dfrac{3}{5} \times \dfrac{3}{5} \times \dfrac{3}{5}=\left(\dfrac{3}{5}\right)^3$

07
$\begin{array}{r} 2\,)\underline{\ 50\ } \\ 5\,)\underline{\ 25\ } \\ 5 \end{array}$

08
$\begin{array}{r} 3\,)\underline{\ 99\ } \\ 3\,)\underline{\ 33\ } \\ 11 \end{array}$

09
$$2\,\underline{)\,126}$$
$$3\,\underline{)\ \ \ 63}$$
$$3\,\underline{)\ \ \ 21}$$
$$\qquad\qquad 7$$

10 $80=2^4\times5$이므로 나누어야 하는 가장 작은 자연수는 5이다.

12 $3^4\times5$의 약수의 개수는
$$(4+1)\times(1+1)=10$$

13 $2^3\times3^2$의 약수의 개수는
$$(3+1)\times(2+1)=12$$

14 $3^2\times11^4$의 약수의 개수는
$$(2+1)\times(4+1)=15$$

15 $216=2^3\times3^3$의 약수의 개수는
$$(3+1)\times(3+1)=16$$

16 $500=2^2\times5^3$의 약수의 개수는
$$(2+1)\times(3+1)=12$$

08 공약수와 최대공약수

─── 19쪽 ───

01 ❶ 5, 15　❷ 1, 2, 4, 5, 10, 20　❸ 1, 5　❹ 5
02 ❶ 1, 2, 3, 6, 9, 18　❷ 1, 2, 3, 4, 6, 8, 12, 24　❸ 1, 2, 3, 6　❹ 6
03 ❶ 1, 2, 4, 8, 16　❷ 1, 2, 4, 8, 16, 32
　　❸ 1, 2, 4, 5, 8, 10, 20, 40　❹ 1, 2, 4, 8　❺ 8
04 1, 2, 4, 8, 16　　　05 1, 2, 11, 22　　　06 13, 1, ◯
07 2, ×　　08 1, ◯

04 두 자연수의 공약수는 그 수들의 최대공약수인 16의 약수
이므로 1, 2, 4, 8, 16이다.

05 두 자연수의 공약수는 그 수들의 최대공약수인 22의 약수
이므로 1, 2, 11, 22이다.

07 10의 약수 : 1, 2, 5, 10
14의 약수 : 1, 2, 7, 14
따라서 10과 14의 최대공약수는 2이므로 서로소가 아니다.

08 21의 약수 : 1, 3, 7, 21
26의 약수 : 1, 2, 13, 26
따라서 21과 26의 최대공약수는 1이므로 서로소이다.

09 소인수분해를 이용하여 최대공약수 구하기

─── 20쪽~21쪽 ───

01 5, 10　　02 6　　　03 14　　　04 3
05 3, 3^2, 2^2, 3, 12　　06 $3^2\times7$, $2^3\times3^2$, 9
07 $2\times3^2\times7$, $2^2\times3^2\times5$, 18
08 $2\times3\times7$, $2^3\times7$, $2^2\times3\times7$, 14
09 $2^2\times3\times5$, $2^5\times3$, $2^4\times3^2$, 12
10 2×3　　11 3×5　　12 $2\times3^2\times7$　　　13 2^2
14 $2^3\times5^2$　　15 3^2　　16 6　　　17 12　　　18 27
19 4　　　　20 8　　　21 12

02 (최대공약수)$=2\times3=6$

03 (최대공약수)$=2\times7=14$

06
$$63=\quad\ \ 3^2\times7$$
$$72=2^3\times3^2$$
───────────────
$$(최대공약수)=\quad\ \ 3^2\quad\ \ =9$$

07
$$126=2\ \times3^2\quad\ \ \times7$$
$$180=2^2\times3^2\times5$$
───────────────
$$(최대공약수)=2\ \times3^2\quad\quad=18$$

08
$$42=2\ \times3\times7$$
$$56=2^3\quad\ \times7$$
$$84=2^2\times3\times7$$
───────────────
$$(최대공약수)=2\quad\ \times7=14$$

09
$$60=2^2\times3\ \times5$$
$$96=2^5\times3$$
$$144=2^4\times3^2$$
───────────────
$$(최대공약수)=2^2\times3\quad\ =12$$

10
$$2^2\times3$$
$$2\ \times3^3$$
───────────────
$$(최대공약수)=2\ \times3$$

11
$$3\ \times5^2\times7$$
$$3^2\times5\quad\ \times11$$
───────────────
$$(최대공약수)=3\ \times5$$

12
$$2^2\times3^3\times7$$
$$2\ \times3^2\times7^2$$
───────────────
$$(최대공약수)=2\ \times3^2\times7$$

13
$$2^2 \quad\ \times 5^2$$
$$2^3 \times 3^2$$
$$2^2 \times 3\ \times 5^3$$
$$(\text{최대공약수}) = 2^2$$

14
$$2^3 \times 3\ \times 5^2$$
$$2^5 \quad\ \times 5^3$$
$$2^4 \times 3^2 \times 5^2$$
$$(\text{최대공약수}) = 2^3 \quad\ \times 5^2$$

15
$$3^3 \times 5^2$$
$$2^3 \times 3^2 \quad\ \times 7^2$$
$$3^2 \times 5\ \times 7^3$$
$$(\text{최대공약수}) = \quad\ 3^2$$

16
$$18 = 2 \times 3^2$$
$$30 = 2 \times 3\ \times 5$$
$$(\text{최대공약수}) = 2 \times 3 \quad\ = 6$$

17
$$36 = 2^2 \times 3^2$$
$$84 = 2^2 \times 3\ \times 7$$
$$(\text{최대공약수}) = 2^2 \times 3 \quad\ = 12$$

18
$$54 = 2 \times 3^3$$
$$81 = \quad\ 3^4$$
$$(\text{최대공약수}) = \quad\ 3^3 = 27$$

19
$$16 = 2^4$$
$$28 = 2^2 \times 7$$
$$44 = 2^2 \quad\ \times 11$$
$$(\text{최대공약수}) = 2^2 \quad\quad = 4$$

20
$$32 = 2^5$$
$$40 = 2^3 \times 5$$
$$56 = 2^3 \quad\ \times 7$$
$$(\text{최대공약수}) = 2^3 \quad\quad = 8$$

21
$$24 = 2^3 \times 3$$
$$60 = 2^2 \times 3\ \times 5$$
$$72 = 2^3 \times 3^2$$
$$(\text{최대공약수}) = 2^2 \times 3 \quad\ = 12$$

10 공배수와 최소공배수

01 ❶ 24, 30, 36　❷ 9, 18, 27, 36, …　❸ 18, 36, …　❹ 18
02 ❶ 8, 16, 24, 32, 40, 48, …　❷ 12, 24, 36, 48, …
　　❸ 24, 48, …　❹ 24
03 ❶ 10, 20, 30, 40, 50, 60, …　❷ 15, 30, 45, 60, 75, 90, …
　　❸ 20, 40, 60, 80, 100, 120, …　❹ 60, 120, …　❺ 60
04 16 / ❶ 6　❷ 6　❸ 16　　　　**05** 8　　　**06** 4
07 2

05 4와 6의 최소공배수는 12이므로
100 이하의 공배수의 개수는 100÷12=8…4에서 8이다.

06 6과 8의 최소공배수는 24이므로
100 이하의 공배수의 개수는 100÷24=4…4에서 4이다.

07 12와 18의 최소공배수는 36이므로
100 이하의 공배수의 개수는 100÷36=2…28에서 2이다.

11 소인수분해를 이용하여 최소공배수 구하기

23쪽~24쪽

01 3, 7, 84　**02** 280　　**03** 270　　**04** 504
05 5, 5, 3, 5, 60　　**06** $2^3 \times 3$, $2^2 \times 3^2$, 72
07 $3^2 \times 7$, $2^2 \times 3 \times 7$, 252　**08** 2×3^2, $2^2 \times 5$, $2 \times 3 \times 5$, 180
09 3×7, 5×7, $2 \times 5 \times 7$, 210　　**10** $2^4 \times 3^2$
11 $2^2 \times 3^2 \times 5^3$　　　　　**12** $2^3 \times 3 \times 5^3 \times 7 \times 11^2$
13 $2^2 \times 3^3 \times 5^3$　　　　　**14** $2^2 \times 3 \times 5^3 \times 7^2$
15 $2 \times 3^3 \times 5^2 \times 7^2$　　**16** 112　　**17** 120　　**18** 225
19 160　　**20** 252　　**21** 630

02 $(\text{최소공배수}) = 2^3 \times 5 \times 7 = 280$

03 $(\text{최소공배수}) = 2 \times 3^3 \times 5 = 270$

04 $(\text{최소공배수}) = 2^3 \times 3^2 \times 7 = 504$

06
$$24 = 2^3 \times 3$$
$$36 = 2^2 \times 3^2$$
$$(\text{최소공배수}) = 2^3 \times 3^2 = 72$$

07
$$63 = \quad\ 3^2 \times 7$$
$$84 = 2^2 \times 3\ \times 7$$
$$(\text{최소공배수}) = 2^2 \times 3^2 \times 7 = 252$$

08
$$18=2 \times 3^2$$
$$20=2^2 \quad \times 5$$
$$30=2 \times 3 \times 5$$
$$(최소공배수)=2^2 \times 3^2 \times 5=180$$

09
$$21= \quad 3 \quad \times 7$$
$$35= \quad 5 \times 7$$
$$70=2 \quad \times 5 \times 7$$
$$(최소공배수)=2 \times 3 \times 5 \times 7=210$$

10
$$2^2 \times 3^2$$
$$2^4 \times 3$$
$$(최소공배수)=2^4 \times 3^2$$

11
$$3^2 \times 5^3$$
$$2^2 \times 3 \times 5^2$$
$$(최소공배수)=2^2 \times 3^2 \times 5^3$$

12
$$2^3 \quad \times 5^2 \times 7$$
$$3 \times 5^3 \quad \times 11^2$$
$$(최소공배수)=2^3 \times 3 \times 5^3 \times 7 \times 11^2$$

13
$$2^2 \times 3^3$$
$$2 \quad \times 5^2$$
$$3^2 \times 5^3$$
$$(최소공배수)=2^2 \times 3^3 \times 5^3$$

14
$$2 \quad \times 5^3$$
$$2^2 \times 3 \quad \times 7^2$$
$$2 \quad \times 7$$
$$(최소공배수)=2^2 \times 3 \times 5^3 \times 7^2$$

15
$$2 \times 3 \quad \times 7$$
$$2 \times 3^2 \times 5^2$$
$$3^3 \times 5 \times 7^2$$
$$(최소공배수)=2 \times 3^3 \times 5^2 \times 7^2$$

16
$$16=2^4$$
$$28=2^2 \times 7$$
$$(최소공배수)=2^4 \times 7=112$$

17
$$24=2^3 \times 3$$
$$60=2^2 \times 3 \times 5$$
$$(최소공배수)=2^3 \times 3 \times 5=120$$

18
$$45=3^2 \times 5$$
$$75=3 \times 5^2$$
$$(최소공배수)=3^2 \times 5^2=225$$

19
$$8=2^3$$
$$20=2^2 \times 5$$
$$32=2^5$$
$$(최소공배수)=2^5 \times 5=160$$

20
$$12=2^2 \times 3$$
$$18=2 \times 3^2$$
$$21= \quad 3 \times 7$$
$$(최소공배수)=2^2 \times 3^2 \times 7=252$$

21
$$15= \quad 3 \times 5$$
$$42=2 \times 3 \quad \times 7$$
$$63= \quad 3^2 \quad \times 7$$
$$(최소공배수)=2 \times 3^2 \times 5 \times 7=630$$

12 최대공약수와 최소공배수가 주어질 때, 지수 구하기
25쪽

01 2, 3, 1, 1　　02 $a=1, b=3$
03 $a=2, b=2$　　04 $a=1, b=3$
05 $2^3, 3^2, 2, 3$　　06 $a=3, b=2$
07 $a=4, b=4$　　08 $a=2, b=2$

02 $2^a=2$, $3^b=3^3$이므로 $a=1, b=3$

03 $2^b=2^2$, $3^a=3^2$이므로 $a=2, b=2$

04 $2^b=2^3$, $3^a=3$이므로 $a=1, b=3$

06 $2^a=2^3$, $5^b=5^2$이므로 $a=3, b=2$

07 $2^a=2^4$, $3^b=3^4$이므로 $a=4, b=4$

08 $3^b=3^2$, $7^a=7^2$이므로 $a=2, b=2$

13 어떤 자연수로 나누기, 어떤 자연수를 나누기

26쪽

01 12 / ❶ 2   ❷ 1   ❸ 84, 36, 12   02 6   03 14

04 22 / ❶ 4   ❷ 4   ❸ 4, 18, 22   05 48   06 65

01

$$36=2^2 \times 3^2$$
$$84=2^2 \times 3 \times 7$$
$$(\text{최대공약수})=2^2 \times 3 = 12$$

02 어떤 자연수는 $51-3$과 $95-5$, 즉 48과 90의 공약수이고 이러한 수 중 가장 큰 수는 48과 90의 최대공약수이다.

$$48=2^4 \times 3$$
$$90=2 \times 3^2 \times 5$$
$$(\text{최대공약수})=2 \times 3 = 6$$

따라서 구하는 수는 6이다.

03 어떤 자연수는 $74-4$와 $100-2$, 즉 70과 98의 공약수이고 이러한 수 중 가장 큰 수는 70과 98의 최대공약수이다.

$$70=2 \times 5 \times 7$$
$$98=2 \times 7^2$$
$$(\text{최대공약수})=2 \times 7 = 14$$

따라서 구하는 수는 14이다.

04

$$6=2 \times 3$$
$$9= 3^2$$
$$(\text{최소공배수})=2 \times 3^2 = 18$$

05 어떤 자연수는 (9와 15의 공배수)$+3$이고 이러한 수 중 가장 작은 수는 (9와 15의 최소공배수)$+3$이다.

$$9=3^2$$
$$15=3 \times 5$$
$$(\text{최소공배수})=3^2 \times 5 = 45$$

따라서 구하는 수는 $45+3=48$

06 어떤 자연수는 (20과 30의 공배수)$+5$이고 이러한 수 중 가장 작은 수는 (20과 30의 최소공배수)$+5$이다.

$$20=2^2 \times 5$$
$$30=2 \times 3 \times 5$$
$$(\text{최소공배수})=2^2 \times 3 \times 5 = 60$$

따라서 구하는 수는 $60+5=65$

14 두 분수를 자연수로 만들기

27쪽

01 4 / ❶ 12   ❷ 16   ❸ 16, 4   02 8   03 7

04 30 / ❶ 10   ❷ 15   ❸ 10, 30   05 36   06 72

07 $\frac{42}{5}$ / ❶ 21   ❷ 35   ❸ 35, 21, 42, 5   08 $\frac{63}{2}$

01

$$12=2^2 \times 3$$
$$16=2^4$$
$$(\text{최대공약수})=2^2 = 4$$

02 $\frac{24}{n}$와 $\frac{32}{n}$가 자연수가 되게 하는 n의 값은 24와 32의 공약수이고 이 중 가장 큰 수는 24와 32의 최대공약수이다.

$$24=2^3 \times 3$$
$$32=2^5$$
$$(\text{최대공약수})=2^3 = 8$$

따라서 구하는 n의 값은 8이다.

03 $\frac{21}{n}$과 $\frac{49}{n}$가 자연수가 되게 하는 n의 값은 21과 49의 공약수이고 이 중 가장 큰 수는 21과 49의 최대공약수이다.

$$21=3 \times 7$$
$$49= 7^2$$
$$(\text{최대공약수})= 7$$

따라서 구하는 n의 값은 7이다.

04

$$10=2 \times 5$$
$$15=3 \times 5$$
$$(\text{최소공배수})=2 \times 3 \times 5 = 30$$

05 $\frac{n}{12}$과 $\frac{n}{18}$이 자연수가 되게 하는 n의 값은 12와 18의 공배수이고 이 중 가장 작은 수는 12와 18의 최소공배수이다.

$$12=2^2 \times 3$$
$$18=2 \times 3^2$$
$$(\text{최소공배수})=2^2 \times 3^2 = 36$$

따라서 구하는 n의 값은 36이다.

06 $\frac{n}{24}$과 $\frac{n}{36}$이 자연수가 되게 하는 n의 값은 24와 36의 공배수이고 이 중 가장 작은 수는 24와 36의 최소공배수이다.

$$24=2^3 \times 3$$
$$36=2^2 \times 3^2$$
$$(\text{최소공배수})=2^3 \times 3^2 = 72$$

따라서 구하는 n의 값은 72이다.

08 가장 작은 기약분수를 $\dfrac{B}{A}$라 하면 A는 14와 16의 최대공약수이므로 2이고, B는 9와 21의 최소공배수이므로 63이다.

따라서 구하는 가장 작은 기약분수는 $\dfrac{B}{A}=\dfrac{63}{2}$

10분 연산 TEST 1회

28쪽~29쪽

01 1, 2, 3, 4, 6, 12	**02** 1, 3, 5, 15
03 1, 2, 4, 8, 16, 32	**04** ○　　**05** ×　　**06** ○
07 × 　**08** 2×3	**09** $2\times3^2\times5^3$　　**10** $2\times3\times7$
11 10　　**12** 6	**13** 15　　**14** 4, 8, 12　　**15** 9, 18, 27
16 13, 26, 39	**17** $2^3\times3^2\times5$　　**18** $2^2\times3^4\times5^2$
19 $2^2\times3^3\times5^2\times7$	**20** 210　　**21** 216　　**22** 360
23 $a=1$, $b=2$	**24** $a=3$, $b=4$　　**25** 4, 5
26 18　　**27** 2, 2, 2	**28** 110　　**29** 12　　**30** 105
31 $\dfrac{30}{7}$	

04 5의 약수 : 1, 5
11의 약수 : 1, 11
따라서 5와 11의 최대공약수는 1이므로 서로소이다.

05 9의 약수 : 1, 3, 9
15의 약수 : 1, 3, 5, 15
따라서 9와 15의 최대공약수는 3이므로 서로소가 아니다.

06 12의 약수 : 1, 2, 3, 4, 6, 12
35의 약수 : 1, 5, 7, 35
따라서 12와 35의 최대공약수는 1이므로 서로소이다.

07 22의 약수 : 1, 2, 11, 22
33의 약수 : 1, 3, 11, 33
따라서 22와 33의 최대공약수는 11이므로 서로소가 아니다.

11
$$50=2\times5^2$$
$$120=2^3\times3\times5$$
$$\overline{(최대공약수)=2\times5=10}$$

12
$$30=2\times3\times5$$
$$60=2^2\times3\times5$$
$$96=2^5\times3$$
$$\overline{(최대공약수)=2\times3=6}$$

13
$$45=3^2\times5$$
$$75=3\times5^2$$
$$105=3\times5\times7$$
$$\overline{(최대공약수)=3\times5=15}$$

20
$$30=2\times3\times5$$
$$42=2\times3\times7$$
$$\overline{(최소공배수)=2\times3\times5\times7=210}$$

21
$$24=2^3\times3$$
$$54=2\times3^3$$
$$\overline{(최소공배수)=2^3\times3^3=216}$$

22
$$36=2^2\times3^2$$
$$60=2^2\times3\times5$$
$$72=2^3\times3^2$$
$$\overline{(최소공배수)=2^3\times3^2\times5=360}$$

23 $2^a=2$, $3^b=3^2$이므로 $a=1$, $b=2$

24 $2^b=2^4$, $3^a=3^3$이므로 $a=3$, $b=4$

26 어떤 자연수는 $130-4$와 $95-5$, 즉 126과 90의 공약수이고 이러한 수 중 가장 큰 수는 126과 90의 최대공약수이다.
$$126=2\times3^2\times7$$
$$90=2\times3^2\times5$$
$$\overline{(최대공약수)=2\times3^2=18}$$
따라서 구하는 수는 18이다.

28 어떤 자연수는 (12, 18, 54의 공배수)$+2$이고 이러한 수 중 가장 작은 수는 (12, 18, 54의 최소공배수)$+2$이다.
$$12=2^2\times3$$
$$18=2\times3^2$$
$$54=2\times3^3$$
$$\overline{(최소공배수)=2^2\times3^3=108}$$
따라서 구하는 수는 $108+2=110$

29 $\dfrac{24}{n}$와 $\dfrac{36}{n}$이 자연수가 되게 하는 n의 값은 24와 36의 공약수이고 이 중 가장 큰 수는 24와 36의 최대공약수이다.
$$24=2^3\times3$$
$$36=2^2\times3^2$$
$$\overline{(최대공약수)=2^2\times3=12}$$
따라서 구하는 n의 값은 12이다.

30 $\dfrac{n}{15}$ 과 $\dfrac{n}{21}$ 이 자연수가 되게 하는 n의 값은 15와 21의 공배수이고 이 중 가장 작은 수는 15와 21의 최소공배수이다.

$$15=3\times5$$
$$\underline{21=3\quad\times7}$$
$$(\text{최소공배수})=3\times5\times7=105$$

따라서 구하는 n의 값은 105이다.

31 가장 작은 기약분수를 $\dfrac{B}{A}$ 라 하면 A는 28과 35의 최대공약수이므로 7이고, B는 15와 6의 최소공배수이므로 30이다.

따라서 구하는 가장 작은 기약분수는 $\dfrac{B}{A}=\dfrac{30}{7}$

10분 연산 TEST 2회

30쪽~31쪽

01 1, 2, 7, 14   **02** 1, 3, 9, 27
03 1, 3, 5, 9, 15, 45   **04** ×   **05** ○   **06** ×
07 ○   **08** $2^2\times5$ **09** $2\times3^3\times5$ **10** 2×7
11 8   **12** 20   **13** 6   **14** 5, 10, 15
15 11, 22, 33   **16** 18, 36, 54   **17** $2^2\times3^3$
18 $2^2\times3^2\times5^3$ **19** $2^3\times5^2\times7^2$ **20** 72
21 126   **22** 84   **23** $a=2$, $b=1$
24 $a=1$, $b=3$ **25** 8   **26** 6   **27** 51
28 31   **29** 6   **30** 70   **31** $\dfrac{24}{5}$

04 3의 약수 : 1, 3
9의 약수 : 1, 3, 9
따라서 3과 9의 최대공약수는 3이므로 서로소가 아니다.

05 8의 약수 : 1, 2, 4, 8
21의 약수 : 1, 3, 7, 21
따라서 8과 21의 최대공약수는 1이므로 서로소이다.

06 14의 약수 : 1, 2, 7, 14
35의 약수 : 1, 5, 7, 35
따라서 14와 35의 최대공약수는 7이므로 서로소가 아니다.

07 22의 약수 : 1, 2, 11, 22
39의 약수 : 1, 3, 13, 39
따라서 22와 39의 최대공약수는 1이므로 서로소이다.

11
$$16=2^4$$
$$\underline{24=2^3\times3}$$
$$(\text{최대공약수})=2^3\quad=8$$

12
$$60=2^2\times3\times5$$
$$\underline{80=2^4\quad\times5}$$
$$(\text{최대공약수})=2^2\quad\times5=20$$

13
$$18=2\times3^2$$
$$30=2\times3\times5$$
$$\underline{48=2^4\times3}$$
$$(\text{최대공약수})=2\times3\quad=6$$

20
$$18=2\times3^2$$
$$\underline{72=2^3\times3^2}$$
$$(\text{최소공배수})=2^3\times3^2=72$$

21
$$42=2\times3\times7$$
$$\underline{63=\quad3^2\times7}$$
$$(\text{최소공배수})=2\times3^2\times7=126$$

22
$$14=2\quad\times7$$
$$21=\quad3\times7$$
$$\underline{28=2^2\quad\times7}$$
$$(\text{최소공배수})=2^2\times3\times7=84$$

23 $3^a=3^2$, $5^b=5$이므로 $a=2$, $b=1$

24 $3^a=3$, $5^b=5^3$이므로 $a=1$, $b=3$

25 어떤 자연수는 $58-2$와 $73-1$, 즉 56과 72의 공약수이고 이러한 수 중 가장 큰 수는 56과 72의 최대공약수이다.

$$56=2^3\quad\times7$$
$$\underline{72=2^3\times3^2}$$
$$(\text{최대공약수})=2^3\quad=8$$

따라서 구하는 수는 8이다.

26 어떤 자연수는 18, 36, 42의 공약수이고 이러한 수 중 가장 큰 수는 18, 36, 42의 최대공약수이다.

$$18=2\times3^2$$
$$36=2^2\times3^2$$
$$\underline{42=2\times3\times7}$$
$$(\text{최대공약수})=2\times3\quad=6$$

따라서 구하는 수는 6이다.

27 어떤 자연수는 (16과 24의 공배수)+3이고 이러한 수 중 가장 작은 수는 (16과 24의 최소공배수)+3이다.

$$16=2^4$$
$$24=2^3\times3$$
$$\overline{(\text{최소공배수})=2^4\times3=48}$$

따라서 구하는 수는 48+3=51

28 어떤 자연수는 (6, 10, 15의 공배수)+1이고 이러한 수 중 가장 작은 수는 (6, 10, 15의 최소공배수)+1이다.

$$6=2\times3$$
$$10=2\quad\times5$$
$$15=\quad3\times5$$
$$\overline{(\text{최소공배수})=2\times3\times5=30}$$

따라서 구하는 수는 30+1=31

29 $\dfrac{30}{n}$과 $\dfrac{48}{n}$이 자연수가 되게 하는 n의 값은 30과 48의 공약수이고 이 중 가장 큰 수는 30과 48의 최대공약수이다.

$$30=2\times3\times5$$
$$48=2^4\times3$$
$$\overline{(\text{최대공약수})=2\times3\quad=6}$$

따라서 구하는 n의 값은 6이다.

30 $\dfrac{n}{14}$과 $\dfrac{n}{35}$이 자연수가 되게 하는 n의 값은 14와 35의 공배수이고 이 중 가장 작은 수는 14와 35의 최소공배수이다.

$$14=2\quad\times7$$
$$35=\quad5\times7$$
$$\overline{(\text{최소공배수})=2\times5\times7=70}$$

따라서 구하는 n의 값은 70이다.

31 가장 작은 기약분수를 $\dfrac{B}{A}$라 하면 A는 25와 15의 최대공약수이므로 5이고, B는 12와 8의 최소공배수이므로 24이다.

따라서 구하는 가장 작은 기약분수는 $\dfrac{B}{A}=\dfrac{24}{5}$

🟦 학교 시험 PREVIEW

| 32쪽~33쪽 |

🔹 스스로 개념 점검

(1) 소수   (2) 합성수   (3) 거듭제곱, 밑, 지수

(4) 소인수   (5) 소인수분해   (6) 서로소

01 ①	**02** ①, ④	**03** ⑤	**04** ④	**05** ⑤
06 ④	**07** ③	**08** ③	**09** ③, ④	**10** ③
11 ③	**12** 5			

---

02 ① 가장 작은 소수는 2이다.
④ 소수이면서 합성수인 자연수는 없다.

03 ① $2^4=16$
② $3+3+3=9$, $3^3=27$
③ $5\times5=25$, $2^5=32$
④ $4\times4\times4\times4=256$, $2^4=16$

04 ④ $98=2\times7^2$

05 $420=2^2\times3\times5\times7$이므로 소인수는 2, 3, 5, 7이다.

06 각각의 약수의 개수를 구해 보면
① $(3+1)\times(2+1)=12$
② $(5+1)\times(1+1)=12$
③ $(1+1)\times(1+1)\times(2+1)=12$
④ $(1+1)\times(4+1)=10$
⑤ $11+1=12$

07 ③ 9와 24의 최대공약수는 3이므로 서로소가 아니다.

08
$$2^3\times3^2$$
$$2^2\times3^2\times5$$
$$2^4\times3^3$$
$$\overline{(\text{최대공약수})=2^2\times3^2\quad=36}$$

09 두 수 A, B의 공배수는 두 수 A, B의 최소공배수인 15의 배수이다.
③ $75=15\times5$
④ $90=15\times6$

10 최소공배수가 $2^4\times5^2\times11$이므로
$2^m=2^4$, $5^n=5^2$ ∴ $m=4$, $n=2$
∴ $m+n=4+2=6$

11 가장 작은 기약분수를 $\dfrac{B}{A}$라 하면 A는 55와 33의 최대공약수이므로 11이고, B는 6과 8의 최소공배수이므로 24이다.

따라서 구하는 가장 작은 기약분수는 $\dfrac{B}{A}=\dfrac{24}{11}$

12 📝 서술형
$45=3^2\times5$ ⋯⋯❶
$3^2\times5\times\square$가 어떤 자연수의 제곱이 되려면 지수가 모두 짝수이어야 한다. ⋯⋯❷
따라서 곱해야 하는 가장 작은 자연수는 5이다. ⋯⋯❸

채점 기준	비율
❶ 45를 소인수분해 하기	20 %
❷ 어떤 자연수의 제곱이 될 조건 알기	40 %
❸ 가장 작은 자연수 구하기	40 %

Ⅱ. 정수와 유리수

1 정수와 유리수

01 분수와 소수

01 0.3   02 $\frac{9}{10}$ 03 0.21   04 $\frac{37}{100}$ 05 2

06 3   07 1   08 7   09 $\frac{2}{3}$ 10 $\frac{4}{7}$

11 $\frac{4}{12}$, $\frac{3}{12}$ / 4, 3   12 $\frac{3}{10}$, $\frac{4}{10}$ 13 $\frac{3}{12}$, $\frac{14}{12}$ 14 $\frac{3}{18}$, $\frac{10}{18}$

15 $\frac{9}{33}$, $\frac{22}{33}$ 16 $\frac{25}{120}$, $\frac{9}{120}$

12 $\frac{2}{5}=\frac{2\times2}{5\times2}=\frac{4}{10}$

13 $\frac{1}{4}=\frac{1\times3}{4\times3}=\frac{3}{12}$, $\frac{7}{6}=\frac{7\times2}{6\times2}=\frac{14}{12}$

14 $\frac{1}{6}=\frac{1\times3}{6\times3}=\frac{3}{18}$, $\frac{5}{9}=\frac{5\times2}{9\times2}=\frac{10}{18}$

15 $\frac{3}{11}=\frac{3\times3}{11\times3}=\frac{9}{33}$, $\frac{2}{3}=\frac{2\times11}{3\times11}=\frac{22}{33}$

16 $\frac{5}{24}=\frac{5\times5}{24\times5}=\frac{25}{120}$, $\frac{3}{40}=\frac{3\times3}{40\times3}=\frac{9}{120}$

02 양수와 음수

38쪽

01 −2000원   02 −1시간 03 +12 ℃ 04 −130 m

05 +5점   06 −13명 07 +3, 양 08 −7, 음 09 $+\frac{4}{5}$, 양

10 $-\frac{3}{8}$, 음 11 +1.2, 양 12 −3.5, 음

03 정수와 유리수

39쪽

01 +3, 10, $\frac{8}{2}$ 02 −8   03 −8, +3, 0, 10, $\frac{8}{2}$

04 +3, 2.5, 10, $+\frac{7}{3}$, $\frac{8}{2}$ 05 −8, $-\frac{5}{4}$

06 2.5, $-\frac{5}{4}$, $+\frac{7}{3}$ 07 0   08 ○   09 ○

10 ×   11 ○   12 ○   13 ×   14 ○

01 $\frac{8}{2}=4$이므로 양의 정수이다.

10 0은 정수이다.

13 음의 정수는 음의 부호 −를 생략하여 나타낼 수 없다.

04 수직선

40쪽~41쪽

01 −3, +2 02 −1, +4 03 3, 4   04 $-\frac{4}{3}$, $+\frac{3}{4}$

05 $-\frac{7}{2}$, $+\frac{5}{3}$

06

07

08 $\frac{1}{2}$,

09

10

11

12

13

14 +,

15

16

17

18

19

12 $+1.5=+1\frac{1}{2}$이므로 +1에서 오른쪽으로 $\frac{1}{2}$만큼 이동한 점에 대응한다.

Ⅱ. 정수와 유리수 27

13 $-2.5=-2\dfrac{1}{2}$이므로 -2에서 왼쪽으로 $\dfrac{1}{2}$만큼 이동한 점에 대응한다.

$+3.2=+3\dfrac{1}{5}$이므로 $+3$에서 오른쪽으로 $\dfrac{1}{5}$만큼 이동한 점에 대응한다.

15 0보다 4만큼 작은 수는 -4이다.

16 0보다 $\dfrac{7}{2}$만큼 큰 수는 $+\dfrac{7}{2}$이다.

17 0보다 $\dfrac{4}{3}$만큼 작은 수는 $-\dfrac{4}{3}$이다.

18 0보다 1.4만큼 큰 수는 $+1.4$이다.

19 0보다 3.5만큼 작은 수는 -3.5이다.

12 $+\dfrac{15}{3}=+5$이므로

정수는 3, $+\dfrac{15}{3}$, 0의 3개이다.

13 양의 유리수는 3, $+\dfrac{15}{3}$의 2개이다.

14 유리수는 3, $+\dfrac{15}{3}$, $-\dfrac{7}{3}$, $-1\dfrac{1}{2}$, 0, $-\dfrac{5}{11}$의 6개이다.

10분 연산 TEST 2회
43쪽

01 $+6$점, -1점　　**02** -2000원, $+1000$원
03 $-2\,\text{kg}$, $+3\,\text{kg}$　　**04** $+1000\,\text{m}$, $-500\,\text{m}$
05 $+4$　　**06** -9　　**07** $+\dfrac{1}{3}$　　**08** -3.7
09 $+\dfrac{4}{2}$, $+7$, $\dfrac{10}{2}$, 8　　**10** -6, $-\dfrac{12}{3}$
11 $+\dfrac{4}{2}$, 0, $+7$, $\dfrac{10}{2}$, -6, $-\dfrac{12}{3}$, 8　**12** 4　　**13** 2
14 6　　　**15** $A:-2$, $B:-\dfrac{1}{2}$, $C:+\dfrac{3}{2}$, $D:+3$
16 $A:-\dfrac{4}{3}$, $B:0$, $C:+\dfrac{5}{3}$, $D:+\dfrac{5}{2}$

17

18

10분 연산 TEST 1회
42쪽

01 $+4\,°\text{C}$, $-9\,°\text{C}$　　**02** $+5000$원, -3000원
03 -15분, $+20$분　　**04** $+5$층, -2층　　**05** $+5$
06 -3　　**07** $+\dfrac{1}{2}$　　**08** -2.5　　**09** $+\dfrac{9}{3}$, $+9$
10 -5, $-\dfrac{16}{4}$　　**11** $+\dfrac{9}{3}$, -5, 0, $+9$, $-\dfrac{16}{4}$
12 3　　**13** 2　　**14** 6
15 $A:-3$, $B:-\dfrac{3}{2}$, $C:+\dfrac{1}{2}$, $D:+2$
16 $A:-\dfrac{7}{3}$, $B:-1$, $C:+\dfrac{1}{3}$, $D:+\dfrac{4}{3}$

17

18

09 $+\dfrac{9}{3}=+3$이므로

양의 정수는 $+\dfrac{9}{3}$, $+9$이다.

10 $-\dfrac{16}{4}=-4$이므로

음의 정수는 -5, $-\dfrac{16}{4}$이다.

09 $+\dfrac{4}{2}=+2$, $\dfrac{10}{2}=5$이므로

양의 정수는 $+\dfrac{4}{2}$, $+7$, $\dfrac{10}{2}$, 8이다.

10 $-\dfrac{12}{3}=-4$이므로

음의 정수는 -6, $-\dfrac{12}{3}$이다.

12 $\dfrac{8}{2}=4$이므로

정수는 $+5$, $\dfrac{8}{2}$, 0, -6의 4개이다.

13 양의 유리수는 $+5$, $\dfrac{8}{2}$의 2개이다.

14 유리수는 $+5$, $\dfrac{8}{2}$, $-\dfrac{9}{5}$, 0, -3.2, -6의 6개이다.

44쪽~45쪽

01 5, 5, 5, 5 02 $\frac{5}{3}, \frac{5}{3}, \frac{5}{3}, \frac{5}{3}$ 03 (1) 4 (2) 7

04 $\left|+\frac{8}{3}\right|=\frac{8}{3}$ 05 $\left|-\frac{3}{4}\right|=\frac{3}{4}$

06 $|+2.6|=2.6$ 07 $|-0.3|=0.3$ 08 6

09 10 10 $\frac{4}{5}$ 11 $\frac{7}{12}$ 12 0.9 13 2.1

14 $-4, +4, +4, -4$ 15 $-\frac{4}{3}, +\frac{4}{3}, +\frac{4}{3}, -\frac{4}{3}$

16 $+7, -7$ 17 0 18 $+3.7, -3.7$

19 $+\frac{2}{5}, -\frac{2}{5}$ 20 $-\frac{7}{3}$ 21 $+5.3$ 22 $+6, -6$

23 $+5, -5$ / $-5, +5, 5, +5, -5$ 24 $+4, -4$ 25 $+6, -6$

26 $+13, -13$ 27 $\times$ 28 $\times$ 29 $\bigcirc$

30 $\times$

20 절댓값이 $\frac{7}{3}$인 수는 $+\frac{7}{3}, -\frac{7}{3}$이므로 이 중 음수는 $-\frac{7}{3}$ 이다.

21 절댓값이 5.3인 수는 $+5.3, -5.3$이므로 이 중 양수는 $+5.3$이다.

22 원점으로부터 거리가 6인 수는 $+6, -6$이다.

24 두 점은 원점으로부터 서로 반대 방향으로 각각 $8 \times \frac{1}{2} = 4$만큼 떨어져 있다. 따라서 두 수는 $+4, -4$이다.

25 두 점은 원점으로부터 서로 반대 방향으로 각각 $12 \times \frac{1}{2} = 6$만큼 떨어져 있다. 따라서 두 수는 $+6, -6$이다.

26 두 점은 원점으로부터 서로 반대 방향으로 각각 $26 \times \frac{1}{2} = 13$만큼 떨어져 있다. 따라서 두 수는 $+13, -13$이다.

27 절댓값이 가장 작은 수는 0이다.

28 모든 유리수의 절댓값은 0 또는 양수이다.

30 절댓값이 0인 수는 0의 1개이다.

46쪽

01 > 02 < 03 < 04 > 05 <

06 < 07 > 08 < 09 15, 16, <

10 14, 13, > 11 > 12 < 13 >

14 8, 9, > 15 8, 7, <

09 $+\frac{3}{4} = +\frac{15}{20}, +\frac{4}{5} = +\frac{16}{20}$이고 $+\frac{15}{20} < +\frac{16}{20}$이므로 $+\frac{3}{4} < +\frac{4}{5}$

10 $+\frac{7}{5} = +\frac{14}{10}, +1.3 = +\frac{13}{10}$이고 $+\frac{14}{10} > +\frac{13}{10}$이므로 $+\frac{7}{5} > +1.3$

14 $-\frac{2}{3} = -\frac{8}{12}, -\frac{3}{4} = -\frac{9}{12}$이고 $-\frac{8}{12} > -\frac{9}{12}$이므로 $-\frac{2}{3} > -\frac{3}{4}$

15 $-\frac{4}{5} = -\frac{8}{10}, -0.7 = -\frac{7}{10}$이고 $-\frac{8}{10} < -\frac{7}{10}$이므로 $-\frac{4}{5} < -0.7$

47쪽

01 $\geq$ 02 < 03 $\geq$ 04 $\leq$, < 05 $\leq$, $\leq$

06 $x \leq 5$ 07 $x > -4$ 08 $x \leq 0$ 09 $\frac{1}{2} < x \leq 8$

10 $-\frac{2}{3} < x < 2.4$ 11 2, 3, 4 12 $-2, -1, 0, 1$

13 $-2, -1$ 14 $-2, -1, 0, 1$ 15 $-1, 0, 1, 2, 3$

12 두 수 -2와 1을 수직선 위에 나타내면 다음 그림과 같다.

따라서 구하는 정수는 $-2, -1, 0, 1$이다.

13 두 수 $-\frac{5}{2}$와 $-\frac{1}{3}$을 수직선 위에 나타내면 다음 그림과 같다.

따라서 구하는 정수는 $-2, -1$이다.

14 두 수 -2.3과 2를 수직선 위에 나타내면 다음 그림과 같다.

따라서 구하는 정수는 -2, -1, 0, 1이다.

15 두 수 $-\dfrac{5}{3}$와 3을 수직선 위에 나타내면 다음 그림과 같다.

따라서 구하는 정수는 -1, 0, 1, 2, 3이다.

10분 연산 TEST 1회

⊢48쪽⊣

01 9	02 13	03 $\dfrac{5}{7}$	04 2.4	05 $+3$, -3
06 0	07 $-\dfrac{3}{5}$	08 $a=-7$, $b=7$	09 8	
10 0, $\dfrac{1}{2}$, -0.7, 1.5, 4		11 $-\dfrac{5}{3}$, -2, 2.4, $\dfrac{13}{4}$, $-\dfrac{7}{2}$		
12 $>$	13 $<$	14 $>$	15 $>$	16 $<$
17 $>$	18 $x \geq \dfrac{2}{5}$	19 $3 < x < 10$		20 $x \leq -5$
21 $-6 < x \leq 5$		22 -1, 0, 1, 2		23 -1, 0, 1
24 -1, 0, 1, 2, 3, 4				

07 절댓값이 $\dfrac{3}{5}$인 수는 $+\dfrac{3}{5}$, $-\dfrac{3}{5}$이므로 이 중 음수는 $-\dfrac{3}{5}$이다.

08 두 점은 원점으로부터 서로 반대 방향으로 각각

$14 \times \dfrac{1}{2} = 7$만큼 떨어져 있다.

따라서 두 수는 $+7$, -7이고 $a < b$이므로
$a = -7$, $b = 7$

09 두 수 a, b의 절댓값이 4이므로 수직선 위에서 a, b에 대응하는 두 점은 원점으로부터의 거리가 각각 4이다.
따라서 두 점 사이의 거리는 $4 \times 2 = 8$

10 각 수의 절댓값을 차례로 구하면 1.5, 0.7, 4, 0, $\dfrac{1}{2}$이므로

절댓값이 작은 수부터 차례로 나열하면

0, $\dfrac{1}{2}$, -0.7, 1.5, 4

11 각 수의 절댓값을 차례로 구하면 $\dfrac{7}{2}$, 2, $\dfrac{13}{4}$, $\dfrac{5}{3}$, 2.4이므로

절댓값이 작은 수부터 차례로 나열하면

$-\dfrac{5}{3}$, -2, 2.4, $\dfrac{13}{4}$, $-\dfrac{7}{2}$

---

15 $+\dfrac{5}{4} = +\dfrac{15}{12}$, $+\dfrac{7}{6} = +\dfrac{14}{12}$이고

$+\dfrac{15}{12} > +\dfrac{14}{12}$이므로 $+\dfrac{5}{4} > +\dfrac{7}{6}$

16 $-\dfrac{2}{3} = -\dfrac{10}{15}$, $-\dfrac{2}{5} = -\dfrac{6}{15}$이고

$-\dfrac{10}{15} < -\dfrac{6}{15}$이므로 $-\dfrac{2}{3} < -\dfrac{2}{5}$

22 두 수 -2와 3을 수직선 위에 나타내면 다음 그림과 같다.

따라서 구하는 정수는 -1, 0, 1, 2이다.

23 두 수 -1과 1.5를 수직선 위에 나타내면 다음 그림과 같다.

따라서 구하는 정수는 -1, 0, 1이다.

24 두 수 $-\dfrac{6}{5}$과 $\dfrac{13}{3}$을 수직선 위에 나타내면 다음 그림과 같다.

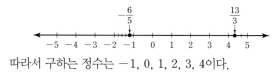

따라서 구하는 정수는 -1, 0, 1, 2, 3, 4이다.

10분 연산 TEST 2회

⊢49쪽⊣

01 7	02 11	03 $\dfrac{2}{5}$	04 3.4	05 $+8$, -8
06 $+6$	07 $-\dfrac{5}{2}$	08 $a=-10$, $b=10$	09 10	
10 0, $\dfrac{1}{3}$, -0.8, 2, -2.5		11 0.5, 1, $\dfrac{5}{4}$, $-\dfrac{3}{2}$, -3		
12 $<$	13 $>$	14 $>$	15 $<$	16 $>$
17 $>$	18 $x > \dfrac{4}{3}$	19 $-3 \leq x \leq 0$		20 $x > -7$
21 $-5 \leq x < 2$		22 -3, -2, -1		
23 -4, -3, -2		24 0, 1, 2, 3		

06 절댓값이 6인 수는 $+6$, -6이므로 이 중 양수는 $+6$이다.

07 절댓값이 $\dfrac{5}{2}$인 수는 $+\dfrac{5}{2}$, $-\dfrac{5}{2}$이므로 이 중 음수는 $-\dfrac{5}{2}$이다.

08 두 점은 원점으로부터 서로 반대 방향으로 각각

$20 \times \dfrac{1}{2} = 10$ 만큼 떨어져 있다.

따라서 두 수는 $+10$, -10이고 $a < b$이므로

$a = -10$, $b = 10$

09 두 수 a, b의 절댓값이 5이므로 수직선 위에서 a, b에 대응하는 두 점은 원점으로부터의 거리가 각각 5이다.

따라서 두 점 사이의 거리는 $5 \times 2 = 10$

10 각 수의 절댓값을 차례로 구하면 $\dfrac{1}{3}$, 0.8, 0, 2, 2.5이므로

절댓값이 작은 수부터 차례로 나열하면

$0, \dfrac{1}{3}, -0.8, 2, -2.5$

11 각 수의 절댓값을 차례로 구하면 $\dfrac{3}{2}$, 3, 0.5, $\dfrac{5}{4}$, 1이므로

절댓값이 작은 수부터 차례로 나열하면

$0.5, 1, \dfrac{5}{4}, -\dfrac{3}{2}, -3$

15 $+\dfrac{2}{3} = +\dfrac{10}{15}$, $+\dfrac{4}{5} = +\dfrac{12}{15}$이고

$+\dfrac{10}{15} < +\dfrac{12}{15}$이므로 $+\dfrac{2}{3} < +\dfrac{4}{5}$

16 $-\dfrac{3}{5} = -\dfrac{12}{20}$, $-\dfrac{3}{4} = -\dfrac{15}{20}$이고

$-\dfrac{12}{20} > -\dfrac{15}{20}$이므로 $-\dfrac{3}{5} > -\dfrac{3}{4}$

22 두 수 -3과 0을 수직선 위에 나타내면 다음 그림과 같다.

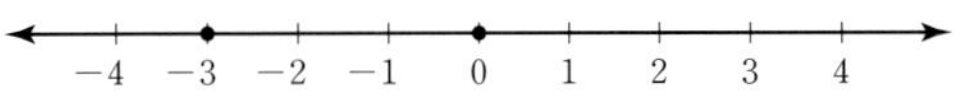

따라서 구하는 정수는 -3, -2, -1이다.

23 두 수 -5와 -1을 수직선 위에 나타내면 다음 그림과 같다.

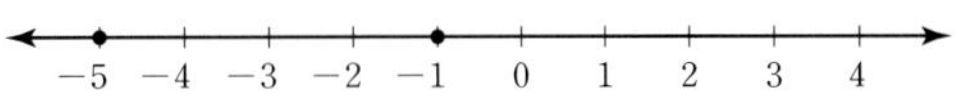

따라서 구하는 정수는 -4, -3, -2이다.

24 두 수 $-\dfrac{1}{2}$과 $\dfrac{10}{3}$을 수직선 위에 나타내면 다음 그림과 같다.

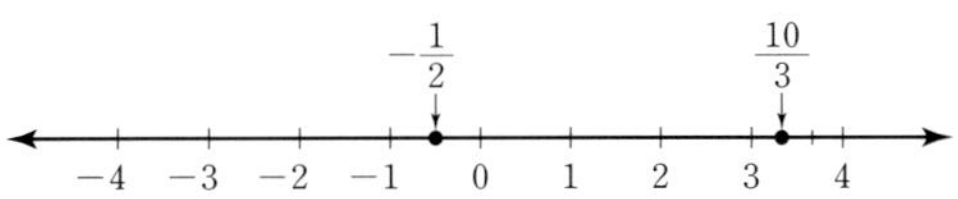

따라서 구하는 정수는 0, 1, 2, 3이다.

학교 시험 PREVIEW

|50쪽~51쪽|

스스로 개념 점검

(1) 양수, 음수　(2) 자연수, 0　(3) 수직선　(4) 절댓값

01 ④	02 ③	03 ②, ③	04 ③	05 ⑤
06 ④	07 ④	08 ③	09 ③	10 ②
11 ④	12 (1) -4, 0, 3, -2　(2) -4, $-\dfrac{2}{5}$, -2　(3) -4			

01 ① 5 % 감소 ➡ -5 %

② 출발 3일 전 ➡ -3일

③ 영상 20 °C ➡ $+20$ °C

⑤ 해저 400 m ➡ -400 m

따라서 옳은 것은 ④이다.

02 ① 자연수는 4, 3의 2개이다.

② 정수는 4, 0, 3의 3개이다.

③ 유리수는 -3.5, 4, $+\dfrac{1}{5}$, $-\dfrac{9}{2}$, 0, 3의 6개이다.

④ 양의 유리수는 4, $+\dfrac{1}{5}$, 3의 3개이다.

⑤ 음의 유리수는 -3.5, $-\dfrac{9}{2}$의 2개이다.

따라서 옳지 않은 것은 ③이다.

03 ② 0과 1 사이에는 $\dfrac{1}{2}$, $\dfrac{1}{3}$, $\dfrac{1}{4}$, ... 등 무수히 많은 유리수가 있다.

③ 양의 정수, 0, 음의 정수를 통틀어 정수라 한다.

따라서 옳지 않은 것은 ②, ③이다.

04 ① A : $-\dfrac{5}{2}$

② B : $-\dfrac{2}{3}$

④ D : $\dfrac{5}{4}$

⑤ E : 2

따라서 바르게 나타낸 것은 ③이다.

05 주어진 수의 절댓값을 각각 구해 보면

① $|0| = 0$

② $|-1| = 1$

③ $|2| = 2$

④ $|+3| = 3$

⑤ $|-4| = 4$

따라서 절댓값이 가장 큰 수는 ⑤ -4이다.

06 $|-1|=1$이므로 $a=1$

$|8|=8$이므로 $b=8$

$\therefore a+b=1+8=9$

07 두 점은 원점으로부터 서로 반대 방향으로 각각

$16 \times \dfrac{1}{2}=8$만큼 떨어져 있다.

따라서 두 수는 $+8$, -8이고 $a<b$이므로 $b=8$

08 ① 음수끼리는 절댓값이 큰 수가 더 작으므로

$-3>-4$

② (음수)$<0<$(양수)이므로 $0<\dfrac{2}{3}$

③ $-\dfrac{2}{3}=-\dfrac{4}{6}$, $-\dfrac{1}{2}=-\dfrac{3}{6}$이고

$-\dfrac{4}{6}<-\dfrac{3}{6}$이므로 $-\dfrac{2}{3}<-\dfrac{1}{2}$

④ $\dfrac{4}{5}=\dfrac{16}{20}$, $\dfrac{3}{4}=\dfrac{15}{20}$이고

$\dfrac{16}{20}>\dfrac{15}{20}$이므로 $\dfrac{4}{5}>\dfrac{3}{4}$

⑤ $-5=-\dfrac{10}{2}$이고 $-\dfrac{10}{2}>-\dfrac{11}{2}$이므로

$-5>-\dfrac{11}{2}$

따라서 두 수의 대소 관계가 옳은 것은 ③이다.

09 주어진 수들을 작은 수부터 차례로 나열하면

-1.6, $-\dfrac{5}{4}(=-1.25)$, -1, 0, $\dfrac{3}{2}(=1.5)$, 1.8

따라서 두 번째에 오는 수는 $-\dfrac{5}{4}$이다.

11 $-2<x\leq5$인 정수 x는 -1, 0, 1, 2, 3, 4, 5의 7개이다.

12 📋서술형

(1) 정수는 -4, 0, 3, -2이다. ......❶

(2) 음의 유리수는 -4, $-\dfrac{2}{5}$, -2이다. ......❷

(3) 각 수의 절댓값을 차례로 구하면

4, 1.5, 0, 3, $\dfrac{1}{3}$, $\dfrac{2}{5}$, 2

이므로 절댓값이 큰 수부터 차례로 나열하면

-4, 3, -2, $+1.5$, $-\dfrac{2}{5}$, $+\dfrac{1}{3}$, 0

따라서 절댓값이 가장 큰 수는 -4이다. ......❸

채점 기준	비율
❶ 정수 고르기	25 %
❷ 음의 유리수 고르기	25 %
❸ 절댓값이 가장 큰 수 구하기	50 %

2 정수와 유리수의 계산

01 분수와 소수의 덧셈과 뺄셈
54쪽

01 2, 1, 3	02 $\dfrac{5}{7}$	03 $\dfrac{1}{2}$	04 $\dfrac{3}{13}$	05 3, 4, 7
06 $\dfrac{29}{35}$	07 $\dfrac{13}{40}$	08 $\dfrac{17}{42}$	09 0.47	10 5.73
11 4.25	12 0.34	13 0.78	14 3.78	

06 $\dfrac{3}{7}+\dfrac{2}{5}=\dfrac{15}{35}+\dfrac{14}{35}=\dfrac{29}{35}$

07 $\dfrac{5}{8}-\dfrac{3}{10}=\dfrac{25}{40}-\dfrac{12}{40}=\dfrac{13}{40}$

08 $\dfrac{5}{6}-\dfrac{3}{7}=\dfrac{35}{42}-\dfrac{18}{42}=\dfrac{17}{42}$

02 부호가 같은 두 수의 덧셈
55쪽

01 $+7$	02 -6, -8	03 $+$, $+10$	04 -17	05 $-\dfrac{7}{4}$
06 14, $+$, 14, $+\dfrac{17}{10}$		07 $-\dfrac{8}{3}$	08 $+3.7$	09 -5.1
10 2, 6, $+\dfrac{16}{15}$		11 $-\dfrac{17}{4}$		

04 $(-12)+(-5)=-(12+5)=-17$

05 $\left(-\dfrac{3}{8}\right)+\left(-\dfrac{11}{8}\right)=-\left(\dfrac{3}{8}+\dfrac{11}{8}\right)$

$=-\dfrac{14}{8}=-\dfrac{7}{4}$

07 $\left(-\dfrac{5}{2}\right)+\left(-\dfrac{1}{6}\right)=\left(-\dfrac{15}{6}\right)+\left(-\dfrac{1}{6}\right)$

$=-\left(\dfrac{15}{6}+\dfrac{1}{6}\right)=-\dfrac{16}{6}=-\dfrac{8}{3}$

08 $(+1.3)+(+2.4)=+(1.3+2.4)=+3.7$

09 $(-3.5)+(-1.6)=-(3.5+1.6)=-5.1$

11 $\left(-\dfrac{7}{4}\right)+(-2.5)=\left(-\dfrac{7}{4}\right)+\left(-\dfrac{5}{2}\right)$

$=\left(-\dfrac{7}{4}\right)+\left(-\dfrac{10}{4}\right)$

$=-\left(\dfrac{7}{4}+\dfrac{10}{4}\right)=-\dfrac{17}{4}$

03 부호가 다른 두 수의 덧셈

56쪽~57쪽

01 $+4$　　02 $-5, -1$　03 -3　　04 $+7, +5$　05 $+, +3$

06 -8　　07 -7　　08 $+4$　　09 $-\dfrac{1}{5}$　　10 $+\dfrac{5}{2}$

11 $+\dfrac{3}{2}$　　12 $20, 6, -\dfrac{14}{15}$　　13 $-\dfrac{1}{6}$　　14 $-\dfrac{9}{4}$

15 $-\dfrac{5}{9}$　　16 $+\dfrac{11}{12}$　　17 $+1.5$　　18 -0.5　　19 $7, 7, -\dfrac{2}{5}$

20 $+\dfrac{5}{6}$

06 $(+3)+(-11)=-(11-3)=-8$

07 $(-13)+(+6)=-(13-6)=-7$

08 $(-8)+(+12)=+(12-8)=+4$

09 $\left(+\dfrac{3}{5}\right)+\left(-\dfrac{4}{5}\right)=-\left(\dfrac{4}{5}-\dfrac{3}{5}\right)=-\dfrac{1}{5}$

10 $\left(-\dfrac{1}{4}\right)+\left(+\dfrac{11}{4}\right)=+\left(\dfrac{11}{4}-\dfrac{1}{4}\right)$
$\qquad\qquad\qquad =+\dfrac{10}{4}=+\dfrac{5}{2}$

11 $\left(-\dfrac{3}{8}\right)+\left(+\dfrac{15}{8}\right)=+\left(\dfrac{15}{8}-\dfrac{3}{8}\right)$
$\qquad\qquad\qquad =+\dfrac{12}{8}=+\dfrac{3}{2}$

13 $\left(-\dfrac{2}{3}\right)+\left(+\dfrac{1}{2}\right)=\left(-\dfrac{4}{6}\right)+\left(+\dfrac{3}{6}\right)$
$\qquad\qquad\qquad =-\left(\dfrac{4}{6}-\dfrac{3}{6}\right)=-\dfrac{1}{6}$

14 $\left(+\dfrac{1}{4}\right)+\left(-\dfrac{5}{2}\right)=\left(+\dfrac{1}{4}\right)+\left(-\dfrac{10}{4}\right)$
$\qquad\qquad\qquad =-\left(\dfrac{10}{4}-\dfrac{1}{4}\right)=-\dfrac{9}{4}$

15 $\left(-\dfrac{5}{3}\right)+\left(+\dfrac{10}{9}\right)=\left(-\dfrac{15}{9}\right)+\left(+\dfrac{10}{9}\right)$
$\qquad\qquad\qquad =-\left(\dfrac{15}{9}-\dfrac{10}{9}\right)=-\dfrac{5}{9}$

16 $\left(+\dfrac{7}{4}\right)+\left(-\dfrac{5}{6}\right)=\left(+\dfrac{21}{12}\right)+\left(-\dfrac{10}{12}\right)$
$\qquad\qquad\qquad =+\left(\dfrac{21}{12}-\dfrac{10}{12}\right)=+\dfrac{11}{12}$

17 $(+6.2)+(-4.7)=+(6.2-4.7)=+1.5$

18 $(-3.4)+(+2.9)=-(3.4-2.9)=-0.5$

20 $\left(-\dfrac{2}{3}\right)+(+1.5)=\left(-\dfrac{2}{3}\right)+\left(+\dfrac{3}{2}\right)$
$\qquad\qquad\qquad =\left(-\dfrac{4}{6}\right)+\left(+\dfrac{9}{6}\right)$
$\qquad\qquad\qquad =+\left(\dfrac{9}{6}-\dfrac{4}{6}\right)=+\dfrac{5}{6}$

04 덧셈의 계산 법칙

58쪽

01 $+7, +7, +11, +2$, 덧셈의 교환법칙, 덧셈의 결합법칙

02 $-3, -3, -9, -1$, 덧셈의 교환법칙, 덧셈의 결합법칙

03 $+\dfrac{5}{8}, +\dfrac{5}{8}, +1, +\dfrac{3}{4}$, 덧셈의 교환법칙, 덧셈의 결합법칙

04 -3　　05 $+4$　　06 $+0.6$　　07 $-\dfrac{3}{2}$　　08 $+\dfrac{1}{3}$

04 $(+5)+(-11)+(+3)$
$=(+5)+(+3)+(-11)$
$=\{(+5)+(+3)\}+(-11)$
$=(+8)+(-11)=-3$

05 $(-7)+(+15)+(-4)$
$=(-7)+(-4)+(+15)$
$=\{(-7)+(-4)\}+(+15)$
$=(-11)+(+15)=+4$

06 $(+2.1)+(-3.4)+(+1.9)$
$=(+2.1)+(+1.9)+(-3.4)$
$=\{(+2.1)+(+1.9)\}+(-3.4)$
$=(+4)+(-3.4)=+0.6$

07 $\left(-\dfrac{3}{4}\right)+\left(+\dfrac{1}{2}\right)+\left(-\dfrac{5}{4}\right)$
$=\left(+\dfrac{1}{2}\right)+\left(-\dfrac{3}{4}\right)+\left(-\dfrac{5}{4}\right)$
$=\left(+\dfrac{1}{2}\right)+\left\{\left(-\dfrac{3}{4}\right)+\left(-\dfrac{5}{4}\right)\right\}$
$=\left(+\dfrac{1}{2}\right)+(-2)=-\dfrac{3}{2}$

$$08 \left(+\frac{1}{2}\right)+\left(-\frac{5}{6}\right)+\left(+\frac{2}{3}\right)$$
$$=\left(+\frac{1}{2}\right)+\left(+\frac{2}{3}\right)+\left(-\frac{5}{6}\right)$$
$$=\left\{\left(+\frac{3}{6}\right)+\left(+\frac{4}{6}\right)\right\}+\left(-\frac{5}{6}\right)$$
$$=\left(+\frac{7}{6}\right)+\left(-\frac{5}{6}\right)=+\frac{1}{3}$$

05 두 수의 뺄셈

59쪽~60쪽

01 9, −5	02 +9	03 −17	04 −23	05 +2.2
06 −6.8	07 6, 6, 6, −$\frac{10}{9}$		08 +$\frac{3}{4}$	09 −$\frac{29}{12}$
10 +$\frac{1}{5}$	11 4, +16	12 −4	13 −5	14 +20
15 +4.1	16 −1.5	17 9, 9, 9, +$\frac{19}{12}$		18 −$\frac{5}{3}$
19 +$\frac{3}{2}$	20 −$\frac{4}{21}$	21 +$\frac{13}{10}$	22 −1	

$$02 \ (+15)-(+6)=(+15)+(-6)$$
$$=+(15-6)=+9$$

$$03 \ (-12)-(+5)=(-12)+(-5)$$
$$=-(12+5)=-17$$

$$04 \ (-10)-(+13)=(-10)+(-13)$$
$$=-(10+13)=-23$$

$$05 \ (+3.6)-(+1.4)=(+3.6)+(-1.4)$$
$$=+(3.6-1.4)=+2.2$$

$$06 \ (-1.6)-(+5.2)=(-1.6)+(-5.2)$$
$$=-(1.6+5.2)=-6.8$$

$$08 \left(+\frac{9}{4}\right)-\left(+\frac{3}{2}\right)=\left(+\frac{9}{4}\right)-\left(+\frac{6}{4}\right)$$
$$=\left(+\frac{9}{4}\right)+\left(-\frac{6}{4}\right)$$
$$=+\left(\frac{9}{4}-\frac{6}{4}\right)=+\frac{3}{4}$$

$$09 \left(-\frac{3}{4}\right)-\left(+\frac{5}{3}\right)=\left(-\frac{9}{12}\right)-\left(+\frac{20}{12}\right)$$
$$=\left(-\frac{9}{12}\right)+\left(-\frac{20}{12}\right)$$
$$=-\left(\frac{9}{12}+\frac{20}{12}\right)=-\frac{29}{12}$$

$$10 \ (+0.8)-\left(+\frac{3}{5}\right)=\left(+\frac{4}{5}\right)-\left(+\frac{3}{5}\right)$$
$$=\left(+\frac{4}{5}\right)+\left(-\frac{3}{5}\right)$$
$$=+\left(\frac{4}{5}-\frac{3}{5}\right)=+\frac{1}{5}$$

$$12 \ (-9)-(-5)=(-9)+(+5)=-(9-5)=-4$$

$$13 \ (-11)-(-6)=(-11)+(+6)=-(11-6)=-5$$

$$14 \ (+7)-(-13)=(+7)+(+13)$$
$$=+(7+13)=+20$$

$$15 \ (+2.7)-(-1.4)=(+2.7)+(+1.4)$$
$$=+(2.7+1.4)=+4.1$$

$$16 \ (-2.3)-(-0.8)=(-2.3)+(+0.8)$$
$$=-(2.3-0.8)=-1.5$$

$$18 \left(-\frac{7}{3}\right)-\left(-\frac{2}{3}\right)=\left(-\frac{7}{3}\right)+\left(+\frac{2}{3}\right)$$
$$=-\left(\frac{7}{3}-\frac{2}{3}\right)=-\frac{5}{3}$$

$$19 \left(+\frac{6}{5}\right)-\left(-\frac{3}{10}\right)=\left(+\frac{12}{10}\right)-\left(-\frac{3}{10}\right)$$
$$=\left(+\frac{12}{10}\right)+\left(+\frac{3}{10}\right)$$
$$=+\left(\frac{12}{10}+\frac{3}{10}\right)=+\frac{3}{2}$$

$$20 \left(-\frac{6}{7}\right)-\left(-\frac{2}{3}\right)=\left(-\frac{18}{21}\right)-\left(-\frac{14}{21}\right)$$
$$=\left(-\frac{18}{21}\right)+\left(+\frac{14}{21}\right)$$
$$=-\left(\frac{18}{21}-\frac{14}{21}\right)=-\frac{4}{21}$$

$$21 \ (+0.7)-\left(-\frac{3}{5}\right)=\left(+\frac{7}{10}\right)-\left(-\frac{6}{10}\right)$$
$$=\left(+\frac{7}{10}\right)+\left(+\frac{6}{10}\right)$$
$$=+\left(\frac{7}{10}+\frac{6}{10}\right)=+\frac{13}{10}$$

$$22 \left(-\frac{5}{2}\right)-(-1.5)=\left(-\frac{5}{2}\right)-\left(-\frac{3}{2}\right)$$
$$=\left(-\frac{5}{2}\right)+\left(+\frac{3}{2}\right)$$
$$=-\left(\frac{5}{2}-\frac{3}{2}\right)=-1$$

06 덧셈과 뺄셈의 혼합 계산

61쪽~62쪽

01 -7, -7, -7, -11, -9　　02 -7　　03 $+2$

04 -13　　05 $+7$　　06 $+4$　　07 -17　　08 $+1$

09 -2　　10 $+4$　　11 -1.2, -3.5, $+0.4$　　12 -1.5

13 $+2.8$　　14 $+2$　　15 $-\dfrac{3}{8}$, $-\dfrac{3}{8}$, $-\dfrac{5}{4}$, -1　16 $+\dfrac{2}{3}$

17 $-\dfrac{1}{2}$, $-\dfrac{4}{8}$, 5, $+\dfrac{1}{8}$　18 $+\dfrac{3}{2}$　19 $-\dfrac{1}{3}$　20 0

21 $+\dfrac{3}{20}$　22 $+\dfrac{1}{5}$

02
$$(+5)-(+3)+(-9)$$
$$=(+5)+(-3)+(-9)$$
$$=(+5)+\{(-3)+(-9)\}$$
$$=(+5)+(-12)=-7$$

03
$$(-9)-(-4)+(+7)$$
$$=(-9)+(+4)+(+7)$$
$$=(-9)+\{(+4)+(+7)\}$$
$$=(-9)+(+11)=+2$$

04
$$(-6)+(-10)-(-3)$$
$$=(-6)+(-10)+(+3)$$
$$=\{(-6)+(-10)\}+(+3)$$
$$=(-16)+(+3)=-13$$

05
$$(+11)+(-6)-(-2)$$
$$=(+11)+(-6)+(+2)$$
$$=(+11)+(+2)+(-6)$$
$$=\{(+11)+(+2)\}+(-6)$$
$$=(+13)+(-6)=+7$$

06
$$(-3)-(-15)+(-8)$$
$$=(-3)+(+15)+(-8)$$
$$=(+15)+(-3)+(-8)$$
$$=(+15)+\{(-3)+(-8)\}$$
$$=(+15)+(-11)=+4$$

07
$$(-12)-(-1)+(-6)$$
$$=(-12)+(+1)+(-6)$$
$$=(+1)+(-12)+(-6)$$
$$=(+1)+\{(-12)+(-6)\}$$
$$=(+1)+(-18)=-17$$

08
$$(+7)+(-15)-(-9)$$
$$=(+7)+(-15)+(+9)$$
$$=(-15)+(+7)+(+9)$$
$$=(-15)+\{(+7)+(+9)\}$$
$$=(-15)+(+16)=+1$$

09
$$(+8)-(+5)-(-4)+(-9)$$
$$=(+8)+(-5)+(+4)+(-9)$$
$$=(+8)+(+4)+(-5)+(-9)$$
$$=\{(+8)+(+4)\}+\{(-5)+(-9)\}$$
$$=(+12)+(-14)=-2$$

10
$$(+13)+(-4)-(+7)-(-2)$$
$$=(+13)+(-4)+(-7)+(+2)$$
$$=(+13)+\{(-4)+(-7)\}+(+2)$$
$$=(+13)+(-11)+(+2)$$
$$=(+13)+(+2)+(-11)$$
$$=\{(+13)+(+2)\}+(-11)$$
$$=(+15)+(-11)=+4$$

12
$$(-6.4)+(+3.2)-(-1.7)$$
$$=(-6.4)+(+3.2)+(+1.7)$$
$$=(-6.4)+\{(+3.2)+(+1.7)\}$$
$$=(-6.4)+(+4.9)=-1.5$$

13
$$(+4.2)-(-1.3)+(-2.7)$$
$$=(+4.2)+(+1.3)+(-2.7)$$
$$=\{(+4.2)+(+1.3)\}+(-2.7)$$
$$=(+5.5)+(-2.7)=+2.8$$

14
$$(+1.6)-(+0.8)+(-2.2)-(-3.4)$$
$$=(+1.6)+(-0.8)+(-2.2)+(+3.4)$$
$$=(+1.6)+\{(-0.8)+(-2.2)\}+(+3.4)$$
$$=(+1.6)+(-3)+(+3.4)$$
$$=(+1.6)+(+3.4)+(-3)$$
$$=\{(+1.6)+(+3.4)\}+(-3)$$
$$=(+5)+(-3)=+2$$

16
$$\left(+\frac{1}{6}\right)-\left(-\frac{4}{3}\right)+\left(-\frac{5}{6}\right)$$
$$=\left(+\frac{1}{6}\right)+\left(+\frac{4}{3}\right)+\left(-\frac{5}{6}\right)$$
$$=\left\{\left(+\frac{1}{6}\right)+\left(-\frac{5}{6}\right)\right\}+\left(+\frac{4}{3}\right)$$
$$=\left(-\frac{2}{3}\right)+\left(+\frac{4}{3}\right)=+\frac{2}{3}$$

18
$$\left(-\frac{1}{6}\right)+(+2)-\left(+\frac{1}{3}\right)$$
$$=\left(-\frac{1}{6}\right)+(+2)+\left(-\frac{1}{3}\right)$$
$$=\left\{\left(-\frac{1}{6}\right)+\left(-\frac{2}{6}\right)\right\}+(+2)$$
$$=\left(-\frac{1}{2}\right)+(+2)=+\frac{3}{2}$$

$19\ \left(-\dfrac{2}{3}\right)+\left(-\dfrac{1}{2}\right)-\left(-\dfrac{5}{6}\right)$

$\quad=\left(-\dfrac{2}{3}\right)+\left(-\dfrac{1}{2}\right)+\left(+\dfrac{5}{6}\right)$

$\quad=\left\{\left(-\dfrac{4}{6}\right)+\left(-\dfrac{3}{6}\right)\right\}+\left(+\dfrac{5}{6}\right)$

$\quad=\left(-\dfrac{7}{6}\right)+\left(+\dfrac{5}{6}\right)=-\dfrac{1}{3}$

$20\ \left(+\dfrac{1}{3}\right)+\left(-\dfrac{7}{12}\right)-\left(-\dfrac{1}{4}\right)$

$\quad=\left(+\dfrac{1}{3}\right)+\left(-\dfrac{7}{12}\right)+\left(+\dfrac{1}{4}\right)$

$\quad=\left\{\left(+\dfrac{4}{12}\right)+\left(+\dfrac{3}{12}\right)\right\}+\left(-\dfrac{7}{12}\right)$

$\quad=\left(+\dfrac{7}{12}\right)+\left(-\dfrac{7}{12}\right)=0$

$21\ \left(+\dfrac{5}{4}\right)-\left(-\dfrac{2}{5}\right)+\left(-\dfrac{3}{2}\right)$

$\quad=\left(+\dfrac{5}{4}\right)+\left(+\dfrac{2}{5}\right)+\left(-\dfrac{3}{2}\right)$

$\quad=\left\{\left(+\dfrac{5}{4}\right)+\left(-\dfrac{6}{4}\right)\right\}+\left(+\dfrac{2}{5}\right)$

$\quad=\left(-\dfrac{1}{4}\right)+\left(+\dfrac{2}{5}\right)$

$\quad=\left(-\dfrac{5}{20}\right)+\left(+\dfrac{8}{20}\right)=+\dfrac{3}{20}$

$22\ \left(-\dfrac{1}{2}\right)-\left(-\dfrac{2}{5}\right)+\left(+\dfrac{3}{2}\right)-\left(+\dfrac{6}{5}\right)$

$\quad=\left(-\dfrac{1}{2}\right)+\left(+\dfrac{2}{5}\right)+\left(+\dfrac{3}{2}\right)+\left(-\dfrac{6}{5}\right)$

$\quad=\left\{\left(-\dfrac{1}{2}\right)+\left(+\dfrac{3}{2}\right)\right\}+\left\{\left(+\dfrac{2}{5}\right)+\left(-\dfrac{6}{5}\right)\right\}$

$\quad=(+1)+\left(-\dfrac{4}{5}\right)=+\dfrac{1}{5}$

07 부호가 생략된 수의 덧셈과 뺄셈

├ 63쪽~64쪽 ┤

01 $-3,\ -3,\ -12,\ -4$	02 -5	03 -4	04 -15
05 1	06 -2	07 1	08 3	09 4
10 -11	11 -8	12 $+2.1,\ +2.1,\ +11.3,\ 7.8$	
13 -1.3	14 -4	15 0.2	16 -2
17 $-\dfrac{4}{5},\ -\dfrac{4}{5},\ -\dfrac{4}{5},\ -\dfrac{6}{5}$		18 1	19 -2
20 $+\dfrac{2}{3},\ +\dfrac{8}{12},\ +\dfrac{8}{12},\ +\dfrac{8}{12},\ -\dfrac{1}{6}$	21 $\dfrac{1}{30}$	22 $\dfrac{4}{3}$	
23 $-\dfrac{9}{20}$	24 4		

$02\ 8-13=(+8)-(+13)$

$\quad\quad=(+8)+(-13)=-5$

$03\ -11+7=(-11)+(+7)=-4$

$04\ -6-9=(-6)-(+9)$

$\quad\quad=(-6)+(-9)=-15$

$05\ 4+5-8=(+4)+(+5)-(+8)$

$\quad\quad=\{(+4)+(+5)\}+(-8)$

$\quad\quad=(+9)+(-8)=1$

$06\ 6-15+7=(+6)-(+15)+(+7)$

$\quad\quad=(+6)+(-15)+(+7)$

$\quad\quad=\{(+6)+(+7)\}+(-15)$

$\quad\quad=(+13)+(-15)=-2$

$07\ -5+14-8=(-5)+(+14)-(+8)$

$\quad\quad=(-5)+(+14)+(-8)$

$\quad\quad=\{(-5)+(-8)\}+(+14)$

$\quad\quad=(-13)+(+14)=1$

$08\ 11-6+2-4$

$\quad=(+11)-(+6)+(+2)-(+4)$

$\quad=(+11)+(-6)+(+2)+(-4)$

$\quad=\{(+11)+(+2)\}+\{(-6)+(-4)\}$

$\quad=(+13)+(-10)=3$

$09\ -3+9+8-10$

$\quad=(-3)+(+9)+(+8)-(+10)$

$\quad=(-3)+\{(+9)+(+8)\}+(-10)$

$\quad=(-3)+(+17)+(-10)$

$\quad=\{(-3)+(-10)\}+(+17)$

$\quad=(-13)+(+17)=4$

$10\ 4-12+10-13$

$\quad=(+4)-(+12)+(+10)-(+13)$

$\quad=(+4)+(-12)+(+10)+(-13)$

$\quad=\{(+4)+(+10)\}+\{(-12)+(-13)\}$

$\quad=(+14)+(-25)=-11$

$11\ -13+4-5+6=(-13)+(+4)-(+5)+(+6)$

$\quad\quad=(-13)+(+4)+(-5)+(+6)$

$\quad\quad=\{(-13)+(-5)\}+\{(+4)+(+6)\}$

$\quad\quad=(-18)+(+10)=-8$

13 $-4.5+3.2=(-4.5)+(+3.2)=-1.3$

14 $-2.2-1.8=(-2.2)-(+1.8)$
$\qquad\qquad =(-2.2)+(-1.8)=-4$

15 $0.4+1.3-1.5=(+0.4)+(+1.3)-(+1.5)$
$\qquad\qquad\quad =\{(+0.4)+(+1.3)\}+(-1.5)$
$\qquad\qquad\quad =(+1.7)+(-1.5)=0.2$

16 $-4.1+6.6-7.8+3.3$
$\quad =(-4.1)+(+6.6)-(+7.8)+(+3.3)$
$\quad =(-4.1)+(+6.6)+(-7.8)+(+3.3)$
$\quad =\{(-4.1)+(-7.8)\}+\{(+6.6)+(+3.3)\}$
$\quad =(-11.9)+(+9.9)=-2$

18 $\dfrac{11}{14}-\dfrac{3}{7}+\dfrac{9}{14}=\left(+\dfrac{11}{14}\right)-\left(+\dfrac{3}{7}\right)+\left(+\dfrac{9}{14}\right)$
$\qquad\qquad\qquad =\left(+\dfrac{11}{14}\right)+\left(-\dfrac{3}{7}\right)+\left(+\dfrac{9}{14}\right)$
$\qquad\qquad\qquad =\left\{\left(+\dfrac{11}{14}\right)+\left(+\dfrac{9}{14}\right)\right\}+\left(-\dfrac{3}{7}\right)$
$\qquad\qquad\qquad =\left(+\dfrac{10}{7}\right)+\left(-\dfrac{3}{7}\right)=1$

19 $-\dfrac{2}{3}-3+\dfrac{5}{3}=\left(-\dfrac{2}{3}\right)-(+3)+\left(+\dfrac{5}{3}\right)$
$\qquad\qquad\quad =\left(-\dfrac{2}{3}\right)+(-3)+\left(+\dfrac{5}{3}\right)$
$\qquad\qquad\quad =\left\{\left(-\dfrac{2}{3}\right)+\left(+\dfrac{5}{3}\right)\right\}+(-3)$
$\qquad\qquad\quad =(+1)+(-3)=-2$

21 $\dfrac{1}{5}-\dfrac{2}{3}+\dfrac{1}{2}=\left(+\dfrac{1}{5}\right)-\left(+\dfrac{2}{3}\right)+\left(+\dfrac{1}{2}\right)$
$\qquad\qquad\quad =\left(+\dfrac{1}{5}\right)+\left(-\dfrac{2}{3}\right)+\left(+\dfrac{1}{2}\right)$
$\qquad\qquad\quad =\left(+\dfrac{6}{30}\right)+\left(-\dfrac{20}{30}\right)+\left(+\dfrac{15}{30}\right)$
$\qquad\qquad\quad =\left\{\left(+\dfrac{6}{30}\right)+\left(+\dfrac{15}{30}\right)\right\}+\left(-\dfrac{20}{30}\right)$
$\qquad\qquad\quad =\left(+\dfrac{21}{30}\right)+\left(-\dfrac{20}{30}\right)=\dfrac{1}{30}$

22 $1-\dfrac{1}{3}-\dfrac{1}{2}+\dfrac{7}{6}$
$\quad =(+1)-\left(+\dfrac{1}{3}\right)-\left(+\dfrac{1}{2}\right)+\left(+\dfrac{7}{6}\right)$
$\quad =(+1)+\left(-\dfrac{1}{3}\right)+\left(-\dfrac{1}{2}\right)+\left(+\dfrac{7}{6}\right)$
$\quad =\left(+\dfrac{6}{6}\right)+\left(-\dfrac{2}{6}\right)+\left(-\dfrac{3}{6}\right)+\left(+\dfrac{7}{6}\right)$
$\quad =\left\{\left(+\dfrac{6}{6}\right)+\left(+\dfrac{7}{6}\right)\right\}+\left\{\left(-\dfrac{2}{6}\right)+\left(-\dfrac{3}{6}\right)\right\}$
$\quad =\left(+\dfrac{13}{6}\right)+\left(-\dfrac{5}{6}\right)=\dfrac{4}{3}$

23 $-\dfrac{3}{5}+\dfrac{1}{4}+\dfrac{2}{5}-\dfrac{1}{2}$
$\quad =\left(-\dfrac{3}{5}\right)+\left(+\dfrac{1}{4}\right)+\left(+\dfrac{2}{5}\right)-\left(+\dfrac{1}{2}\right)$
$\quad =\left(-\dfrac{3}{5}\right)+\left(+\dfrac{1}{4}\right)+\left(+\dfrac{2}{5}\right)+\left(-\dfrac{1}{2}\right)$
$\quad =\left(-\dfrac{12}{20}\right)+\left(+\dfrac{5}{20}\right)+\left(+\dfrac{8}{20}\right)+\left(-\dfrac{10}{20}\right)$
$\quad =\left\{\left(-\dfrac{12}{20}\right)+\left(-\dfrac{10}{20}\right)\right\}+\left\{\left(+\dfrac{5}{20}\right)+\left(+\dfrac{8}{20}\right)\right\}$
$\quad =\left(-\dfrac{22}{20}\right)+\left(+\dfrac{13}{20}\right)=-\dfrac{9}{20}$

24 $3.8-\dfrac{2}{5}+1.2-\dfrac{3}{5}$
$\quad =(+3.8)-\left(+\dfrac{2}{5}\right)+(+1.2)-\left(+\dfrac{3}{5}\right)$
$\quad =(+3.8)+\left(-\dfrac{2}{5}\right)+(+1.2)+\left(-\dfrac{3}{5}\right)$
$\quad =\{(+3.8)+(+1.2)\}+\left\{\left(-\dfrac{2}{5}\right)+\left(-\dfrac{3}{5}\right)\right\}$
$\quad =(+5)+(-1)=4$

08 어떤 수보다 ~만큼 큰 수, 작은 수 구하기
65쪽

01 $-2,5$	02 5	03 -9	04 $\dfrac{1}{6}$	05 $-\dfrac{7}{12}$
06 $4,-14$	07 19	08 -18	09 $-\dfrac{15}{2}$	10 $\dfrac{13}{20}$

02 $-3+8=5$

03 $-5+(-4)=-9$

04 $\dfrac{2}{3}+\left(-\dfrac{1}{2}\right)=\dfrac{4}{6}+\left(-\dfrac{3}{6}\right)=\dfrac{1}{6}$

05 $-\dfrac{3}{4}+\dfrac{1}{6}=\left(-\dfrac{9}{12}\right)+\left(+\dfrac{2}{12}\right)=-\dfrac{7}{12}$

07 $4-(-15)=4+(+15)=19$

08 $-7-11=-7+(-11)=-18$

09 $-9-\left(-\dfrac{3}{2}\right)=-9+\left(+\dfrac{3}{2}\right)=-\dfrac{15}{2}$

10 $\dfrac{2}{5}-\left(-\dfrac{1}{4}\right)=\dfrac{8}{20}+\left(+\dfrac{5}{20}\right)=\dfrac{13}{20}$

10분 연산 TEST 1회

66쪽

01 -19	02 5.1	03 $-\dfrac{28}{15}$	04 4	05 1.2
06 $-\dfrac{13}{28}$	07 -10	08 7	09 $\dfrac{2}{7}$	10 -21
11 -4	12 1.2	13 $\dfrac{33}{20}$	14 9	15 -3.4
16 $\dfrac{1}{3}$	17 -5	18 $\dfrac{2}{3}$		

03 $\left(-\dfrac{5}{3}\right)+\left(-\dfrac{1}{5}\right)=\left(-\dfrac{25}{15}\right)+\left(-\dfrac{3}{15}\right)=-\dfrac{28}{15}$

06 $\left(-\dfrac{3}{4}\right)+\left(+\dfrac{2}{7}\right)=\left(-\dfrac{21}{28}\right)+\left(+\dfrac{8}{28}\right)=-\dfrac{13}{28}$

07 $(-13)+(+6)+(-3)$
$=\{(-13)+(-3)\}+(+6)$
$=(-16)+(+6)=-10$

08 $(+16)+(-19)+(+10)$
$=\{(+16)+(+10)\}+(-19)$
$=(+26)+(-19)=7$

09 $\left(+\dfrac{3}{14}\right)+\left(+\dfrac{5}{7}\right)+\left(-\dfrac{9}{14}\right)$
$=\left\{\left(+\dfrac{3}{14}\right)+\left(-\dfrac{9}{14}\right)\right\}+\left(+\dfrac{5}{7}\right)$
$=\left(-\dfrac{3}{7}\right)+\left(+\dfrac{5}{7}\right)=\dfrac{2}{7}$

13 $\left(+\dfrac{1}{4}\right)-\left(-\dfrac{7}{5}\right)=\left(+\dfrac{1}{4}\right)+\left(+\dfrac{7}{5}\right)$
$=\left(+\dfrac{5}{20}\right)+\left(+\dfrac{28}{20}\right)=\dfrac{33}{20}$

14 $(+5)+(-3)-(-7)$
$=(+5)+(-3)+(+7)$
$=\{(+5)+(+7)\}+(-3)$
$=(+12)+(-3)=9$

15 $(+3.7)-(+2.8)-(+4.3)$
$=(+3.7)+(-2.8)+(-4.3)$
$=(+3.7)+\{(-2.8)+(-4.3)\}$
$=(+3.7)+(-7.1)=-3.4$

16 $\left(+\dfrac{2}{3}\right)-\left(-\dfrac{1}{2}\right)+\left(-\dfrac{5}{6}\right)$
$=\left(+\dfrac{2}{3}\right)+\left(+\dfrac{1}{2}\right)+\left(-\dfrac{5}{6}\right)$
$=\left\{\left(+\dfrac{4}{6}\right)+\left(+\dfrac{3}{6}\right)\right\}+\left(-\dfrac{5}{6}\right)$
$=\left(+\dfrac{7}{6}\right)+\left(-\dfrac{5}{6}\right)=\dfrac{1}{3}$

17 $-8+15-12$
$=(-8)+(+15)-(+12)$
$=(-8)+(+15)+(-12)$
$=(+15)+\{(-8)+(-12)\}$
$=(+15)+(-20)=-5$

18 $\dfrac{1}{3}+\dfrac{3}{4}-\dfrac{5}{12}=\left(+\dfrac{1}{3}\right)+\left(+\dfrac{3}{4}\right)-\left(+\dfrac{5}{12}\right)$
$=\left(+\dfrac{1}{3}\right)+\left(+\dfrac{3}{4}\right)+\left(-\dfrac{5}{12}\right)$
$=\left\{\left(+\dfrac{4}{12}\right)+\left(+\dfrac{9}{12}\right)\right\}+\left(-\dfrac{5}{12}\right)$
$=\left(+\dfrac{13}{12}\right)+\left(-\dfrac{5}{12}\right)=\dfrac{2}{3}$

10분 연산 TEST 2회

67쪽

01 17	02 -4.2	03 $-\dfrac{17}{8}$	04 -8	05 2.2
06 $\dfrac{5}{12}$	07 -1	08 0.8	09 $\dfrac{2}{3}$	10 6
11 9	12 -1.3	13 $-\dfrac{37}{15}$	14 -4	15 2
16 3	17 -7	18 $\dfrac{3}{4}$		

03 $\left(-\dfrac{3}{8}\right)+\left(-\dfrac{7}{4}\right)=\left(-\dfrac{3}{8}\right)+\left(-\dfrac{14}{8}\right)=-\dfrac{17}{8}$

06 $\left(-\dfrac{1}{3}\right)+\left(+\dfrac{3}{4}\right)=\left(-\dfrac{4}{12}\right)+\left(+\dfrac{9}{12}\right)=\dfrac{5}{12}$

07 $(+4)+(-13)+(+8)$
$=\{(+4)+(+8)\}+(-13)$
$=(+12)+(-13)=-1$

08 $(-1.5)+(+3.2)+(-0.9)$
$=\{(-1.5)+(-0.9)\}+(+3.2)$
$=(-2.4)+(+3.2)=0.8$

09 $\left(+\dfrac{1}{6}\right)+\left(+\dfrac{4}{3}\right)+\left(-\dfrac{5}{6}\right)$
$=\left\{\left(+\dfrac{1}{6}\right)+\left(+\dfrac{8}{6}\right)\right\}+\left(-\dfrac{5}{6}\right)$
$=\left(+\dfrac{9}{6}\right)+\left(-\dfrac{5}{6}\right)=\dfrac{2}{3}$

$13\ \left(-\dfrac{9}{5}\right)-\left(+\dfrac{2}{3}\right)=\left(-\dfrac{9}{5}\right)+\left(-\dfrac{2}{3}\right)$
$\qquad\qquad\qquad\ =\left(-\dfrac{27}{15}\right)+\left(-\dfrac{10}{15}\right)=-\dfrac{37}{15}$

$14\ (-7)+(+12)-(+9)$
$\quad =(-7)+(+12)+(-9)$
$\quad =\{(-7)+(-9)\}+(+12)$
$\quad =(-16)+(+12)=-4$

$15\ (+2.5)+(-1.3)-(-0.8)$
$\quad =(+2.5)+(-1.3)+(+0.8)$
$\quad =\{(+2.5)+(+0.8)\}+(-1.3)$
$\quad =(+3.3)+(-1.3)=2$

$16\ \left(+\dfrac{3}{4}\right)-\left(-\dfrac{7}{2}\right)+\left(-\dfrac{5}{4}\right)$
$\quad =\left(+\dfrac{3}{4}\right)+\left(+\dfrac{7}{2}\right)+\left(-\dfrac{5}{4}\right)$
$\quad =\left\{\left(+\dfrac{3}{4}\right)+\left(+\dfrac{14}{4}\right)\right\}+\left(-\dfrac{5}{4}\right)$
$\quad =\left(+\dfrac{17}{4}\right)+\left(-\dfrac{5}{4}\right)=3$

$17\ -23+15+9-8$
$\quad =(-23)+(+15)+(+9)-(+8)$
$\quad =(-23)+(+15)+(+9)+(-8)$
$\quad =\{(+15)+(+9)\}+\{(-23)+(-8)\}$
$\quad =(+24)+(-31)=-7$

$18\ \dfrac{5}{2}-\dfrac{7}{5}+\dfrac{1}{4}-\dfrac{3}{5}$
$\quad =\left(+\dfrac{5}{2}\right)-\left(+\dfrac{7}{5}\right)+\left(+\dfrac{1}{4}\right)-\left(+\dfrac{3}{5}\right)$
$\quad =\left(+\dfrac{5}{2}\right)+\left(-\dfrac{7}{5}\right)+\left(+\dfrac{1}{4}\right)+\left(-\dfrac{3}{5}\right)$
$\quad =\left\{\left(+\dfrac{10}{4}\right)+\left(+\dfrac{1}{4}\right)\right\}+\left\{\left(-\dfrac{7}{5}\right)+\left(-\dfrac{3}{5}\right)\right\}$
$\quad =\left(+\dfrac{11}{4}\right)+(-2)=\dfrac{3}{4}$

09 부호가 같은 두 수의 곱셈
68쪽

01 2, +14	02 +27	03 +32	04 +30	05 +39
06 +12	07 +0.9	08 +9	09 $\dfrac{4}{5}$, $+\dfrac{8}{3}$	10 $+\dfrac{3}{2}$
11 $+\dfrac{4}{5}$	12 0			

$02\ (-3)\times(-9)=+(3\times9)=+27$

$03\ (+4)\times(+8)=+(4\times8)=+32$

$04\ (-5)\times(-6)=+(5\times6)=+30$

$05\ (+13)\times(+3)=+(13\times3)=+39$

$06\ (+2.4)\times(+5)=+(2.4\times5)=+12$

$07\ (-1.5)\times(-0.6)=+(1.5\times0.6)=+0.9$

$08\ \left(-\dfrac{3}{4}\right)\times(-12)=+\left(\dfrac{3}{4}\times12\right)=+9$

$10\ \left(+\dfrac{4}{3}\right)\times\left(+\dfrac{9}{8}\right)=+\left(\dfrac{4}{3}\times\dfrac{9}{8}\right)=+\dfrac{3}{2}$

$11\ \left(-\dfrac{6}{7}\right)\times\left(-\dfrac{14}{15}\right)=+\left(\dfrac{6}{7}\times\dfrac{14}{15}\right)=+\dfrac{4}{5}$

$12\ (\text{어떤 수})\times0=0\text{이므로 }\left(+\dfrac{1}{2}\right)\times0=0$

10 부호가 다른 두 수의 곱셈
69쪽

01 7, −35	02 −44	03 −24	04 −30	05 −96
06 −28	07 −0.48	08 −3	09 $\dfrac{9}{5}$, $-\dfrac{3}{5}$	10 $-\dfrac{10}{11}$
11 $-\dfrac{2}{15}$	12 0			

$02\ (-4)\times(+11)=-(4\times11)=-44$

$03\ (+6)\times(-4)=-(6\times4)=-24$

$04\ (-2)\times(+15)=-(2\times15)=-30$

$05\ (+8)\times(-12)=-(8\times12)=-96$

$06\ (+3.5)\times(-8)=-(3.5\times8)=-28$

$07\ (-0.4)\times(+1.2)=-(0.4\times1.2)=-0.48$

08 $(-24) \times \left(+\dfrac{1}{8}\right) = -\left(24 \times \dfrac{1}{8}\right) = -3$

10 $\left(+\dfrac{5}{6}\right) \times \left(-\dfrac{12}{11}\right) = -\left(\dfrac{5}{6} \times \dfrac{12}{11}\right) = -\dfrac{10}{11}$

11 $\left(-\dfrac{7}{10}\right) \times \left(+\dfrac{4}{21}\right) = -\left(\dfrac{7}{10} \times \dfrac{4}{21}\right) = -\dfrac{2}{15}$

12 $0 \times$ (어떤 수)$=0$이므로 $0 \times \left(-\dfrac{3}{5}\right) = 0$

11 곱셈의 계산 법칙
─ 70쪽 ─

01 $+5$, $+5$, $+10$, -130, 곱셈의 교환법칙, 곱셈의 결합법칙

02 $-\dfrac{5}{3}$, $-\dfrac{5}{3}$, $+2$, $+8$, 곱셈의 교환법칙, 곱셈의 결합법칙

03 $-\dfrac{8}{3}$, $-\dfrac{8}{3}$, -6, $+\dfrac{6}{5}$, 곱셈의 교환법칙, 곱셈의 결합법칙

04 $+340$ 05 -3 06 $+30$ 07 $-\dfrac{8}{5}$

04 $(-4) \times (+17) \times (-5)$
$= (-4) \times (-5) \times (+17)$
$= \{(-4) \times (-5)\} \times (+17)$
$= (+20) \times (+17) = +340$

05 $\left(+\dfrac{2}{7}\right) \times (-9) \times \left(+\dfrac{7}{6}\right)$
$= \left(+\dfrac{2}{7}\right) \times \left(+\dfrac{7}{6}\right) \times (-9)$
$= \left\{\left(+\dfrac{2}{7}\right) \times \left(+\dfrac{7}{6}\right)\right\} \times (-9)$
$= \left(+\dfrac{1}{3}\right) \times (-9) = -3$

06 $(-4) \times \left(+\dfrac{3}{10}\right) \times (-25)$
$= \left(+\dfrac{3}{10}\right) \times (-4) \times (-25)$
$= \left(+\dfrac{3}{10}\right) \times \{(-4) \times (-25)\}$
$= \left(+\dfrac{3}{10}\right) \times (+100) = +30$

07 $\left(-\dfrac{14}{3}\right) \times \left(+\dfrac{2}{5}\right) \times \left(+\dfrac{6}{7}\right)$
$= \left(+\dfrac{2}{5}\right) \times \left(-\dfrac{14}{3}\right) \times \left(+\dfrac{6}{7}\right)$
$= \left(+\dfrac{2}{5}\right) \times \left\{\left(-\dfrac{14}{3}\right) \times \left(+\dfrac{6}{7}\right)\right\}$
$= \left(+\dfrac{2}{5}\right) \times (-4) = -\dfrac{8}{5}$

12 세 수 이상의 곱셈
─ 71쪽 ─

01 $+$, $+72$ 02 -56 03 $+96$ 04 -84 05 $+160$
06 -90 07 $+\dfrac{2}{15}$ 08 $-\dfrac{3}{14}$ 09 $-\dfrac{8}{9}$ 10 $+\dfrac{10}{7}$

02 $(+7) \times (+2) \times (-4)$
$= -(7 \times 2 \times 4) = -56$

03 $(-3) \times (-4) \times (+8)$
$= +(3 \times 4 \times 8) = +96$

04 $(-2) \times (-7) \times (-6)$
$= -(2 \times 7 \times 6) = -84$

05 $(+4) \times (-5) \times (-1) \times (+8)$
$= +(4 \times 5 \times 1 \times 8) = +160$

06 $(-6) \times (+1) \times (-5) \times (-3)$
$= -(6 \times 1 \times 5 \times 3) = -90$

07 $\left(-\dfrac{2}{5}\right) \times \left(+\dfrac{3}{4}\right) \times \left(-\dfrac{4}{9}\right)$
$= +\left(\dfrac{2}{5} \times \dfrac{3}{4} \times \dfrac{4}{9}\right) = +\dfrac{2}{15}$

08 $\left(+\dfrac{5}{8}\right) \times \left(+\dfrac{4}{5}\right) \times \left(-\dfrac{3}{7}\right)$
$= -\left(\dfrac{5}{8} \times \dfrac{4}{5} \times \dfrac{3}{7}\right) = -\dfrac{3}{14}$

09 $\left(-\dfrac{5}{7}\right) \times \left(-\dfrac{4}{3}\right) \times \left(-\dfrac{14}{15}\right)$
$= -\left(\dfrac{5}{7} \times \dfrac{4}{3} \times \dfrac{14}{15}\right) = -\dfrac{8}{9}$

10 $\left(+\dfrac{15}{2}\right) \times \left(-\dfrac{3}{2}\right) \times \left(+\dfrac{1}{7}\right) \times \left(-\dfrac{8}{9}\right)$
$= +\left(\dfrac{15}{2} \times \dfrac{3}{2} \times \dfrac{1}{7} \times \dfrac{8}{9}\right) = +\dfrac{10}{7}$

13 거듭제곱의 계산

> **01** (1) $+9$ (2) -9 **02** (1) -64 (2) -64 **03** -125
>
> **04** (1) $+1$ (2) -1 **05** $+\dfrac{1}{16}$ **06** $+\dfrac{1}{27}$
>
> **07** $-8,\ +24$ **08** -25 **09** $+54$ **10** -2
>
> **11** $+20$

03 $(-5)^3=(-5)\times(-5)\times(-5)=-125$

05 $\left(-\dfrac{1}{4}\right)^2=\left(-\dfrac{1}{4}\right)\times\left(-\dfrac{1}{4}\right)=+\dfrac{1}{16}$

06 $-\left(-\dfrac{1}{3}\right)^3=-\left\{\left(-\dfrac{1}{3}\right)\times\left(-\dfrac{1}{3}\right)\times\left(-\dfrac{1}{3}\right)\right\}$

$\qquad\qquad =-\left(-\dfrac{1}{27}\right)=+\dfrac{1}{27}$

08 $(-1)^5\times(-5)^2=(-1)\times(+25)=-25$

09 $(-4^2)\times\left(-\dfrac{3}{2}\right)^3=(-16)\times\left(-\dfrac{27}{8}\right)$

$\qquad\qquad\qquad =+\left(16\times\dfrac{27}{8}\right)=+54$

10 $(+6)\times(-3)^2\times\left(-\dfrac{1}{3}\right)^3=(+6)\times(+9)\times\left(-\dfrac{1}{27}\right)$

$\qquad\qquad\qquad\qquad\qquad =-\left(6\times9\times\dfrac{1}{27}\right)=-2$

11 $(-2)^3\times\left(-\dfrac{5}{4}\right)^2\times\left(-\dfrac{8}{5}\right)$

$\quad =(-8)\times\left(+\dfrac{25}{16}\right)\times\left(-\dfrac{8}{5}\right)$

$\quad =+\left(8\times\dfrac{25}{16}\times\dfrac{8}{5}\right)=+20$

14 분배법칙

73쪽

> **01** 5, 70, 1470   **02** 480   **03** -23
>
> **04** 25, 50, 2450   **05** -2163 **06** 5
>
> **07** 13, 13, 130   **08** 64   **09** -20
>
> **10** 21, 21, 2100   **11** -72 **12** 3

02 $5\times(100-4)=5\times100-5\times4$

$\qquad\qquad\qquad =500-20=480$

03 $(-15)\times\left(\dfrac{1}{5}+\dfrac{4}{3}\right)=(-15)\times\dfrac{1}{5}+(-15)\times\dfrac{4}{3}$

$\qquad\qquad\qquad\qquad =(-3)+(-20)=-23$

05 $(100+3)\times(-21)=100\times(-21)+3\times(-21)$

$\qquad\qquad\qquad\qquad\quad =(-2100)+(-63)=-2163$

06 $\left(\dfrac{3}{8}-\dfrac{1}{6}\right)\times24=\dfrac{3}{8}\times24-\dfrac{1}{6}\times24$

$\qquad\qquad\qquad\quad =9-4=5$

08 $6.4\times13-6.4\times3=6.4\times(13-3)$

$\qquad\qquad\qquad\qquad =6.4\times10=64$

09 $\left(-\dfrac{5}{4}\right)\times10+\left(-\dfrac{5}{4}\right)\times6=\left(-\dfrac{5}{4}\right)\times(10+6)$

$\qquad\qquad\qquad\qquad\qquad =\left(-\dfrac{5}{4}\right)\times16=-20$

11 $55\times(-0.72)+45\times(-0.72)$

$\quad =(55+45)\times(-0.72)$

$\quad =100\times(-0.72)=-72$

12 $9\times\dfrac{3}{7}-2\times\dfrac{3}{7}=(9-2)\times\dfrac{3}{7}=7\times\dfrac{3}{7}=3$

10분 연산 TEST 1회

74쪽

> **01** 28   **02** 24   **03** -40 **04** -54 **05** 0.9
>
> **06** $\dfrac{3}{2}$ **07** -6 **08** $-\dfrac{4}{25}$
>
> **09** (가) 곱셈의 교환법칙   (나) 곱셈의 결합법칙   **10** 64
>
> **11** -90 **12** $-\dfrac{9}{7}$ **13** $\dfrac{15}{8}$ **14** -81 **15** $-\dfrac{9}{2}$
>
> **16** $\dfrac{12}{5}$ **17** 760   **18** -23 **19** 3600   **20** 10

10 $(-8)\times(+2)\times(-4)=+(8\times2\times4)=64$

11 $(-5)\times(-2)\times(-9)=-(5\times2\times9)=-90$

12 $\left(+\dfrac{3}{5}\right)\times(+15)\times\left(-\dfrac{1}{7}\right)$

$\quad =-\left(\dfrac{3}{5}\times15\times\dfrac{1}{7}\right)=-\dfrac{9}{7}$

13 $\left(+\dfrac{5}{8}\right)\times\left(-\dfrac{12}{7}\right)\times\left(-\dfrac{7}{4}\right)$

$\quad =+\left(\dfrac{5}{8}\times\dfrac{12}{7}\times\dfrac{7}{4}\right)=\dfrac{15}{8}$

14 $(-3)^4 \times (-1)^7 = (+81) \times (-1) = -81$

15 $(-2)^3 \times \left(-\dfrac{3}{4}\right)^2 = (-8) \times \left(+\dfrac{9}{16}\right) = -\dfrac{9}{2}$

16 $(-3)^3 \times \left(-\dfrac{2}{5}\right)^2 \times \left(-\dfrac{5}{9}\right)$
$= (-27) \times \left(+\dfrac{4}{25}\right) \times \left(-\dfrac{5}{9}\right)$
$= +\left(27 \times \dfrac{4}{25} \times \dfrac{5}{9}\right) = \dfrac{12}{5}$

17 $8 \times (100-5) = 8 \times 100 - 8 \times 5$
$= 800 - 40 = 760$

18 $\left(\dfrac{1}{7} + \dfrac{3}{2}\right) \times (-14) = \dfrac{1}{7} \times (-14) + \dfrac{3}{2} \times (-14)$
$= -2 - 21 = -23$

19 $36 \times 43 + 36 \times 57 = 36 \times (43+57)$
$= 36 \times 100 = 3600$

20 $31 \times \dfrac{5}{6} - 19 \times \dfrac{5}{6} = (31-19) \times \dfrac{5}{6}$
$= 12 \times \dfrac{5}{6} = 10$

10분 연산 TEST 2회
75쪽

01 8	02 15	03 -30	04 -24	05 -0.39
06 2	07 $\dfrac{15}{4}$	08 $-\dfrac{2}{9}$		

09 (가) 곱셈의 교환법칙 (나) 곱셈의 결합법칙   10 -54

11 60	12 $\dfrac{4}{5}$	13 $-\dfrac{20}{3}$	14 -81	15 $-\dfrac{9}{25}$
16 $\dfrac{16}{7}$	17 -1428	18 19	19 1200	20 -6

10 $(-3) \times (+2) \times (+9) = -(3 \times 2 \times 9) = -54$

11 $(+5) \times (-3) \times (-4) = +(5 \times 3 \times 4) = 60$

12 $\left(+\dfrac{1}{5}\right) \times \left(-\dfrac{2}{3}\right) \times (-6)$
$= +\left(\dfrac{1}{5} \times \dfrac{2}{3} \times 6\right) = \dfrac{4}{5}$

13 $\left(-\dfrac{5}{7}\right) \times (+14) \times \left(+\dfrac{2}{3}\right)$
$= -\left(\dfrac{5}{7} \times 14 \times \dfrac{2}{3}\right) = -\dfrac{20}{3}$

14 $(-3^2) \times (-3)^2 = (-9) \times (+9) = -81$

15 $(-1)^3 \times \left(-\dfrac{3}{5}\right)^2 = (-1) \times \left(+\dfrac{9}{25}\right) = -\dfrac{9}{25}$

16 $\left(-\dfrac{7}{8}\right) \times (-2)^3 \times \left(-\dfrac{4}{7}\right)^2$
$= \left(-\dfrac{7}{8}\right) \times (-8) \times \left(+\dfrac{16}{49}\right)$
$= +\left(\dfrac{7}{8} \times 8 \times \dfrac{16}{49}\right) = \dfrac{16}{7}$

17 $(100+2) \times (-14) = 100 \times (-14) + 2 \times (-14)$
$= -1400 - 28 = -1428$

18 $(-12) \times \left(\dfrac{1}{6} - \dfrac{7}{4}\right) = (-12) \times \dfrac{1}{6} - (-12) \times \dfrac{7}{4}$
$= -2 - (-21)$
$= -2 + 21 = 19$

19 $12 \times 65 + 12 \times 35 = 12 \times (65+35)$
$= 12 \times 100 = 1200$

20 $23 \times \dfrac{3}{7} - 37 \times \dfrac{3}{7} = (23-37) \times \dfrac{3}{7}$
$= (-14) \times \dfrac{3}{7} = -6$

15 두 수의 나눗셈
76쪽

01 6, $+4$	02 $+5$	03 $+3$	04 $+12$	05 $+0.8$
06 48, -6	07 -13	08 -9	09 -7	10 -3

02 $(+20) \div (+4) = +(20 \div 4) = +5$

03 $(-15) \div (-5) = +(15 \div 5) = +3$

04 $(-36) \div (-3) = +(36 \div 3) = +12$

05 $(+7.2) \div (+9) = +(7.2 \div 9) = +0.8$

07 $(+26) \div (-2) = -(26 \div 2) = -13$

$08 \ (+54) \div (-6) = -(54 \div 6) = -9$

$09 \ (-49) \div (+7) = -(49 \div 7) = -7$

$10 \ (+3.9) \div (-1.3) = -(3.9 \div 1.3) = -3$

16 역수를 이용한 나눗셈
77쪽~78쪽

$01 \ \dfrac{3}{8}, \dfrac{3}{8}$ $\quad 02 \ -\dfrac{4}{7}, -\dfrac{4}{7}$ $\quad 03 \ \dfrac{1}{5}, \dfrac{1}{5}$ $\quad 04 \ \dfrac{10}{3}, \dfrac{10}{3}$

$05 \ \dfrac{9}{2}$ $\quad 06 \ -\dfrac{11}{2}$ $\quad 07 \ -\dfrac{1}{6}$ $\quad 08 \ \dfrac{5}{8}$

$09 \ +\dfrac{5}{2}, \dfrac{5}{2}, -20$ $\quad 10 \ +6$ $\quad 11 \ +\dfrac{1}{8}$ $\quad 12 \ -\dfrac{5}{3}$

$13 \ -\dfrac{3}{2}$ $\quad 14 \ +8$ $\quad 15 \ -\dfrac{5}{9}, \dfrac{5}{9}, +\dfrac{20}{3}$ $\quad 16 \ +\dfrac{3}{2}$

$17 \ -\dfrac{1}{10}$ $\quad 18 \ +\dfrac{4}{5}$ $\quad 19 \ -6$ $\quad 20 \ +\dfrac{7}{4}$

$08 \ 1.6 = \dfrac{8}{5}$ 이므로 1.6의 역수는 $\dfrac{5}{8}$ 이다.

$10 \ \left(+\dfrac{9}{5}\right) \div \left(+\dfrac{3}{10}\right) = \left(+\dfrac{9}{5}\right) \times \left(+\dfrac{10}{3}\right)$
$= +\left(\dfrac{9}{5} \times \dfrac{10}{3}\right) = +6$

$11 \ \left(-\dfrac{3}{14}\right) \div \left(-\dfrac{12}{7}\right) = \left(-\dfrac{3}{14}\right) \times \left(-\dfrac{7}{12}\right)$
$= +\left(\dfrac{3}{14} \times \dfrac{7}{12}\right) = +\dfrac{1}{8}$

$12 \ \left(-\dfrac{5}{2}\right) \div (+1.5) = \left(-\dfrac{5}{2}\right) \div \left(+\dfrac{3}{2}\right)$
$= \left(-\dfrac{5}{2}\right) \times \left(+\dfrac{2}{3}\right)$
$= -\left(\dfrac{5}{2} \times \dfrac{2}{3}\right) = -\dfrac{5}{3}$

$13 \ (+2.1) \div \left(-\dfrac{7}{5}\right) = \left(+\dfrac{21}{10}\right) \times \left(-\dfrac{5}{7}\right)$
$= -\left(\dfrac{21}{10} \times \dfrac{5}{7}\right) = -\dfrac{3}{2}$

$14 \ (+12) \div (-4) \div \left(-\dfrac{3}{8}\right) = (+12) \times \left(-\dfrac{1}{4}\right) \times \left(-\dfrac{8}{3}\right)$
$= +\left(12 \times \dfrac{1}{4} \times \dfrac{8}{3}\right) = +8$

$16 \ (-10) \div \left(-\dfrac{5}{3}\right) \times \left(+\dfrac{1}{4}\right) = (-10) \times \left(-\dfrac{3}{5}\right) \times \left(+\dfrac{1}{4}\right)$
$= +\left(10 \times \dfrac{3}{5} \times \dfrac{1}{4}\right) = +\dfrac{3}{2}$

$17 \ \left(-\dfrac{9}{20}\right) \div (-6) \times \left(-\dfrac{4}{3}\right)$
$= \left(-\dfrac{9}{20}\right) \times \left(-\dfrac{1}{6}\right) \times \left(-\dfrac{4}{3}\right)$
$= -\left(\dfrac{9}{20} \times \dfrac{1}{6} \times \dfrac{4}{3}\right) = -\dfrac{1}{10}$

$18 \ \left(+\dfrac{7}{12}\right) \times \left(-\dfrac{6}{7}\right) \div \left(-\dfrac{5}{8}\right)$
$= \left(+\dfrac{7}{12}\right) \times \left(-\dfrac{6}{7}\right) \times \left(-\dfrac{8}{5}\right)$
$= +\left(\dfrac{7}{12} \times \dfrac{6}{7} \times \dfrac{8}{5}\right) = +\dfrac{4}{5}$

$19 \ \left(-\dfrac{3}{4}\right) \div \left(+\dfrac{9}{8}\right) \times (-3)^2 = \left(-\dfrac{3}{4}\right) \div \left(+\dfrac{9}{8}\right) \times (+9)$
$= \left(-\dfrac{3}{4}\right) \times \left(+\dfrac{8}{9}\right) \times (+9)$
$= -\left(\dfrac{3}{4} \times \dfrac{8}{9} \times 9\right) = -6$

$20 \ (-18) \times \left(-\dfrac{1}{2}\right)^3 \div \left(+\dfrac{9}{7}\right) = (-18) \times \left(-\dfrac{1}{8}\right) \div \left(+\dfrac{9}{7}\right)$
$= (-18) \times \left(-\dfrac{1}{8}\right) \times \left(+\dfrac{7}{9}\right)$
$= +\left(18 \times \dfrac{1}{8} \times \dfrac{7}{9}\right) = +\dfrac{7}{4}$

17 덧셈, 뺄셈, 곱셈, 나눗셈의 혼합 계산
79쪽~80쪽

$01 \ 3, 16$ $\quad 02 \ -10$ $\quad 03 \ -\dfrac{2}{5}$ $\quad 04 \ -3$ $\quad 05 \ 45$

$06 \ -8, -24, -28$ $\quad 07 \ 4$ $\quad 08 \ 6$ $\quad 09 \ -7$

$10 \ -70$ $\quad 11 \ 7$ $\quad 12 \ -17$ $\quad 13 \ -8$ $\quad 14 \ -32$

$15 \ 5$ $\quad 16 \ 4$ $\quad 17 \ 14$ $\quad 18 \ 12$ $\quad 19 \ 15$

$20 \ -5$ $\quad 21 \ -17$ $\quad 22 \ -4$

$02 \ -7 + \dfrac{12}{5} \times \left(-\dfrac{5}{4}\right) = -7 + (-3) = -10$

$03 \ \left(-\dfrac{1}{6}\right) \div \dfrac{5}{9} - \dfrac{1}{10} = \left(-\dfrac{1}{6}\right) \times \dfrac{9}{5} - \dfrac{1}{10}$
$= \left(-\dfrac{3}{10}\right) - \dfrac{1}{10} = -\dfrac{2}{5}$

04 $(-27) \div 9 \times (-3) - 12 = (-3) \times (-3) - 12$
$= 9 - 12 = -3$

05 $3 + (-28) \div (-4) \times 6 = 3 + 7 \times 6$
$= 3 + 42 = 45$

07 $(-6) \times \dfrac{2}{3} + 32 \div (-2)^2 = (-6) \times \dfrac{2}{3} + 32 \div 4$
$= -4 + 8 = 4$

08 $\dfrac{2}{3} + 12 \div \left(-\dfrac{3}{2}\right)^2 = \dfrac{2}{3} + 12 \div \dfrac{9}{4}$
$= \dfrac{2}{3} + 12 \times \dfrac{4}{9}$
$= \dfrac{2}{3} + \dfrac{16}{3} = 6$

09 $(-3)^3 - (-2)^4 \div (-4) \times 5 = (-27) - 16 \div (-4) \times 5$
$= (-27) - (-4) \times 5$
$= (-27) - (-20) = -7$

10 $3 \times (-1)^2 - 5^2 \div \dfrac{1}{3} + 2 = 3 \times 1 - 25 \div \dfrac{1}{3} + 2$
$= 3 - 25 \times 3 + 2$
$= 3 - 75 + 2 = -70$

11 $3 - \{(-4) + (-16)\} \div 5 = 3 - (-20) \div 5$
$= 3 - (-4) = 7$

12 $\{2 - (-6)\} \times (-3) + 7 = 8 \times (-3) + 7$
$= -24 + 7 = -17$

13 $18 \div \{(-10) - (-4)\} + (-5) = 18 \div (-6) + (-5)$
$= -3 + (-5) = -8$

14 $(-4) \times \{5 - (-2)\} + 12 \div (-3)$
$= (-4) \times 7 + 12 \div (-3)$
$= -28 + (-4) = -32$

15 $7 - \{(-3)^2 - 14\} \times \left(-\dfrac{2}{5}\right) = 7 - (9 - 14) \times \left(-\dfrac{2}{5}\right)$
$= 7 - (-5) \times \left(-\dfrac{2}{5}\right)$
$= 7 - 2 = 5$

16 $13 + \{-29 - (-2)^3\} \div \dfrac{7}{3}$
$= 13 + \{-29 - (-8)\} \div \dfrac{7}{3}$
$= 13 + (-21) \times \dfrac{3}{7}$
$= 13 + (-9) = 4$

17 $4 \times \left\{5 - \left(-\dfrac{1}{2}\right)^2 \times 12\right\} - (-6)$
$= 4 \times \left(5 - \dfrac{1}{4} \times 12\right) - (-6)$
$= 4 \times (5 - 3) - (-6)$
$= 8 + 6 = 14$

18 $8 - (-32) \div \left\{(13 + 5) \times \left(-\dfrac{2}{3}\right)^2\right\}$
$= 8 - (-32) \div \left(18 \times \dfrac{4}{9}\right)$
$= 8 - (-32) \times \dfrac{1}{8}$
$= 8 - (-4)$
$= 8 + 4 = 12$

19 $12 + \left\{(-3)^3 - (-6) \div \dfrac{2}{5}\right\} \times \left(-\dfrac{1}{4}\right)$
$= 12 + \{(-27) - (-15)\} \times \left(-\dfrac{1}{4}\right)$
$= 12 + (-12) \times \left(-\dfrac{1}{4}\right)$
$= 12 + 3 = 15$

20 $(-6) \times \left[\dfrac{1}{2} + \left\{\dfrac{4}{5} \div \left(-\dfrac{6}{5}\right) + 1\right\}\right]$
$= (-6) \times \left[\dfrac{1}{2} + \left\{\dfrac{4}{5} \times \left(-\dfrac{5}{6}\right) + 1\right\}\right]$
$= (-6) \times \left[\dfrac{1}{2} + \left\{\left(-\dfrac{2}{3}\right) + 1\right\}\right]$
$= (-6) \times \left(\dfrac{1}{2} + \dfrac{1}{3}\right)$
$= (-6) \times \dfrac{5}{6} = -5$

21 $\left[\left(-\dfrac{5}{3}\right) - (-2)^3 \div \{4 \times (-1) + 2\}\right] \div \dfrac{1}{3}$
$= \left\{\left(-\dfrac{5}{3}\right) - (-8) \div (-4 + 2)\right\} \div \dfrac{1}{3}$
$= \left\{\left(-\dfrac{5}{3}\right) - (-8) \times \left(-\dfrac{1}{2}\right)\right\} \div \dfrac{1}{3}$
$= \left(-\dfrac{5}{3} - 4\right) \div \dfrac{1}{3}$
$= \left(-\dfrac{17}{3}\right) \times 3 = -17$

22 $\left[10 - \left\{\dfrac{9}{5} - \left(-\dfrac{1}{2}\right)^3 \times \dfrac{8}{5}\right\}\right] \div (-2)$
$= \left[10 - \left\{\dfrac{9}{5} - \left(-\dfrac{1}{8}\right) \times \dfrac{8}{5}\right\}\right] \div (-2)$
$= \left[10 - \left\{\dfrac{9}{5} - \left(-\dfrac{1}{5}\right)\right\}\right] \div (-2)$
$= (10 - 2) \div (-2)$
$= 8 \div (-2) = -4$

01 5	02 −7	03 −1.2	04 0.8	05 $\frac{1}{3}$
06 $-\frac{7}{6}$	07 $\frac{2}{5}$	08 $\frac{3}{7}$	09 $-\frac{15}{8}$	10 −6
11 $\frac{7}{2}$	12 2	13 $-\frac{6}{5}$	14 −1	15 32
16 −5	17 −22	18 23	19 4	

07 $2.5=\frac{5}{2}$이므로 2.5의 역수는 $\frac{2}{5}$이다.

08 $\left(-\frac{18}{7}\right)\div(-6)=\left(-\frac{18}{7}\right)\times\left(-\frac{1}{6}\right)$
$=+\left(\frac{18}{7}\times\frac{1}{6}\right)=\frac{3}{7}$

09 $\left(-\frac{5}{6}\right)\div\left(+\frac{4}{9}\right)=\left(-\frac{5}{6}\right)\times\left(+\frac{9}{4}\right)$
$=-\left(\frac{5}{6}\times\frac{9}{4}\right)=-\frac{15}{8}$

10 $\left(+\frac{12}{5}\right)\div(-0.4)=\left(+\frac{12}{5}\right)\div\left(-\frac{2}{5}\right)$
$=\left(+\frac{12}{5}\right)\times\left(-\frac{5}{2}\right)$
$=-\left(\frac{12}{5}\times\frac{5}{2}\right)=-6$

11 $(+9)\div\left(-\frac{3}{7}\right)\times\left(-\frac{1}{6}\right)$
$=(+9)\times\left(-\frac{7}{3}\right)\times\left(-\frac{1}{6}\right)$
$=+\left(9\times\frac{7}{3}\times\frac{1}{6}\right)=\frac{7}{2}$

12 $\left(-\frac{3}{10}\right)\times(-2)^3\div\left(+\frac{6}{5}\right)$
$=\left(-\frac{3}{10}\right)\times(-8)\times\left(+\frac{5}{6}\right)$
$=+\left(\frac{3}{10}\times8\times\frac{5}{6}\right)=2$

13 $\left(-\frac{9}{8}\right)\div\left(+\frac{5}{12}\right)\times\left(-\frac{2}{3}\right)^2$
$=\left(-\frac{9}{8}\right)\times\left(+\frac{12}{5}\right)\times\left(+\frac{4}{9}\right)$
$=-\left(\frac{9}{8}\times\frac{12}{5}\times\frac{4}{9}\right)=-\frac{6}{5}$

14 $15-48\div(-6)\times(-2)=15-(-8)\times(-2)$
$=15-16=-1$

15 $(-3)^2\times4+(-28)\div7=9\times4+(-28)\div7$
$=36+(-4)=32$

16 $-(-5)^2+(-2)^3\div(-2)\times5$
$=-25+(-8)\div(-2)\times5$
$=-25+\left(8\times\frac{1}{2}\times5\right)$
$=-25+20=-5$

17 $(-8)\times3-(-14)\div\{5-(-2)\}$
$=(-8)\times3-(-14)\div7$
$=(-24)-(-2)=-22$

18 $10-\left[12\times\left\{\left(-\frac{4}{3}\right)+\left(-\frac{1}{2}\right)^2\right\}\right]$
$=10-\left[12\times\left\{\left(-\frac{4}{3}\right)+\frac{1}{4}\right\}\right]$
$=10-\left\{12\times\left(-\frac{13}{12}\right)\right\}$
$=10-(-13)=23$

19 $7-(-6)\times\left\{\left(-\frac{1}{2}\right)^3+\left(-\frac{9}{16}\right)\div\frac{3}{2}\right\}$
$=7-(-6)\times\left\{\left(-\frac{1}{8}\right)+\left(-\frac{9}{16}\right)\times\frac{2}{3}\right\}$
$=7-(-6)\times\left\{\left(-\frac{1}{8}\right)+\left(-\frac{3}{8}\right)\right\}$
$=7-(-6)\times\left(-\frac{1}{2}\right)$
$=7-3=4$

01 0	02 −9	03 −8	04 2	05 $-\frac{1}{4}$
06 $\frac{9}{14}$	07 $\frac{5}{16}$	08 21	09 $-\frac{5}{8}$	10 $\frac{27}{20}$
11 $\frac{7}{6}$	12 $-\frac{9}{5}$	13 −4	14 30	15 −37
16 2	17 −13	18 4	19 $\frac{17}{12}$	

07 $3.2=\frac{16}{5}$이므로 3.2의 역수는 $\frac{5}{16}$이다.

08 $(+12)\div\left(+\frac{4}{7}\right)=(+12)\times\left(+\frac{7}{4}\right)$
$=+\left(12\times\frac{7}{4}\right)=21$

09 $\left(+\dfrac{15}{8}\right)\div(-3)=\left(+\dfrac{15}{8}\right)\times\left(-\dfrac{1}{3}\right)$

$\qquad\qquad =-\left(\dfrac{15}{8}\times\dfrac{1}{3}\right)=-\dfrac{5}{8}$

10 $\left(-\dfrac{9}{8}\right)\div\left(-\dfrac{5}{6}\right)=\left(-\dfrac{9}{8}\right)\times\left(-\dfrac{6}{5}\right)$

$\qquad\qquad\qquad =+\left(\dfrac{9}{8}\times\dfrac{6}{5}\right)=\dfrac{27}{20}$

11 $\left(-\dfrac{7}{8}\right)\times(+12)\div(-9)$

$\quad =\left(-\dfrac{7}{8}\right)\times(+12)\times\left(-\dfrac{1}{9}\right)$

$\quad =+\left(\dfrac{7}{8}\times12\times\dfrac{1}{9}\right)=\dfrac{7}{6}$

12 $(+20)\div\left(-\dfrac{5}{3}\right)^{2}\times\left(-\dfrac{1}{4}\right)$

$\quad =(+20)\div\left(+\dfrac{25}{9}\right)\times\left(-\dfrac{1}{4}\right)$

$\quad =(+20)\times\left(+\dfrac{9}{25}\right)\times\left(-\dfrac{1}{4}\right)$

$\quad =-\left(20\times\dfrac{9}{25}\times\dfrac{1}{4}\right)=-\dfrac{9}{5}$

13 $\left(+\dfrac{24}{7}\right)\times\left(-\dfrac{1}{2}\right)^{3}\div\left(+\dfrac{3}{28}\right)$

$\quad =\left(+\dfrac{24}{7}\right)\times\left(-\dfrac{1}{8}\right)\times\left(+\dfrac{28}{3}\right)$

$\quad =-\left(\dfrac{24}{7}\times\dfrac{1}{8}\times\dfrac{28}{3}\right)=-4$

14 $35+40\div(-8)=35+(-5)=30$

15 $(-5)\times(-3)^{2}-48\div(-6)=(-5)\times9-(-8)$

$\qquad\qquad\qquad\qquad\qquad =(-45)+(+8)=-37$

16 $\dfrac{8}{3}\div3-\left(-\dfrac{2}{3}\right)^{2}\times\left(-\dfrac{5}{2}\right)=\dfrac{8}{3}\times\dfrac{1}{3}-\dfrac{4}{9}\times\left(-\dfrac{5}{2}\right)$

$\qquad\qquad\qquad\qquad\qquad =\dfrac{8}{9}-\left(-\dfrac{10}{9}\right)=2$

17 $5+\{3-(-6)\}\times(-2)=5+(+9)\times(-2)$

$\qquad\qquad\qquad\qquad\quad =5+(-18)=-13$

18 $7-(-3)\times\left\{\left(-\dfrac{1}{3}\right)^{2}\times15-\dfrac{8}{3}\right\}$

$\quad =7-(-3)\times\left(\dfrac{1}{9}\times15-\dfrac{8}{3}\right)$

$\quad =7-(-3)\times\left(\dfrac{5}{3}-\dfrac{8}{3}\right)$

$\quad =7-(-3)\times(-1)$

$\quad =7-3=4$

19 $\dfrac{5}{3}-\left\{9\times\dfrac{4}{3}\div(-3)+2\right\}\div(-2)^{3}$

$\quad =\dfrac{5}{3}-\left\{9\times\dfrac{4}{3}\times\left(-\dfrac{1}{3}\right)+2\right\}\div(-8)$

$\quad =\dfrac{5}{3}-(-4+2)\times\left(-\dfrac{1}{8}\right)$

$\quad =\dfrac{5}{3}-\dfrac{1}{4}=\dfrac{17}{12}$

학교 시험 PREVIEW

83쪽~85쪽

스스로 개념 점검

(1) 공통, 큰　　(2) ① 교환법칙　② 결합법칙　　(3) 부호

(4) 양, 음　　(5) ① 교환법칙　② 결합법칙　　(6) 분배법칙

(7) 양, 음　　(8) 역수

01 ③	02 ③	03 ①	04 ④	05 ③
06 ②	07 ⑤	08 ①	09 ④	10 ②
11 ④	12 ②	13 ④	14 ③	15 ⑤

16 (1) ⓒ, ⓔ, ⓛ, ⓕ (2) $\dfrac{7}{2}$

02 ③ $\left(+\dfrac{4}{7}\right)-\left(-\dfrac{3}{2}\right)=\left(+\dfrac{8}{14}\right)+\left(+\dfrac{21}{14}\right)=+\dfrac{29}{14}$

03 $A=(-4)-(-3)+(-7)$

$\quad =(-4)+(+3)+(-7)$

$\quad =(-4)+(-7)+(+3)$

$\quad =(-11)+(+3)=-8$

$B=-(-10)+(-4)+(-11)$

$\quad =(+10)+(-4)+(-11)$

$\quad =(+10)+(-15)=-5$

이므로 $A+B=(-8)+(-5)=-13$

04 $\dfrac{1}{2}-\dfrac{2}{3}+\dfrac{5}{6}-\dfrac{2}{9}$

$\quad =\left(+\dfrac{1}{2}\right)-\left(+\dfrac{2}{3}\right)+\left(+\dfrac{5}{6}\right)-\left(+\dfrac{2}{9}\right)$

$\quad =\left(+\dfrac{1}{2}\right)+\left(-\dfrac{2}{3}\right)+\left(+\dfrac{5}{6}\right)+\left(-\dfrac{2}{9}\right)$

$\quad =\left\{\left(+\dfrac{3}{6}\right)+\left(+\dfrac{5}{6}\right)\right\}+\left\{\left(-\dfrac{6}{9}\right)+\left(-\dfrac{2}{9}\right)\right\}$

$\quad =\left(+\dfrac{4}{3}\right)+\left(-\dfrac{8}{9}\right)$

$\quad =\left(+\dfrac{12}{9}\right)+\left(-\dfrac{8}{9}\right)=\dfrac{4}{9}$

05 ③ 0보다 -4만큼 작은 수 $\to 0-(-4)=4$

06 절댓값이 가장 큰 수는 $+\dfrac{7}{5}$,

절댓값이 가장 작은 수는 $-\dfrac{1}{3}$이므로

$$\left(+\dfrac{7}{5}\right)\times\left(-\dfrac{1}{3}\right)=-\left(\dfrac{7}{5}\times\dfrac{1}{3}\right)=-\dfrac{7}{15}$$

07 $\left(+\dfrac{3}{2}\right)\times(-4)\times\left(+\dfrac{10}{3}\right)$

$=(\boxed{-4})\times\left(+\dfrac{3}{2}\right)\times\left(+\dfrac{10}{3}\right)$ $\Big\}$ 곱셈의 $\boxed{교환}$법칙

$=(-4)\times\left\{\left(+\dfrac{3}{2}\right)\times\left(+\dfrac{10}{3}\right)\right\}$ $\Big\}$ 곱셈의 $\boxed{결합}$법칙

$=(-4)\times(\boxed{+5})$

$=\boxed{-20}$

㉠ : 교환 ㉡ : -4 ㉢ : 결합 ㉣ : $+5$ ㉤ : -20

따라서 ㉠~㉤에 알맞은 것은 ⑤이다.

08 $\left(-\dfrac{4}{5}\right)\times\left(-\dfrac{7}{4}\right)\times\left(-\dfrac{3}{2}\right)$

$=-\left(\dfrac{4}{5}\times\dfrac{7}{4}\times\dfrac{3}{2}\right)=-\dfrac{21}{10}$

09 ① $(-1)^6=1$

② $(-3)^2=9$

③ $(-2)^3=-8$

④ $-3^2=-9$

⑤ $-2^3=-8$

따라서 가장 작은 수는 ④ -3^2이다.

10 $(-1.5)\times27+(-1.5)\times3$

$=(-1.5)\times(27+3)=(-1.5)\times30=-45$

따라서 $a=30$, $b=-45$이므로

$a+b=30+(-45)=-15$

11 $\dfrac{9}{5}$의 역수는 $\dfrac{5}{9}$, $-\dfrac{1}{6}$의 역수는 -6이므로

$\dfrac{5}{9}\times(-6)=-\dfrac{10}{3}$

12 $(-0.8)\div\left(+\dfrac{4}{5}\right)=(-0.8)\times\left(+\dfrac{5}{4}\right)$

$=\left(-\dfrac{4}{5}\right)\times\left(+\dfrac{5}{4}\right)$

$=-\left(\dfrac{4}{5}\times\dfrac{5}{4}\right)$

$=-1$

13 $A=(-4)\times(+6)=-(4\times6)=-24$

$B=(-24)\div(-8)=+(24\div8)=3$

이므로 $A\times B=(-24)\times3=-72$

14 ㄱ. $(+3)\times(+5)=15$

ㄴ. $(-16)\div(-4)=4$

ㄷ. $(+12)\div(-3)=-4$

ㄹ. $(-1)\times(-7)\times(+2)=14$

ㅁ. $(-2)\times(-3)\times(-4)=-24$

ㅂ. $(+3)\times(-8)\div(+6)=-4$

따라서 계산 결과가 음수인 것은 ㄷ, ㅁ, ㅂ의 3개이다.

15 ① $\left(-\dfrac{1}{4}\right)\times16\div5=\left(-\dfrac{1}{4}\right)\times16\times\dfrac{1}{5}$

$=-\left(\dfrac{1}{4}\times16\times\dfrac{1}{5}\right)=-\dfrac{4}{5}$

② $(-1)^2\times\left(-\dfrac{16}{5}\right)\div4=1\times\left(-\dfrac{16}{5}\right)\times\dfrac{1}{4}$

$=-\left(1\times\dfrac{16}{5}\times\dfrac{1}{4}\right)=-\dfrac{4}{5}$

③ $\left(-\dfrac{2}{3}\right)\div\dfrac{5}{8}\times\dfrac{3}{4}=\left(-\dfrac{2}{3}\right)\times\dfrac{8}{5}\times\dfrac{3}{4}$

$=-\left(\dfrac{2}{3}\times\dfrac{8}{5}\times\dfrac{3}{4}\right)=-\dfrac{4}{5}$

④ $(-15)\div0.75\div(-5)^2=(-15)\div\dfrac{3}{4}\div25$

$=(-15)\times\dfrac{4}{3}\times\dfrac{1}{25}$

$=-\left(15\times\dfrac{4}{3}\times\dfrac{1}{25}\right)=-\dfrac{4}{5}$

⑤ $\left(-\dfrac{3}{4}\right)\div\dfrac{1}{5}\times(-1)^4=\left(-\dfrac{3}{4}\right)\times5\times1$

$=-\left(\dfrac{3}{4}\times5\times1\right)=-\dfrac{15}{4}$

따라서 계산 결과가 나머지 넷과 다른 하나는 ⑤이다.

16 서술형

(1) 계산 순서를 차례로 나열하면 ㉢, ㉣, ㉡, ㉠이다. ······ ❶

(2) $\left(-\dfrac{1}{4}\right)-\dfrac{3}{4}\div\left\{\left(\dfrac{1}{2}-\dfrac{2}{3}\right)\times\dfrac{6}{5}\right\}$

$=\left(-\dfrac{1}{4}\right)-\dfrac{3}{4}\div\left\{\left(-\dfrac{1}{6}\right)\times\dfrac{6}{5}\right\}$

$=\left(-\dfrac{1}{4}\right)-\dfrac{3}{4}\div\left(-\dfrac{1}{5}\right)$

$=\left(-\dfrac{1}{4}\right)-\dfrac{3}{4}\times(-5)$

$=\left(-\dfrac{1}{4}\right)+\dfrac{15}{4}=\dfrac{7}{2}$ ······ ❷

채점 기준	비율
❶ 계산 순서 나열하기	40 %
❷ 주어진 식 계산하기	60 %

III. 문자의 사용과 식

1 문자의 사용과 식

01 문자를 사용한 식
89쪽

01 a 02 $90 \times x$ 03 $x \times 5 + y \times 7$
04 $10000 - 2000 \times a$ 05 $7000 - x \times 3$ 06 $a \div 12$
07 $3 \times x$ 08 $28 - x$ 09 $x + 3$ 10 $a - 17$

02 곱셈 기호의 생략
90쪽

01 $3a$ 02 $-2x$ 03 $\frac{1}{5}a$ 04 $-y$ 05 $-0.01a$
06 xyz 07 lmn 08 a^4 09 x^2y^3 10 $\frac{2}{3}(a-b)$
11 $-3a(5x-2)$ 12 $\frac{1}{3}xy^2$ 13 $-5a^2b^2$ 14 $-\frac{3}{4}x^3y$
15 a^2 16 $-x-4y$ 17 $8+5a^2$ 18 $2x^2-7y$
19 $-5(a+b)+6c$

03 나눗셈 기호의 생략
91쪽~92쪽

01 $2, -\frac{1}{2}x$ 02 $\frac{b}{8}$ 03 $-\frac{7}{a}$ 04 $-5y$ 05 $\frac{3a}{2b}$
06 $\frac{x+y}{3}$ 07 $\frac{1}{2x-y}$ 08 $\frac{a}{b+c}$ 09 $b, 1, \frac{a}{bc}$ 10 $-\frac{1}{xy}$
11 $\frac{a-b}{ab}$ 12 $\frac{ab}{c}$ 13 xyz 14 $\frac{4}{x(y-2)}$
15 $-7x+\frac{10}{y}$ 16 $\frac{a}{5}-\frac{b+c}{3}$
17 (1) xy, xy (2) $\frac{a}{b}, \frac{ac}{b}$ 18 $-\frac{ab}{5}$ 19 $-\frac{xy}{7}$
20 $\frac{3(x+2y)}{4}$ 21 $-\frac{ab}{2}$ 22 $\frac{7y}{x+3}$ 23 $5a-\frac{b}{c}$
24 $-\frac{x}{6}+8y$ 25 $m^2-\frac{m}{7}$
26 $xy+\frac{y}{x-1}$ 27 $\frac{b}{c}, \frac{ab}{c}$ 28 $\frac{a}{bc}$ 29 $\frac{xy}{z}$
30 $\frac{xz}{y}$ 31 $\frac{ab}{c}$ 32 $6 \times x \times y$
33 $(-1) \times a \times a \times b$ 34 $(-2) \times x \times (a+b)$ 35 $b \div 7$
36 $5 \div x \div y$ 37 $(x-y) \div 3$

10 $(-1) \div x \div y = (-1) \times \frac{1}{x} \times \frac{1}{y} = -\frac{1}{xy}$

11 $(a-b) \div a \div b = (a-b) \times \frac{1}{a} \times \frac{1}{b} = \frac{a-b}{ab}$

12 $a \div \frac{1}{b} \div c = a \times b \times \frac{1}{c} = \frac{ab}{c}$

13 $x \div \frac{1}{y} \div \frac{1}{z} = x \times y \times z = xyz$

14 $4 \div x \div (y-2) = 4 \times \frac{1}{x} \times \frac{1}{y-2} = \frac{4}{x(y-2)}$

15 $x \div \left(-\frac{1}{7}\right) + 10 \div y = x \times (-7) + 10 \times \frac{1}{y} = -7x + \frac{10}{y}$

28 $a \div (b \times c) = a \div bc = \frac{a}{bc}$

29 $x \div \left(\frac{1}{y} \times z\right) = x \div \frac{z}{y} = x \times \frac{y}{z} = \frac{xy}{z}$

30 $x \div (y \div z) = x \div \frac{y}{z} = x \times \frac{z}{y} = \frac{xz}{y}$

31 $a \div \left(\frac{1}{b} \div \frac{1}{c}\right) = a \div \left(\frac{1}{b} \times c\right) = a \div \frac{c}{b} = a \times \frac{b}{c} = \frac{ab}{c}$

04 문자를 사용한 식으로 나타내기 (1)
93쪽

01 $4a, 3b$ 02 $xy+2$ 03 $x, y, 10x+y$
04 $100a+10b+5$ 05 $a, b, \frac{1}{2}ab$ 06 $2(x+4)$
07 a^2 08 $\frac{5}{2}(x+8)$

08 $\frac{1}{2} \times (x+8) \times 5 = \frac{5}{2}(x+8)(\text{cm}^2)$

05 문자를 사용한 식으로 나타내기 (2)
94쪽

01 $75, x, 75x$ 02 $2a$ 03 $\frac{45}{x}$ 04 $\frac{a}{3}$
05 $\frac{10}{y}$ 06 $\frac{x}{80}$ 07 $x, 50, 2x$ 08 $\frac{x}{2}$
09 $4x$ 10 $7, 7x$ 11 $20a$ 12 $5000-50x$

08 (설탕물의 농도) $= \frac{(설탕의 양)}{(설탕물의 양)} \times 100$
$= \frac{x}{200} \times 100 = \frac{x}{2}(\%)$

09 (소금의 양)$=\dfrac{(\text{소금물의 농도})}{100}\times(\text{소금물의 양})$

$\qquad\qquad\quad=\dfrac{x}{100}\times400=4x\,(\text{g})$

11 $2000\times\dfrac{a}{100}=20a\,(\text{원})$

12 $5000-5000\times\dfrac{x}{100}=5000-50x\,(\text{원})$

06 식의 값

95쪽~96쪽

01 3, 14	**02** 16	**03** 3	**04** 8	**05** -2, 2
06 10	**07** 10	**08** -8	**09** 6	**10** -4
11 8	**12** -5	**13** 12	**14** 8	**15** -11
16 0	**17** $\dfrac{1}{2}$, 2, 16	**18** $-\dfrac{5}{3}$	**19** 3	**20** 8
21 5	**22** -10	**23** 18	**24** 19	**25** $90x$ km
26 180 km	**27** $(2a+3b)$원		**28** 9000원	
29 $\dfrac{1}{2}xy$ cm^2		**30** 20 cm^2		

02 $6x-2=6\times3-2=18-2=16$

03 $-3x+12=-3\times3+12=-9+12=3$

04 $9-\dfrac{1}{3}x=9-\dfrac{1}{3}\times3=9-1=8$

06 $-5a=-5\times(-2)=10$

07 $2-4a=2-4\times(-2)=2+8=10$

08 $\dfrac{7}{2}a-1=\dfrac{7}{2}\times(-2)-1=-7-1=-8$

09 $x^2+x=(-3)^2+(-3)=9+(-3)=6$

10 $-a^2+3a=-(-1)^2+3\times(-1)=-1+(-3)=-4$

11 $\dfrac{10}{m}+6=\dfrac{10}{5}+6=2+6=8$

12 $9k-2=9\times\left(-\dfrac{1}{3}\right)-2=-3-2=-5$

13 $x^2+2y=2^2+2\times4=4+8=12$

14 $2(p-q)=2\times\{1-(-3)\}=2\times4=8$

15 $8ab-9=8\times\dfrac{3}{4}\times\left(-\dfrac{1}{3}\right)-9=-2-9=-11$

16 $\dfrac{m}{10}-\dfrac{1}{n}=\dfrac{-5}{10}-\dfrac{1}{-2}=-\dfrac{1}{2}+\dfrac{1}{2}=0$

18 $-\dfrac{5}{6x}=-5\div(6\times x)=-5\div\left(6\times\dfrac{1}{2}\right)=-5\div3=-\dfrac{5}{3}$

19 $9-\dfrac{3}{x}=9-3\div x=9-3\div\dfrac{1}{2}=9-3\times2=9-6=3$

20 $\dfrac{2}{x^2}=2\div x^2=2\div\left(\dfrac{1}{2}\right)^2=2\div\dfrac{1}{4}=2\times4=8$

21 $\dfrac{1}{x}+\dfrac{1}{y}=1\div x+1\div y$

$\qquad\quad=1\div\dfrac{1}{2}+1\div\dfrac{1}{3}$

$\qquad\quad=1\times2+1\times3=2+3=5$

22 $\dfrac{2}{a}+\dfrac{4}{b}=2\div a+4\div b$

$\qquad\quad=2\div(-1)+4\div\left(-\dfrac{1}{2}\right)$

$\qquad\quad=-2+4\times(-2)$

$\qquad\quad=-2+(-8)=-10$

23 $-\dfrac{1}{x}+\dfrac{3}{y}=(-1)\div x+3\div y$

$\qquad\quad=(-1)\div\left(-\dfrac{1}{6}\right)+3\div\dfrac{1}{4}$

$\qquad\quad=(-1)\times(-6)+3\times4$

$\qquad\quad=6+12=18$

24 $\dfrac{2}{m}-\dfrac{5}{n}=2\div m-5\div n$

$\qquad\quad=2\div\dfrac{1}{2}-5\div\left(-\dfrac{1}{3}\right)$

$\qquad\quad=2\times2-5\times(-3)$

$\qquad\quad=4-(-15)=19$

28 $2a+3b=2\times1500+3\times2000=9000\,(\text{원})$

30 $\dfrac{1}{2}xy=\dfrac{1}{2}\times8\times5=20\,(\text{cm}^2)$

III. 문자의 사용과 식 **49**

10분 연산 TEST 1회

97쪽

01 $-x^2$ 02 $0.1ab$ 03 $-\dfrac{1}{3}a^2b$ 04 $2a-4b$

05 $-a+5b^2$ 06 $\dfrac{a}{5}$ 07 $\dfrac{x-4}{y}$ 08 $-\dfrac{a}{7b}$

09 $\dfrac{xy}{z}$ 10 $\dfrac{ab}{4}$ 11 $\dfrac{ab}{c}$ 12 $\dfrac{x}{yz}$ 13 $\dfrac{3}{x}-5y$

14 $(5000-8a)$원 15 $3x$ cm 16 $\dfrac{x}{20}$ 시간 17 2

18 3 19 3 20 -15 21 $\dfrac{1}{2}(4+x)y$ cm^2

22 21 cm^2

10분 연산 TEST 2회

98쪽

01 $-4a^2$ 02 $-0.1xy$ 03 $\dfrac{1}{2}a^2b^2$ 04 $3x+\dfrac{2}{5}y$

05 $2a^2-a(b-1)$ 06 $-\dfrac{5}{x}$ 07 $\dfrac{a}{b-3}$ 08 $-\dfrac{6x}{y}$

09 $\dfrac{9a}{8b}$ 10 $-\dfrac{xy}{z}$ 11 $3ab$ 12 $\dfrac{ac}{b}$ 13 $-x^2+\dfrac{7}{y}$

14 $(13-a)$세 15 $(1200x+900y)$원 16 $70x$ km

17 4 18 5 19 14 20 42 21 ah cm^2

22 20 cm^2

---

08 $a \div b \div (-7) = a \times \dfrac{1}{b} \times \left(-\dfrac{1}{7}\right) = -\dfrac{a}{7b}$

09 $x \div \dfrac{1}{y} \div z = x \times y \times \dfrac{1}{z} = \dfrac{xy}{z}$

10 $a \div 4 \times b = a \times \dfrac{1}{4} \times b = \dfrac{ab}{4}$

11 $a \times b \div c = a \times b \times \dfrac{1}{c} = \dfrac{ab}{c}$

12 $x \div (y \times z) = x \div yz = \dfrac{x}{yz}$

17 $1 + 4a^2 = 1 + 4 \times \left(-\dfrac{1}{2}\right)^2 = 1 + 4 \times \dfrac{1}{4} = 1 + 1 = 2$

18 $2a - \dfrac{2}{a} = 2 \times a - 2 \div a = 2 \times \left(-\dfrac{1}{2}\right) - 2 \div \left(-\dfrac{1}{2}\right)$
$\qquad = -1 - 2 \times (-2) = -1 + 4 = 3$

19 $\dfrac{x-y}{x+y} = \dfrac{-2-1}{-2+1} = \dfrac{-3}{-1} = 3$

20 $\dfrac{6}{x} - \dfrac{9}{y} = 6 \div x - 9 \div y = 6 \div \left(-\dfrac{1}{2}\right) - 9 \div 3$
$\qquad = 6 \times (-2) - 3 = -12 - 3 = -15$

21 사다리꼴의 넓이는
$\dfrac{1}{2} \times \{(\text{윗변의 길이}) + (\text{아랫변의 길이})\} \times (\text{높이})$이므로
$\dfrac{1}{2} \times (4+x) \times y = \dfrac{1}{2}(4+x)y (\text{cm}^2)$

22 $\dfrac{1}{2}(4+x)y = \dfrac{1}{2} \times 7 \times 6 = 21 (\text{cm}^2)$

---

08 $x \div \left(-\dfrac{1}{6}\right) \div y = x \times (-6) \times \dfrac{1}{y} = -\dfrac{6x}{y}$

09 $a \div 2 \div \dfrac{4}{9}b = a \times \dfrac{1}{2} \times \dfrac{9}{4b} = \dfrac{9a}{8b}$

10 $x \times y \div (-z) = x \times y \times \left(-\dfrac{1}{z}\right) = -\dfrac{xy}{z}$

11 $a \div \dfrac{1}{3} \times b = a \times 3 \times b = 3ab$

12 $a \div \left(b \times \dfrac{1}{c}\right) = a \div \dfrac{b}{c} = a \times \dfrac{c}{b} = \dfrac{ac}{b}$

17 $-9x^2 + 5 = -9 \times \left(\dfrac{1}{3}\right)^2 + 5 = -9 \times \dfrac{1}{9} + 5 = -1 + 5 = 4$

18 $6x + \dfrac{1}{x} = 6 \times x + 1 \div x = 6 \times \dfrac{1}{3} + 1 \div \dfrac{1}{3}$
$\qquad = 2 + 1 \times 3 = 2 + 3 = 5$

19 $3x - \dfrac{x}{y} = 3 \times 4 - \dfrac{4}{-2} = 12 - (-2) = 12 + 2 = 14$

20 $\dfrac{8}{x^2} + \dfrac{2}{y} = 8 \div x^2 + 2 \div y = 8 \div \left(-\dfrac{1}{2}\right)^2 + 2 \div \dfrac{1}{5}$
$\qquad = 8 \div \dfrac{1}{4} + 2 \times 5 = 8 \times 4 + 10 = 42$

21 평행사변형의 넓이는 (밑변의 길이) × (높이)이므로
ah cm^{2}이다.

22 $ah = 5 \times 4 = 20 (\text{cm}^2)$

07 다항식

99쪽

01 $-5y$ (1) $2x$, $-5y$, 7 (2) 7 (3) 2 (4) -5

02 (1) $-3x$, y, -8 (2) -8 (3) -3 (4) 1

03 (1) $\frac{2}{5}x$, $\frac{y}{3}$, $-\frac{1}{2}$ (2) $-\frac{1}{2}$ (3) $\frac{2}{5}$ (4) $\frac{1}{3}$

04 (1) $-\frac{a}{4}$, $7b$ (2) 0 (3) $-\frac{1}{4}$ (4) 7

05 (1) x^2, $-6x$, 4 (2) 4 (3) 1 (4) -6 06 $\times$ 07 $\bigcirc$

08 $\times$ 09 $\bigcirc$ 10 $\times$ 11 $\bigcirc$

02 $-3x+y-8=-3x+y+(-8)$

03 $\frac{2}{5}x+\frac{y}{3}-\frac{1}{2}=\frac{2}{5}x+\frac{y}{3}+\left(-\frac{1}{2}\right)$

05 $x^2-6x+4=x^2+(-6x)+4$

08 $\frac{1}{a}$은 분모에 문자가 있으므로 다항식이 아니다.
즉, 다항식이 아니므로 단항식이 아니다.

08 차수와 일차식

100쪽

01 1, 일차식이다   02 2, 일차식이 아니다

03 1, 일차식이다   04 3, 일차식이 아니다

05 1, 일차식이다   06 0, 일차식이 아니다   07 $\bigcirc$

08 $\times$ 09 $\bigcirc$ 10 $\times$ 11 $\bigcirc$ 12 $\bigcirc$

13 $\times$

10 $\frac{3}{x}+2$는 분모에 문자가 있으므로 다항식이 아니다.
즉, 다항식이 아니므로 일차식이 아니다.

13 $0\times x+7=7$에서 상수항은 차수가 0이므로 일차식이 아니다.

09 단항식과 수의 곱셈, 나눗셈

101쪽

01 (1) 3, $21x$ (2) -1, $-5x$ 02 $3x$ 03 $-14x$

04 $12a$ 05 $-9x$ 06 $-6x$ 07 $6y$

08 (1) $\frac{1}{3}$, $\frac{1}{3}$, $5x$ (2) $-\frac{7}{3}$, $-\frac{7}{3}$, $-28x$ 09 $8a$

10 $-5y$ 11 $8x$ 12 $-\frac{8}{5}b$ 13 $\frac{3}{2}x$

12 $\frac{2}{3}b\div\left(-\frac{5}{12}\right)=\frac{2}{3}\times b\times\left(-\frac{12}{5}\right)$
$=\frac{2}{3}\times\left(-\frac{12}{5}\right)\times b=-\frac{8}{5}b$

13 $\left(-\frac{3}{10}x\right)\div\left(-\frac{1}{5}\right)=\left(-\frac{3}{10}\right)\times x\times(-5)$
$=\left(-\frac{3}{10}\right)\times(-5)\times x=\frac{3}{2}x$

10 일차식과 수의 곱셈

102쪽

01 3, 3, $3x-6$ 02 $10a+6$ 03 $-24x+8$

04 $-4x+5$ 05 $-3x-21$ 06 $4y-6$

07 $-3b-\frac{2}{5}$ 08 $-\frac{1}{2}x+\frac{2}{3}$

09 -3, -3, $-9x+15$ 10 $14x-2$ 11 $20a-5$ 12 $2x-3$

13 $-3x-5$ 14 $-8a+\frac{4}{3}$ 15 $-4y+3$

16 $-\frac{10}{3}x+1$

12 $(6x-9)\times\frac{1}{3}=6x\times\frac{1}{3}-9\times\frac{1}{3}=2x-3$

13 $(12x+20)\times\left(-\frac{1}{4}\right)=12x\times\left(-\frac{1}{4}\right)+20\times\left(-\frac{1}{4}\right)$
$=-3x-5$

14 $(18a-3)\times\left(-\frac{4}{9}\right)=18a\times\left(-\frac{4}{9}\right)-3\times\left(-\frac{4}{9}\right)$
$=-8a+\frac{4}{3}$

15 $\left(-\frac{1}{3}y+\frac{1}{4}\right)\times 12=\left(-\frac{1}{3}y\right)\times 12+\frac{1}{4}\times 12$
$=-4y+3$

16 $\left(\frac{5}{2}x-\frac{3}{4}\right)\times\left(-\frac{4}{3}\right)=\frac{5}{2}x\times\left(-\frac{4}{3}\right)-\frac{3}{4}\times\left(-\frac{4}{3}\right)$
$=-\frac{10}{3}x+1$

11 일차식과 수의 나눗셈

103쪽

01 $\frac{1}{4}$, $\frac{1}{4}$, $\frac{1}{4}$, $3x-2$ 02 $3-5y$ 03 $-2x-3$

04 $-\frac{2}{5}x+3$ 05 $6x-21$ 06 $-20a+10$

07 $3x+12$ 08 $-12x-8$ 09 $-25x+20$

10 $-5y-15$ 11 $14a-21$ 12 $-10x+3$

05 $(2x-7)\div\frac{1}{3}=(2x-7)\times 3$
$=2x\times 3-7\times 3=6x-21$

06 $(-10a+5) \div \dfrac{1}{2} = (-10a+5) \times 2$
$= (-10a) \times 2 + 5 \times 2 = -20a + 10$

07 $(2x+8) \div \dfrac{2}{3} = (2x+8) \times \dfrac{3}{2}$
$= 2x \times \dfrac{3}{2} + 8 \times \dfrac{3}{2} = 3x + 12$

08 $(-9x-6) \div \dfrac{3}{4} = (-9x-6) \times \dfrac{4}{3}$
$= (-9x) \times \dfrac{4}{3} - 6 \times \dfrac{4}{3} = -12x - 8$

09 $(-10x+8) \div \dfrac{2}{5} = (-10x+8) \times \dfrac{5}{2}$
$= (-10x) \times \dfrac{5}{2} + 8 \times \dfrac{5}{2} = -25x + 20$

10 $(y+3) \div \left(-\dfrac{1}{5}\right) = (y+3) \times (-5)$
$= y \times (-5) + 3 \times (-5) = -5y - 15$

11 $(-4a+6) \div \left(-\dfrac{2}{7}\right) = (-4a+6) \times \left(-\dfrac{7}{2}\right)$
$= (-4a) \times \left(-\dfrac{7}{2}\right) + 6 \times \left(-\dfrac{7}{2}\right)$
$= 14a - 21$

12 $\left(8x - \dfrac{12}{5}\right) \div \left(-\dfrac{4}{5}\right) = \left(8x - \dfrac{12}{5}\right) \times \left(-\dfrac{5}{4}\right)$
$= 8x \times \left(-\dfrac{5}{4}\right) - \dfrac{12}{5} \times \left(-\dfrac{5}{4}\right)$
$= -10x + 3$

06 $2x^2 + 5$의 차수는 2이다.

08 ㄷ. $\dfrac{2}{x} - 5$는 분모에 문자가 있으므로 다항식이 아니다.
즉, 다항식이 아니므로 일차식이 아니다.
ㄹ. $x^2 - x + 1$의 차수는 2이므로 일차식이 아니다.
ㅂ. $-\dfrac{1}{2}$은 상수항으로 차수가 0이므로 일차식이 아니다.

17 $-(2x-5) = (-1) \times 2x - (-1) \times 5 = -2x + 5$

18 $\dfrac{1}{2}(4x-2y) = \dfrac{1}{2} \times 4x - \dfrac{1}{2} \times 2y = 2x - y$

19 $(-x+7) \times 3 = (-x) \times 3 + 7 \times 3 = -3x + 21$

20 $(12x-2) \times \left(-\dfrac{1}{4}\right) = 12x \times \left(-\dfrac{1}{4}\right) - 2 \times \left(-\dfrac{1}{4}\right)$
$= -3x + \dfrac{1}{2}$

21 $(3x+12) \div 3 = (3x+12) \times \dfrac{1}{3}$
$= 3x \times \dfrac{1}{3} + 12 \times \dfrac{1}{3} = x + 4$

22 $(-4x-18y) \div \dfrac{2}{3} = (-4x-18y) \times \dfrac{3}{2}$
$= (-4x) \times \dfrac{3}{2} - 18y \times \dfrac{3}{2}$
$= -6x - 27y$

23 $(8y-12) \div \left(-\dfrac{4}{3}\right) = (8y-12) \times \left(-\dfrac{3}{4}\right)$
$= 8y \times \left(-\dfrac{3}{4}\right) - 12 \times \left(-\dfrac{3}{4}\right)$
$= -6y + 9$

10분 연산 TEST 1회 ├─104쪽─┤

01 $-\dfrac{4}{7}$	02 $-\dfrac{2}{3}$	03 $\dfrac{1}{5}$	04 ○	05 ×
06 ×	07 ○	08 ㄱ, ㄴ, ㅁ	09 $6x$	10 $-36a$
11 $-\dfrac{3}{4}x$	12 $-x$	13 $-\dfrac{5}{3}x$	14 $3x$	15 $-30x$
16 $\dfrac{1}{2}x$	17 $-2x+5$		18 $2x-y$	
19 $-3x+21$		20 $-3x+\dfrac{1}{2}$		21 $x+4$
22 $-6x-27y$		23 $-6y+9$		

10분 연산 TEST 2회 ├─105쪽─┤

01 3	02 -1	03 6	04 ×	05 ○
06 ○	07 ×	08 ㄱ, ㄴ, ㄷ, ㅂ	09 $15x$	
10 $-24y$	11 $-16a$	12 $-\dfrac{1}{2}x$	13 $5x$	14 $-3y$
15 $-10y$	16 $\dfrac{1}{5}a$	17 $15x-6$		18 $-4y+3$
19 $-2a-8b$		20 $-4b+7$		21 $-3x+1$
22 $4x-10y$		23 $-4a+\dfrac{3}{5}$		

05 $3a-3$의 상수항은 -3이다.

04 $y^2 + y - 3$에서 항은 y^2, y, -3이다.

07 $3y-2y^2+1$의 차수는 2이다.

08 ㄴ. $0\times x^2+x=x$이므로 일차식이다.

　　ㄹ. -1은 상수항으로 차수가 0이므로 일차식이 아니다.

　　ㅁ. $\dfrac{5}{y}+4$는 분모에 문자가 있으므로 다항식이 아니다.

　　즉, 다항식이 아니므로 일차식이 아니다.

17 $3(5x-2)=3\times5x-3\times2=15x-6$

18 $-\dfrac{1}{5}(20y-15)=\left(-\dfrac{1}{5}\right)\times20y-\left(-\dfrac{1}{5}\right)\times15=-4y+3$

19 $(a+4b)\times(-2)=a\times(-2)+4b\times(-2)=-2a-8b$

20 $(-12b+21)\times\dfrac{1}{3}=(-12b)\times\dfrac{1}{3}+21\times\dfrac{1}{3}=-4b+7$

21 $(-18x+6)\div6=(-18x+6)\times\dfrac{1}{6}$
$$=(-18x)\times\dfrac{1}{6}+6\times\dfrac{1}{6}=-3x+1$$

22 $(2x-5y)\div\dfrac{1}{2}=(2x-5y)\times2=2x\times2-5y\times2$
$$=4x-10y$$

23 $\left(\dfrac{10}{3}a-\dfrac{1}{2}\right)\div\left(-\dfrac{5}{6}\right)=\left(\dfrac{10}{3}a-\dfrac{1}{2}\right)\times\left(-\dfrac{6}{5}\right)$
$$=\dfrac{10}{3}a\times\left(-\dfrac{6}{5}\right)-\dfrac{1}{2}\times\left(-\dfrac{6}{5}\right)$$
$$=-4a+\dfrac{3}{5}$$

12 동류항

01 ○　　**02** ×　　**03** ×　　**04** ○

05 3과 2, $2x$와 $-5x$　　**06** $5a$와 $-\dfrac{1}{2}a$, b와 $-3b$

07 $2y$와 $-3y$, $-\dfrac{2}{3}x$와 x, 4와 $-\dfrac{1}{3}$　　**08** (1) 2, $7a$　(2) 4, $3x$

09 $6y$　　**10** $-9b$　　**11** $-\dfrac{1}{3}x$　　**12** $\dfrac{3}{4}y$　　**13** $-\dfrac{5}{6}x$

14 6, a　　**15** $8x$　　**16** $9a$　　**17** $-9b$　　**18** $-3x$

19 $-y$　　**20** $-\dfrac{1}{6}a$　　**21** $-\dfrac{5}{4}b$　　**22** 2, 3, $3a+10$

23 $10x+15$　**24** $-7x+7$　**25** $-10a-11$　　**26** $\dfrac{5}{2}x+\dfrac{3}{2}$

27 $2x-2y$　**28** $-2b+\dfrac{7}{2}$　　**29** $\dfrac{7}{6}a-\dfrac{5}{4}b$

02 $2a$와 $4b$는 문자가 다르므로 동류항이 아니다.

03 a^2과 a^3은 차수가 다르므로 동류항이 아니다.

20 $\dfrac{1}{3}a-a+\dfrac{1}{2}a=\left(\dfrac{1}{3}-1+\dfrac{1}{2}\right)a$
$$=\left(\dfrac{2}{6}-\dfrac{6}{6}+\dfrac{3}{6}\right)a=-\dfrac{1}{6}a$$

21 $-\dfrac{1}{2}b+\dfrac{1}{4}b-b=\left(-\dfrac{1}{2}+\dfrac{1}{4}-1\right)b$
$$=\left(-\dfrac{2}{4}+\dfrac{1}{4}-\dfrac{4}{4}\right)b=-\dfrac{5}{4}b$$

28 $-\dfrac{7}{3}b+5-\dfrac{3}{2}+\dfrac{1}{3}b=-\dfrac{7}{3}b+\dfrac{1}{3}b+5-\dfrac{3}{2}$
$$=\left(-\dfrac{7}{3}+\dfrac{1}{3}\right)b+\left(5-\dfrac{3}{2}\right)$$
$$=-2b+\dfrac{7}{2}$$

29 $\dfrac{4}{3}a+\dfrac{1}{4}b-\dfrac{1}{6}a-\dfrac{3}{2}b=\dfrac{4}{3}a-\dfrac{1}{6}a+\dfrac{1}{4}b-\dfrac{3}{2}b$
$$=\left(\dfrac{8}{6}-\dfrac{1}{6}\right)a+\left(\dfrac{1}{4}-\dfrac{6}{4}\right)b$$
$$=\dfrac{7}{6}a-\dfrac{5}{4}b$$

13 일차식의 덧셈과 뺄셈

01 2, 5, 5, 9　**02** $8x-2$　**03** $-2y$　**04** -4　**05** $-2x+2$

06 $\dfrac{3}{5}x+\dfrac{2}{3}$　**07** $2b-1$　**08** 6, 4, -3, 9　　**09** $-3x-5$

10 $-8x+7$　**11** $11y-2$　**12** -4　**13** $-x-1$　**14** $b+2$

15 8, 5　**16** $11x-8$　**17** $10a+1$　**18** $5y+4$

19 $-9x+42$　　**20** $2y-25$　**21** $-9a+35$

22 $6x+4$　**23** $2y-11$　**24** 2, 6, 2, 2, 3, 6　　**25** $-5x+8$

26 $7a+6$　**27** $26x-14$　**28** $x+2$　**29** $3x-4$　**30** $3x+2$

02 $(2x+5)+(6x-7)=2x+5+6x-7$
$$=2x+6x+5-7=8x-2$$

03 $(-3y+8)+(y-8)=-3y+8+y-8$
$$=-3y+y+8-8=-2y$$

04 $(5a-10)+(-5a+6)=5a-10-5a+6$
$$=5a-5a-10+6=-4$$

05 $(x+7)+(-3x-5)=x+7-3x-5$
$$=x-3x+7-5=-2x+2$$

Ⅲ. 문자의 사용과 식　**53**

06 $\left(\dfrac{2}{5}x+\dfrac{4}{3}\right)+\left(\dfrac{1}{5}x-\dfrac{2}{3}\right)=\dfrac{2}{5}x+\dfrac{4}{3}+\dfrac{1}{5}x-\dfrac{2}{3}$

$\qquad\qquad\qquad\qquad\quad=\dfrac{2}{5}x+\dfrac{1}{5}x+\dfrac{4}{3}-\dfrac{2}{3}$

$\qquad\qquad\qquad\qquad\quad=\dfrac{3}{5}x+\dfrac{2}{3}$

07 $\left(\dfrac{2}{3}b-\dfrac{1}{4}\right)+\left(\dfrac{4}{3}b-\dfrac{3}{4}\right)=\dfrac{2}{3}b-\dfrac{1}{4}+\dfrac{4}{3}b-\dfrac{3}{4}$

$\qquad\qquad\qquad\qquad\quad=\dfrac{2}{3}b+\dfrac{4}{3}b-\dfrac{1}{4}-\dfrac{3}{4}$

$\qquad\qquad\qquad\qquad\quad=2b-1$

09 $(2x-6)-(5x-1)=2x-6-5x+1$

$\qquad\qquad\qquad\quad=2x-5x-6+1$

$\qquad\qquad\qquad\quad=-3x-5$

10 $(-5x+3)-(3x-4)=-5x+3-3x+4$

$\qquad\qquad\qquad\qquad=-5x-3x+3+4$

$\qquad\qquad\qquad\qquad=-8x+7$

11 $(7y+3)-(-4y+5)=7y+3+4y-5$

$\qquad\qquad\qquad\qquad=7y+4y+3-5$

$\qquad\qquad\qquad\qquad=11y-2$

12 $(-3a+4)-(-3a+8)=-3a+4+3a-8$

$\qquad\qquad\qquad\qquad\quad=-3a+3a+4-8=-4$

13 $\left(\dfrac{1}{2}x+\dfrac{1}{5}\right)-\left(\dfrac{3}{2}x+\dfrac{6}{5}\right)=\dfrac{1}{2}x+\dfrac{1}{5}-\dfrac{3}{2}x-\dfrac{6}{5}$

$\qquad\qquad\qquad\qquad\quad=\dfrac{1}{2}x-\dfrac{3}{2}x+\dfrac{1}{5}-\dfrac{6}{5}$

$\qquad\qquad\qquad\qquad\quad=-x-1$

14 $\left(\dfrac{7}{4}b+\dfrac{3}{5}\right)-\left(\dfrac{3}{4}b-\dfrac{7}{5}\right)=\dfrac{7}{4}b+\dfrac{3}{5}-\dfrac{3}{4}b+\dfrac{7}{5}$

$\qquad\qquad\qquad\qquad\quad=\dfrac{7}{4}b-\dfrac{3}{4}b+\dfrac{3}{5}+\dfrac{7}{5}$

$\qquad\qquad\qquad\qquad\quad=b+2$

16 $(x-6)+2(5x-1)=x-6+10x-2$

$\qquad\qquad\qquad\quad=11x-8$

17 $4(3a+2)-(2a+7)=12a+8-2a-7$

$\qquad\qquad\qquad\qquad=10a+1$

18 $2(5y-3)+5(-y+2)=10y-6-5y+10$

$\qquad\qquad\qquad\qquad\quad=5y+4$

19 $6(-x+5)-3(x-4)=-6x+30-3x+12$

$\qquad\qquad\qquad\qquad\quad=-9x+42$

20 $7(2y-3)-4(3y+1)=14y-21-12y-4$

$\qquad\qquad\qquad\qquad\quad=2y-25$

21 $-(4a-5)-5(a-6)=-4a+5-5a+30$

$\qquad\qquad\qquad\qquad\quad=-9a+35$

22 $\dfrac{1}{3}(6x+15)+\dfrac{1}{2}(8x-2)=2x+5+4x-1=6x+4$

23 $15\left(\dfrac{2}{5}y-\dfrac{1}{3}\right)-8\left(\dfrac{1}{2}y+\dfrac{3}{4}\right)=6y-5-4y-6$

$\qquad\qquad\qquad\qquad\qquad=2y-11$

25 $3x-2\{3x-(4-x)\}=3x-2(3x-4+x)$

$\qquad\qquad\qquad\qquad=3x-2(4x-4)$

$\qquad\qquad\qquad\qquad=3x-8x+8=-5x+8$

26 $a-\{9-3(2a+5)\}=a-(9-6a-15)$

$\qquad\qquad\qquad\qquad=a-(-6a-6)$

$\qquad\qquad\qquad\qquad=a+6a+6=7a+6$

27 $4(x-1)+2\{x-5(1-2x)\}$

$=4x-4+2(x-5+10x)$

$=4x-4+2(11x-5)$

$=4x-4+22x-10$

$=26x-14$

28 $\dfrac{2}{3}x-\dfrac{1}{3}\{2x-(3x+6)\}$

$=\dfrac{2}{3}x-\dfrac{1}{3}(2x-3x-6)$

$=\dfrac{2}{3}x-\dfrac{1}{3}(-x-6)$

$=\dfrac{2}{3}x+\dfrac{1}{3}x+2=x+2$

29 $5x-[6x+2\{x-(3x-2)\}]$

$=5x-\{6x+2(x-3x+2)\}$

$=5x-\{6x+2(-2x+2)\}$

$=5x-(6x-4x+4)$

$=5x-(2x+4)$

$=5x-2x-4$

$=3x-4$

30 $-x-[3x-4-\{5x+2(x-1)\}]$

$=-x-\{3x-4-(5x+2x-2)\}$

$=-x-\{3x-4-(7x-2)\}$

$=-x-(3x-4-7x+2)$

$=-x-(-4x-2)$

$=-x+4x+2=3x+2$

14 분수 꼴인 일차식의 덧셈과 뺄셈

110쪽

01 2, 6, 2, 7, 1, 7, 1   02 $\dfrac{11}{10}x+\dfrac{19}{10}$

03 $\dfrac{16}{15}y-\dfrac{2}{3}$ 04 $\dfrac{5}{6}x-\dfrac{13}{12}$ 05 $\dfrac{2}{3}a-\dfrac{7}{4}$

06 5, 5, 15, 3, 3, 3, 3   07 $-\dfrac{1}{6}x-\dfrac{11}{6}$

08 $-\dfrac{7}{15}y-\dfrac{9}{5}$ 09 $\dfrac{5}{12}x+\dfrac{13}{6}$

10 $-\dfrac{11}{12}a-\dfrac{1}{4}$

02 $\dfrac{x+3}{2}+\dfrac{3x+2}{5}=\dfrac{5(x+3)+2(3x+2)}{10}$
$$=\dfrac{5x+15+6x+4}{10}$$
$$=\dfrac{11x+19}{10}=\dfrac{11}{10}x+\dfrac{19}{10}$$

03 $\dfrac{2y+1}{3}+\dfrac{2y-5}{5}=\dfrac{5(2y+1)+3(2y-5)}{15}$
$$=\dfrac{10y+5+6y-15}{15}$$
$$=\dfrac{16y-10}{15}=\dfrac{16}{15}y-\dfrac{2}{3}$$

04 $\dfrac{2x-7}{4}+\dfrac{x+2}{3}=\dfrac{3(2x-7)+4(x+2)}{12}$
$$=\dfrac{6x-21+4x+8}{12}$$
$$=\dfrac{10x-13}{12}=\dfrac{5}{6}x-\dfrac{13}{12}$$

05 $\dfrac{2a-5}{4}+\dfrac{a-3}{6}=\dfrac{3(2a-5)+2(a-3)}{12}$
$$=\dfrac{6a-15+2a-6}{12}$$
$$=\dfrac{8a-21}{12}=\dfrac{2}{3}a-\dfrac{7}{4}$$

07 $\dfrac{x+2}{3}-\dfrac{x+5}{2}=\dfrac{2(x+2)-3(x+5)}{6}$
$$=\dfrac{2x+4-3x-15}{6}$$
$$=\dfrac{-x-11}{6}=-\dfrac{1}{6}x-\dfrac{11}{6}$$

08 $\dfrac{y-4}{5}-\dfrac{2y+3}{3}=\dfrac{3(y-4)-5(2y+3)}{15}$
$$=\dfrac{3y-12-10y-15}{15}$$
$$=\dfrac{-7y-27}{15}=-\dfrac{7}{15}y-\dfrac{9}{5}$$

09 $\dfrac{2x+5}{3}-\dfrac{x-2}{4}=\dfrac{4(2x+5)-3(x-2)}{12}$
$$=\dfrac{8x+20-3x+6}{12}$$
$$=\dfrac{5x+26}{12}=\dfrac{5}{12}x+\dfrac{13}{6}$$

10 $\dfrac{-4a-3}{6}-\dfrac{a-1}{4}=\dfrac{2(-4a-3)-3(a-1)}{12}$
$$=\dfrac{-8a-6-3a+3}{12}$$
$$=\dfrac{-11a-3}{12}=-\dfrac{11}{12}a-\dfrac{1}{4}$$

15 어떤 식 구하기

111쪽

01 2, 3, 7, 3, 4, 4   02 $-3x+6$ 03 $7a+4$
04 $9x-3$ 05 $-2x+1$ 06 $-3, 2, -3, 2, -3, 2, 4, -5, 2$
07 $-2x-5$ 08 $5x+3$ 09 $-3x+9$

02 $\boxed{}=(4x+5)-(7x-1)$
$$=4x+5-7x+1$$
$$=-3x+6$$

03 $\boxed{}=(9a-2)+(-2a+6)$
$$=9a-2-2a+6=7a+4$$

04 $\boxed{}=4x-(-5x+3)$
$$=4x+5x-3=9x-3$$

05 $\boxed{}=(8x+6)-(10x+5)$
$$=8x+6-10x-5$$
$$=-2x+1$$

07 어떤 다항식을 $\boxed{}$라 하면
$$\boxed{}-(-3x+1)=x-6$$
$$\therefore \boxed{}=(x-6)+(-3x+1)$$
$$=x-6-3x+1$$
$$=-2x-5$$

08 어떤 다항식을 $\boxed{}$라 하면
$$-x+5+(\boxed{})=4x+8$$
$$\therefore \boxed{}=(4x+8)-(-x+5)$$
$$=4x+8+x-5$$
$$=5x+3$$

09 어떤 다항식을 ☐라 하면

$6x+2-(\boxed{})=9x-7$

$\therefore \boxed{}=(6x+2)-(9x-7)$

$\qquad =6x+2-9x+7$

$\qquad =-3x+9$

10분 연산 TEST 1회

├112쪽┤

01 ㄷ, ㅁ　02 $5x$　03 $-\dfrac{3}{2}a$　04 $12x-7y$

05 $\dfrac{3}{4}x+\dfrac{1}{3}$　06 $7x+4$　07 $x-4y$　08 $3x-2$　09 $\dfrac{1}{3}x-4$

10 $x+1$　11 $11x-3$　12 $-11x-3$　13 $9x-13y$

14 $4x-6$　15 $2x-3$　16 $4x-1$　17 $\dfrac{7}{6}x-\dfrac{5}{3}$

18 $\dfrac{11}{12}x-\dfrac{1}{6}$　19 $-3x+5$　20 $a-1$

06 $(3x-1)+(4x+5)=3x-1+4x+5$

$\qquad\qquad\qquad\quad =7x+4$

07 $\left(\dfrac{1}{3}x-y\right)+\left(\dfrac{2}{3}x-3y\right)=\dfrac{1}{3}x-y+\dfrac{2}{3}x-3y$

$\qquad\qquad\qquad\qquad\qquad =x-4y$

08 $(5x-3)-(2x-1)=5x-3-2x+1$

$\qquad\qquad\qquad\quad =3x-2$

09 $\left(\dfrac{2}{3}x+1\right)-\left(\dfrac{1}{3}x+5\right)=\dfrac{2}{3}x+1-\dfrac{1}{3}x-5$

$\qquad\qquad\qquad\qquad\qquad =\dfrac{1}{3}x-4$

10 $\left(\dfrac{3}{2}x+\dfrac{1}{5}\right)-\left(\dfrac{1}{2}x-\dfrac{4}{5}\right)=\dfrac{3}{2}x+\dfrac{1}{5}-\dfrac{1}{2}x+\dfrac{4}{5}$

$\qquad\qquad\qquad\qquad\qquad\qquad =x+1$

11 $2(3x-4)+5(x+1)=6x-8+5x+5$

$\qquad\qquad\qquad\qquad\quad =11x-3$

12 $-(x-3)-2(5x+3)=-x+3-10x-6$

$\qquad\qquad\qquad\qquad\quad =-11x-3$

13 $3(x-y)+2(3x-5y)=3x-3y+6x-10y$

$\qquad\qquad\qquad\qquad\qquad =9x-13y$

14 $\dfrac{1}{2}(4x-4)+\dfrac{1}{3}(6x-12)=2x-2+2x-4$

$\qquad\qquad\qquad\qquad\qquad\qquad =4x-6$

15 $4x+2-\{3x-(x-2)+3\}$

$\quad =4x+2-(3x-x+2+3)$

$\quad =4x+2-(2x+5)$

$\quad =4x+2-2x-5=2x-3$

16 $5x-[4x-\{1-(2-3x)\}]$

$\quad =5x-\{4x-(1-2+3x)\}$

$\quad =5x-\{4x-(-1+3x)\}$

$\quad =5x-(4x+1-3x)$

$\quad =5x-(x+1)$

$\quad =5x-x-1=4x-1$

17 $\dfrac{2x+1}{3}+\dfrac{x-4}{2}=\dfrac{2(2x+1)+3(x-4)}{6}$

$\qquad\qquad\qquad\quad =\dfrac{4x+2+3x-12}{6}$

$\qquad\qquad\qquad\quad =\dfrac{7x-10}{6}=\dfrac{7}{6}x-\dfrac{5}{3}$

18 $\dfrac{5x-2}{4}-\dfrac{x-1}{3}=\dfrac{3(5x-2)-4(x-1)}{12}$

$\qquad\qquad\qquad\quad =\dfrac{15x-6-4x+4}{12}$

$\qquad\qquad\qquad\quad =\dfrac{11x-2}{12}=\dfrac{11}{12}x-\dfrac{1}{6}$

19 $\boxed{}=(x+2)-(4x-3)$

$\qquad =x+2-4x+3=-3x+5$

20 $\boxed{}=(6a-4)+(-5a+3)$

$\qquad =6a-4-5a+3=a-1$

10분 연산 TEST 2회

├113쪽┤

01 ㄱ, ㄹ, ㅁ　02 $-3y$　03 $\dfrac{7}{3}x$　04 $7a-3$　05 $\dfrac{1}{2}x+\dfrac{3}{5}$

06 $5x+3$　07 $2x-4$　08 $2x-8$　09 $-\dfrac{4}{3}x+5y$

10 $\dfrac{3}{5}x+3$　11 $4x+18$　12 $2x+19$　13 $11x-14y$

14 $2x-5$　15 $6x-19$　16 $2x+30$　17 $\dfrac{11}{5}x+\dfrac{13}{10}$

18 $-\dfrac{1}{6}a+\dfrac{11}{12}$　19 $-x+5$　20 $7x+4$

06 $(2x+7)+(3x-4)=2x+7+3x-4$

$\qquad\qquad\qquad\quad =5x+3$

07 $\left(\dfrac{1}{2}x-1\right)+\left(\dfrac{3}{2}x-3\right)=\dfrac{1}{2}x-1+\dfrac{3}{2}x-3$

$\qquad\qquad\qquad\qquad\qquad =2x-4$

08 $(4x-2)-(2x+6)=4x-2-2x-6$
$$=2x-8$$

09 $\left(\frac{1}{3}x+3y\right)-\left(\frac{5}{3}x-2y\right)=\frac{1}{3}x+3y-\frac{5}{3}x+2y$
$$=-\frac{4}{3}x+5y$$

10 $\left(\frac{4}{5}x-\frac{1}{2}\right)-\left(\frac{1}{5}x-\frac{7}{2}\right)=\frac{4}{5}x-\frac{1}{2}-\frac{1}{5}x+\frac{7}{2}$
$$=\frac{3}{5}x+3$$

11 $-2(x-3)+3(2x+4)=-2x+6+6x+12$
$$=4x+18$$

12 $3(2x+5)-4(x-1)=6x+15-4x+4$
$$=2x+19$$

13 $5(x-2y)+2(3x-2y)=5x-10y+6x-4y$
$$=11x-14y$$

14 $3\left(\frac{5}{6}x-\frac{7}{3}\right)-\frac{1}{5}\left(\frac{5}{2}x-10\right)=\frac{5}{2}x-7-\frac{1}{2}x+2$
$$=2x-5$$

15 $5x-7-\{2x-3(x-4)\}=5x-7-(2x-3x+12)$
$$=5x-7-(-x+12)$$
$$=5x-7+x-12=6x-19$$

16 $5\{2x+3-3(x-1)\}+7x=5(2x+3-3x+3)+7x$
$$=5(-x+6)+7x$$
$$=-5x+30+7x=2x+30$$

17 $\frac{4x+3}{2}+\frac{x-1}{5}=\frac{5(4x+3)+2(x-1)}{10}$
$$=\frac{20x+15+2x-2}{10}$$
$$=\frac{22x+13}{10}=\frac{11}{5}x+\frac{13}{10}$$

18 $\frac{a+2}{3}-\frac{2a-1}{4}=\frac{4(a+2)-3(2a-1)}{12}$
$$=\frac{4a+8-6a+3}{12}$$
$$=\frac{-2a+11}{12}=-\frac{1}{6}a+\frac{11}{12}$$

19 $\boxed{}=(x+11)-(2x+6)$
$$=x+11-2x-6=-x+5$$

20 $\boxed{}=(2x+7)+(5x-3)$
$$=2x+7+5x-3=7x+4$$

학교 시험 PREVIEW

┤114쪽~116쪽├

스스로 개념 점검

(1) 대입　　　(2) 항　　　(3) 상수항　　　(4) 계수
(5) 다항식, 단항식 (6) 차수　　(7) 일차식　　(8) 동류항

01 ②	**02** ⑤	**03** ③	**04** ②	**05** ③
06 ⑤	**07** ③	**08** ③	**09** ②	**10** ③
11 ②	**12** ③	**13** ④	**14** ①	**15** ②
16 ④	**17** ③	**18** 15		

01 ㄴ. $a-\frac{25}{100}a=\frac{75}{100}a=0.75a$(원)
ㄷ. $100x+10y+z$

02 ① $0.1\times x=0.1x$
② $a\times a\times a=a^3$
③ $a+b\times 2=a+2b$
④ $(y-3)\div 2=\frac{y-3}{2}$

03 ① $\frac{a}{bc}$　② $\frac{ab}{c}$　③ $\frac{ac}{b}$　④ $\frac{a}{bc}$　⑤ $\frac{ab}{c}$

04 ① $-x^2=-(-2)^2=-4$
② $2x-1=2\times(-2)-1=-4-1=-5$
③ $x^2-4=(-2)^2-4=4-4=0$
④ $x-1=-2-1=-3$
⑤ $-\frac{2}{x}=-\frac{2}{-2}=1$

05 $xy+\frac{y}{x^2}=(-1)\times 5+\frac{5}{(-1)^2}=-5+5=0$

06 ⑤ x의 계수는 -5이고 상수항은 -3이므로 그 합은
$-5+(-3)=-8$

07 차수가 가장 큰 항은 $3x^2$이고 $3x^2$의 차수는 2이므로
$3x^2-5x+6$의 차수는 2이다.　$\therefore a=2$
x의 계수는 -5, 상수항은 6이므로 $b=-5$, $c=6$
$\therefore a+b+c=2+(-5)+6=3$

08 ㄴ. $5-0\times x=5$에서 상수항은 차수가 0이므로 일차식이 아니다.
ㄷ. $\frac{10}{x}+1$은 분모에 문자가 있으므로 다항식이 아니다.
즉, 다항식이 아니므로 일차식이 아니다.
ㄹ. $0.4x^2+5$의 차수는 2이므로 일차식이 아니다.
따라서 일차식인 것은 ㄱ, ㅁ, ㅂ의 3개이다.

09 ② $10x \div \left(-\dfrac{2}{5}\right) = 10x \times \left(-\dfrac{5}{2}\right) = -25x$

10 동류항은 ㄷ과 ㅁ, ㄹ과 ㅂ이다.

11 $5x - \dfrac{7}{2} - 2x + \dfrac{3}{2} = 3x - 2$이므로 x의 계수는 3이고 상수항은 -2이다.

따라서 x의 계수와 상수항의 합은 $3 + (-2) = 1$

12 ① $(-2x - 4) + (5x + 3) = -2x - 4 + 5x + 3 = 3x - 1$
   ② $(2x + 6) - (x + 9) = 2x + 6 - x - 9 = x - 3$
   ③ $\left(\dfrac{5}{2}x + 2\right) - \left(\dfrac{1}{2}x - 4\right) = \dfrac{5}{2}x + 2 - \dfrac{1}{2}x + 4$
   $\qquad\qquad\qquad\qquad = \dfrac{5}{2}x - \dfrac{1}{2}x + 2 + 4 = 2x + 6$
   ④ $(3x + 5) - 3(2x - 1) = 3x + 5 - 6x + 3$
   $\qquad\qquad\qquad\qquad = 3x - 6x + 5 + 3 = -3x + 8$
   ⑤ $4(x - 3) - 2(3x - 2) = 4x - 12 - 6x + 4$
   $\qquad\qquad\qquad\qquad = 4x - 6x - 12 + 4 = -2x - 8$

13 $\dfrac{1}{2}(4x + 8y) + \dfrac{1}{3}(9x - 6y) = 2x + 4y + 3x - 2y$
   $\qquad\qquad\qquad\qquad\qquad = 5x + 2y$
   따라서 $a = 5$, $b = 2$이므로 $ab = 5 \times 2 = 10$

14 $\dfrac{x - 3}{4} - \dfrac{2x + 1}{3} = \dfrac{3(x - 3) - 4(2x + 1)}{12}$
   $\qquad\qquad\qquad = \dfrac{3x - 9 - 8x - 4}{12} = -\dfrac{5}{12}x - \dfrac{13}{12}$

15 $A - 3B = (8x + 5) - 3(2x - 1)$
   $\qquad\quad = 8x + 5 - 6x + 3 = 2x + 8$

16 $\boxed{} = (4a - 2) - (a - 7)$
   $\qquad = 4a - 2 - a + 7 = 3a + 5$

17 어떤 다항식을 $\boxed{}$라 하면
   $\boxed{} - (2x - 6) = -x + 3$
   $\therefore \boxed{} = (-x + 3) + (2x - 6)$
   $\qquad\quad = -x + 3 + 2x - 6 = x - 3$

18 📝 서술형
   $9x - 5y - \{6x - 2y - 3(x - 2y)\}$
   $= 9x - 5y - (6x - 2y - 3x + 6y)$
   $= 9x - 5y - (3x + 4y)$
   $= 9x - 5y - 3x - 4y = 6x - 9y$ ‥‥‥❶
   즉, $a = 6$, $b = -9$ ‥‥‥❷
   $\therefore a - b = 6 - (-9) = 15$ ‥‥‥❸

채점 기준	비율
❶ 식 계산하기	50 %
❷ a, b의 값 각각 구하기	30 %
❸ $a - b$의 값 구하기	20 %

2 일차방정식

01 등식

─ 118쪽 ─

01 ○	02 ×	03 ○	04 ×	05 ○
06 ○	07 2, 13	08 $400x + 4500 = 6500$		09 $7x = 56$
10 $70x = 280$		11 $30 - 4x = 2$		

02 방정식과 그 해

─ 119쪽 ─

01
x의 값	좌변	우변	참/거짓
-1	$4 \times (-1) - 1 = -5$	3	거짓
0	-1	3	거짓
1	3	3	참
, 1

02
x의 값	좌변	우변	참/거짓
1	3	1	거짓
2	4	3	거짓
3	5	5	참
, 3

03 ○ / -5, 2, -5	04 ×	05 ×	06 ○
07 × / -2, -1	08 ○	09 ×	10 ○

04 $-\dfrac{1}{2}x + 6 = 4$에 $x = 2$를 대입하면
   (좌변) $= -\dfrac{1}{2} \times 2 + 6 = 5$, (우변) $= 4$
   즉, (좌변) $\neq$ (우변)이므로 해가 아니다.

05 $4x + 3 = x + 8$에 $x = 2$를 대입하면
   (좌변) $= 4 \times 2 + 3 = 11$, (우변) $= 2 + 8 = 10$
   즉, (좌변) $\neq$ (우변)이므로 해가 아니다.

06 $5x - 2 = 7x - 6$에 $x = 2$를 대입하면
   (좌변) $= 5 \times 2 - 2 = 8$, (우변) $= 7 \times 2 - 6 = 8$
   즉, (좌변) $=$ (우변)이므로 해이다.

08 $5 - 3x = 4$에 $x = \dfrac{1}{3}$을 대입하면
   (좌변) $= 5 - 3 \times \dfrac{1}{3} = 4$, (우변) $= 4$
   즉, (좌변) $=$ (우변)이므로 해이다.

09 $-4(x + 3) = 7$에 $x = -1$을 대입하면
   (좌변) $= -4 \times (-1 + 3) = -8$, (우변) $= 7$
   즉, (좌변) $\neq$ (우변)이므로 해가 아니다.

10 $x+6=5x-6$에 $x=3$을 대입하면
(좌변)$=3+6=9$, (우변)$=5\times3-6=9$
즉, (좌변)$=$(우변)이므로 해이다.

03 항등식

120쪽

01 ○ / $5x$, $5x$ 02 ×   03 ○   04 ×
05 ×   06 ○   07 3, 1   08 $a=2$, $b=7$
09 $a=-3$, $b=5$ 10 $a=-4$, $b=2$
11 $a=4$, $b=-7$ 12 $a=-3$, $b=-2$

04 (좌변)$=\dfrac{1}{3}(3x-6)=x-2$
즉, (좌변)$\neq$(우변)이므로 항등식이 아니다.

05 (좌변)$=2(x+1)-3=2x+2-3=2x-1$
즉, (좌변)$\neq$(우변)이므로 항등식이 아니다.

06 (우변)$=5(x-1)+x=5x-5+x=6x-5$
즉, (좌변)$=$(우변)이므로 항등식이다.

11 (좌변)$=$(우변)이어야 하므로
$-7=b$, $2a=8$ $\therefore a=4$, $b=-7$

12 (좌변)$=$(우변)이어야 하므로
$a=-3$, $-10=5b$ $\therefore a=-3$, $b=-2$

04 등식의 성질

121쪽

01 4   02 5   03 6   04 7   05 2
06 3   07 ○   08 ○   09 ×   10 ○ / 12, 4
11 ×   12 5   13 3   14 5   15 -7

07 $a=b$의 양변에 a를 더하면
$a+a=b+a$ $\therefore 2a=a+b$

08 $x-4=y-4$의 양변에 4를 더하면
$x-4+4=y-4+4$ $\therefore x=y$

09 $x=-y$의 양변을 -5로 나누면
$-\dfrac{x}{5}=\dfrac{y}{5}$

11 $c\neq0$일 때, $ac=bc$이면 $a=b$이다.

05 등식의 성질을 이용한 방정식의 풀이

122쪽

01 ③   02 ②   03 ①, ④   04 ②, ④   05 ②, ③
06 3, 3, 7   07 $x=-3$ 08 5, 5, 5, -4, -2, -2, -4
09 $x=-1$ 10 $x=18$ 11 $x=6$

07 $7x=-21$
$\dfrac{7x}{7}=\dfrac{-21}{7}$ 〉양변을 7로 나눈다.
$\therefore x=-3$

09 $4x-3=-7$ 〉양변에 3을 더한다.
$4x-3+3=-7+3$
$4x=-4$
$\dfrac{4x}{4}=\dfrac{-4}{4}$ 〉양변을 4로 나눈다.
$\therefore x=-1$

10 $\dfrac{1}{3}x+2=8$
$\dfrac{1}{3}x+2-2=8-2$ 〉양변에서 2를 뺀다.
$\dfrac{1}{3}x=6$
$\dfrac{1}{3}x\times3=6\times3$ 〉양변에 3을 곱한다.
$\therefore x=18$

11 $\dfrac{x+4}{2}=5$
$\dfrac{x+4}{2}\times2=5\times2$ 〉양변에 2를 곱한다.
$x+4=10$
$x+4-4=10-4$ 〉양변에서 4를 뺀다.
$\therefore x=6$

10분 연산 TEST 1회

123쪽

01 $4x-5=2x+3$ 02 $2100+500x=5100$
03 $100-6x=4$ 04 ○   05 ×   06 ×
07 ○   08 ×   09 ○   10 ○   11 ×
12 $a=3$, $b=9$ 13 $a=-5$, $b=4$
14 $a=13$, $b=-6$ 15 ○   16 ×   17 ×
18 ○   19 $x=-8$ 20 $x=3$ 21 $x=-2$ 22 $x=-4$

04 $3x+5=2$에 $x=-1$을 대입하면
(좌변)$=3\times(-1)+5=2$, (우변)$=2$
즉, (좌변)$=$(우변)이므로 해이다.

05 $8x-6=-3$에 $x=\dfrac{1}{4}$을 대입하면

(좌변)$=8\times\dfrac{1}{4}-6=-4$, (우변)$=-3$

즉, (좌변)$\neq$(우변)이므로 해가 아니다.

06 $\dfrac{1}{2}(x+7)=4$에 $x=5$를 대입하면

(좌변)$=\dfrac{1}{2}\times(5+7)=6$, (우변)$=4$

즉, (좌변)$\neq$(우변)이므로 해가 아니다.

07 $4x-5=7x+1$에 $x=-2$를 대입하면
(좌변)$=4\times(-2)-5=-13$,
(우변)$=7\times(-2)+1=-13$
즉, (좌변)$=$(우변)이므로 해이다.

08 (좌변)$=4x+9x=13x$
즉, (좌변)$\neq$(우변)이므로 항등식이 아니다.

09 (좌변)$=3x+7-5x=-2x+7$
즉, (좌변)$=$(우변)이므로 항등식이다.

10 (좌변)$=\dfrac{1}{4}(12x-8)=3x-2$

즉, (좌변)$=$(우변)이므로 항등식이다.

11 (좌변)$=-(x+2)+1=-x-2+1=-x-1$
즉, (좌변)$\neq$(우변)이므로 항등식이 아니다.

16 $x=-y$의 양변에서 3을 빼면
$x-3=-y-3$

17 $\dfrac{a}{5}=\dfrac{b}{6}$의 양변에 30을 곱하면

$\dfrac{a}{5}\times30=\dfrac{b}{6}\times30$ $\therefore 6a=5b$

19 $x+7=-1$ ⟩ 양변에서 7을 뺀다.
     $x+7-7=-1-7$
        $\therefore x=-8$

20 $\dfrac{x}{6}=\dfrac{1}{2}$ ⟩ 양변에 6을 곱한다.

     $\dfrac{x}{6}\times6=\dfrac{1}{2}\times6$
        $\therefore x=3$

21 $-4x+1=9$ ⟩ 양변에서 1을 뺀다.
      $-4x+1-1=9-1$
         $-4x=8$ ⟩ 양변을 -4로 나눈다.
      $\dfrac{-4x}{-4}=\dfrac{8}{-4}$
         $\therefore x=-2$

22 $\dfrac{x-5}{3}=-3$ ⟩ 양변에 3을 곱한다.

     $\dfrac{x-5}{3}\times3=-3\times3$
         $x-5=-9$ ⟩ 양변에 5를 더한다.
      $x-5+5=-9+5$
         $\therefore x=-4$

10분 연산 TEST 2회
124쪽

01 $2(x+3)=8$ **02** $500x+1600=4100$ **03** $4x=20$
04 ○   **05** ×   **06** ○   **07** ×   **08** ○
09 ○   **10** ×   **11** ×   **12** $a=4,\ b=-5$
13 $a=-7,\ b=-3$ **14** $a=8,\ b=-1$ **15** ○
16 ×   **17** ○   **18** ×   **19** $x=9$ **20** $x=-2$
21 $x=8$ **22** $x=-3$

04 $7-4x=3x$에 $x=1$을 대입하면
(좌변)$=7-4\times1=3$, (우변)$=3\times1=3$
즉, (좌변)$=$(우변)이므로 해이다.

05 $9x-2=5$에 $x=-\dfrac{1}{3}$을 대입하면

(좌변)$=9\times\left(-\dfrac{1}{3}\right)-2=-5$, (우변)$=5$

즉, (좌변)$\neq$(우변)이므로 해가 아니다.

06 $\dfrac{1}{5}x+6=8$에 $x=10$을 대입하면

(좌변)$=\dfrac{1}{5}\times10+6=8$, (우변)$=8$

즉, (좌변)$=$(우변)이므로 해이다.

07 $2x-1=3x+4$에 $x=-4$를 대입하면
(좌변)$=2\times(-4)-1=-9$,
(우변)$=3\times(-4)+4=-8$
즉, (좌변)$\neq$(우변)이므로 해가 아니다.

08 (좌변)$=x+5-3x=-2x+5$
즉, (좌변)$=$(우변)이므로 항등식이다.

09 (좌변)$=3(x-1)=3x-3$
즉, (좌변)$=$(우변)이므로 항등식이다.

10 (우변)$=\dfrac{1}{2}(2x-4)=x-2$
즉, (좌변)$\neq$(우변)이므로 항등식이 아니다.

11 (좌변)$=-2(x+1)+1=-2x-2+1=-2x-1$
즉, (좌변)$\neq$(우변)이므로 항등식이 아니다.

16 $\dfrac{x}{3}=\dfrac{y}{8}$의 양변에 24를 곱하면
$$\dfrac{x}{3}\times 24=\dfrac{y}{8}\times 24$$
$$\therefore 8x=3y$$

18 $3a=b$의 양변에 -1을 곱하면
$3a\times(-1)=b\times(-1)$
$\therefore -3a=-b$
$-3a=-b$의 양변에 2를 더하면
$-3a+2=-b+2$

19
$x-6=3$
$x-6+6=3+6$ 〉 양변에 6을 더한다.
$\therefore x=9$

20
$-5x=10$
$\dfrac{-5x}{-5}=\dfrac{10}{-5}$ 〉 양변을 -5로 나눈다.
$\therefore x=-2$

21
$\dfrac{1}{4}x+3=5$
$\dfrac{1}{4}x+3-3=5-3$ 〉 양변에서 3을 뺀다.
$\dfrac{1}{4}x=2$
$\dfrac{1}{4}x\times 4=2\times 4$ 〉 양변에 4를 곱한다.
$\therefore x=8$

22
$2x-1=-7$
$2x-1+1=-7+1$ 〉 양변에 1을 더한다.
$2x=-6$
$\dfrac{2x}{2}=\dfrac{-6}{2}$ 〉 양변을 2로 나눈다.
$\therefore x=-3$

06 이항과 일차방정식
125쪽

01 2 　　02 $4x=5+3$ 　　03 $x+2x=-6$
04 $-3x-x=4$ 　　05 $x+5x=3+9$
06 $-2x-3x=-7-3$ 　07 ○ / 2, 3 　　08 ○
09 × 　　10 ○ 　　11 ×

08 $3-2x=5-7x$에서
$3-2x-5+7x=0$ 　　$\therefore 5x-2=0$
따라서 일차방정식이다.

09 $10x+2=2(5x+1)$에서
$10x+2=10x+2$, $10x+2-10x-2=0$
$\therefore 0=0$
따라서 일차방정식이 아니다.

10 $x^2+2x=x^2-7$에서
$x^2+2x-x^2+7=0$ 　　$\therefore 2x+7=0$
따라서 일차방정식이다.

11 $-(5-x)=2x^2+x$에서
$-5+x=2x^2+x$, $-5+x-2x^2-x=0$
$\therefore -2x^2-5=0$
따라서 일차방정식이 아니다.

07 일차방정식의 풀이
126쪽

01 3, 3, 12, 6, 2 　　　02 $x=-1$ 　03 $x=2$ 　04 $x=-3$
05 $x=4$ 　06 $x=-2$ 　07 20, 6, 20, $3x$, 20, -26, 2, -13
08 $x=2$ 　09 $x=3$ 　10 $x=-3$ 　11 $x=5$ 　12 $x=3$

02 $5x-1=-6$에서
$5x=-6+1$, $5x=-5$
$\therefore x=-1$

03 $x=8-3x$에서
$x+3x=8$, $4x=8$
$\therefore x=2$

04 $3x+14=-x+2$에서
$3x+x=2-14$, $4x=-12$
$\therefore x=-3$

05 $x+7=6x-13$에서
$x-6x=-13-7,\ -5x=-20$
$\therefore x=4$

06 $4x-9=7x-3$에서
$4x-7x=-3+9,\ -3x=6$
$\therefore x=-2$

08 $-2(1-4x)=3x+8$에서
$-2+8x=3x+8$
$8x-3x=8+2,\ 5x=10$
$\therefore x=2$

09 $7x+4(x-5)=13$에서
$7x+4x-20=13,\ 11x-20=13$
$11x=13+20,\ 11x=33$
$\therefore x=3$

10 $4x+9=-3(2x+7)$에서
$4x+9=-6x-21$
$4x+6x=-21-9,\ 10x=-30$
$\therefore x=-3$

11 $4(2x+1)-5(x+2)=9$에서
$8x+4-5x-10=9$
$3x-6=9,\ 3x=9+6$
$3x=15 \qquad \therefore x=5$

12 $3(2x-1)=x-2(9-5x)$에서
$6x-3=x-18+10x$
$6x-3=11x-18$
$6x-11x=-18+3,\ -5x=-15$
$\therefore x=3$

08 계수가 소수인 일차방정식의 풀이
127쪽

01 10, 30, 2x, 2x, 36, 12 02 $x=-4$ 03 $x=9$ 04 $x=5$
05 $x=5$ 06 100, 50, 3x, 3x, 40, 8 07 $x=-10$ 08 $x=13$
09 $x=4$ 10 $x=\dfrac{3}{5}$

02 $0.3x-1.6=0.7x$의 양변에 10을 곱하면
$3x-16=7x$
$3x-7x=16,\ -4x=16$
$\therefore x=-4$

03 $0.1x+0.8=0.3x-1$의 양변에 10을 곱하면
$x+8=3x-10$
$x-3x=-10-8,\ -2x=-18$
$\therefore x=9$

04 $1.7x-1.5=0.8x+3$의 양변에 10을 곱하면
$17x-15=8x+30$
$17x-8x=30+15,\ 9x=45$
$\therefore x=5$

05 $0.4x+3.5=0.5+x$의 양변에 10을 곱하면
$4x+35=5+10x$
$4x-10x=5-35,\ -6x=-30$
$\therefore x=5$

07 $0.02x-1=0.3x+1.8$의 양변에 100을 곱하면
$2x-100=30x+180$
$2x-30x=180+100,\ -28x=280$
$\therefore x=-10$

08 $0.15x-0.4=0.2x-1.05$의 양변에 100을 곱하면
$15x-40=20x-105$
$15x-20x=-105+40,\ -5x=-65$
$\therefore x=13$

09 $0.5x+0.1=0.3(2x-1)$의 양변에 10을 곱하면
$5x+1=3(2x-1)$
$5x+1=6x-3,\ 5x-6x=-3-1$
$-x=-4 \qquad \therefore x=4$

10 $0.6(x+4)=3-0.4x$의 양변에 10을 곱하면
$6(x+4)=30-4x$
$6x+24=30-4x,\ 6x+4x=30-24$
$10x=6 \qquad \therefore x=\dfrac{3}{5}$

09 계수가 분수인 일차방정식의 풀이
128쪽

01 6, 9, 9, 9, -3 02 $x=12$ 03 $x=-10$
04 $x=3$ 05 $x=-22$
06 15, 3, 5, 3, 5, 3, -8 07 $x=2$ 08 $x=4$ 09 $x=-4$
10 $x=\dfrac{3}{7}$

02 $\dfrac{1}{2}x+3=\dfrac{3}{4}x$의 양변에 4를 곱하면

$2x+12=3x$

$2x-3x=-12,\ -x=-12$

$\therefore\ x=12$

03 $\dfrac{1}{3}x=\dfrac{2}{5}x+\dfrac{2}{3}$의 양변에 15를 곱하면

$5x=6x+10$

$5x-6x=10,\ -x=10$

$\therefore\ x=-10$

04 $\dfrac{4}{5}x-\dfrac{3}{2}=\dfrac{1}{10}x+\dfrac{3}{5}$의 양변에 10을 곱하면

$8x-15=x+6$

$8x-x=6+15,\ 7x=21$

$\therefore\ x=3$

05 $\dfrac{1}{4}x-\dfrac{5}{6}=\dfrac{1}{3}x+1$의 양변에 12를 곱하면

$3x-10=4x+12$

$3x-4x=12+10,\ -x=22$

$\therefore\ x=-22$

07 $\dfrac{x-5}{3}=\dfrac{x-4}{2}$의 양변에 6을 곱하면

$2(x-5)=3(x-4)$

$2x-10=3x-12,\ 2x-3x=-12+10$

$-x=-2\qquad\therefore\ x=2$

08 $\dfrac{3}{4}x-1=\dfrac{x+2}{3}$의 양변에 12를 곱하면

$9x-12=4(x+2)$

$9x-12=4x+8,\ 9x-4x=8+12$

$5x=20\qquad\therefore\ x=4$

09 $\dfrac{1}{2}x+\dfrac{2}{5}=\dfrac{1}{5}(x-4)$의 양변에 10을 곱하면

$5x+4=2(x-4)$

$5x+4=2x-8$

$5x-2x=-8-4$

$3x=-12\qquad\therefore\ x=-4$

10 $\dfrac{5}{2}x-\dfrac{1}{6}=\dfrac{1}{3}(1+4x)$의 양변에 6을 곱하면

$15x-1=2(1+4x)$

$15x-1=2+8x$

$15x-8x=2+1$

$7x=3\qquad\therefore\ x=\dfrac{3}{7}$

10 복잡한 일차방정식의 풀이

129쪽

01 $\dfrac{3}{10}x$, 10, 10, $3x$, -14, -7 02 $x=7$ 03 $x=-1$

04 $x=3$ 05 $x=6$ 06 1 / 3, 2, 15, $4x$, -1, 1

07 7   08 5   09 -3 10 8

02 $0.5x-\dfrac{3}{2}=\dfrac{1}{5}x+0.6$에서 소수를 분수로 고치면

$\dfrac{1}{2}x-\dfrac{3}{2}=\dfrac{1}{5}x+\dfrac{3}{5}$

양변에 10을 곱하면

$5x-15=2x+6,\ 5x-2x=6+15$

$3x=21\qquad\therefore\ x=7$

03 $0.9x-0.1=-\dfrac{1}{2}(x+3)$에서 소수를 분수로 고치면

$\dfrac{9}{10}x-\dfrac{1}{10}=-\dfrac{1}{2}(x+3)$

양변에 10을 곱하면

$9x-1=-5(x+3),\ 9x-1=-5x-15$

$9x+5x=-15+1,\ 14x=-14\qquad\therefore\ x=-1$

04 $0.2x-\dfrac{2}{5}=-\dfrac{1}{3}x+1.2$에서 소수를 분수로 고치면

$\dfrac{1}{5}x-\dfrac{2}{5}=-\dfrac{1}{3}x+\dfrac{6}{5}$

양변에 15를 곱하면

$3x-6=-5x+18,\ 3x+5x=18+6$

$8x=24\qquad\therefore\ x=3$

05 $\dfrac{1}{4}x+\dfrac{1}{2}=0.4(x-1)$에서 소수를 분수로 고치면

$\dfrac{1}{4}x+\dfrac{1}{2}=\dfrac{2}{5}(x-1)$

양변에 20을 곱하면

$5x+10=8(x-1),\ 5x+10=8x-8$

$5x-8x=-8-10,\ -3x=-18\qquad\therefore\ x=6$

07 $(3x-1):(x+3)=2:1$에서

$3x-1=2(x+3),\ 3x-1=2x+6$

$3x-2x=6+1\qquad\therefore\ x=7$

08 $(x+3):(2x-4)=4:3$에서

$3(x+3)=4(2x-4),\ 3x+9=8x-16$

$3x-8x=-16-9,\ -5x=-25\qquad\therefore\ x=5$

09 $(5x+3):4=(2x-3):3$에서

$3(5x+3)=4(2x-3),\ 15x+9=8x-12$

$15x-8x=-12-9,\ 7x=-21\qquad\therefore\ x=-3$

10 $(4x-7):5=(x+2):2$에서
$2(4x-7)=5(x+2),\ 8x-14=5x+10$
$8x-5x=10+14,\ 3x=24$ $\quad \therefore x=8$

11 해가 주어질 때, 미지수의 값 구하기

130쪽

01 6 / 2, 2, 12, 6 **02** -4 **03** 2 **04** 3
05 -1 **06** -7 / ❶ -3 ❷ $-3,\ -3,\ -7$ **07** -1
08 4 **09** -2

02 $5x+2a=2x-5$에 $x=1$을 대입하면
$5+2a=2-5,\ 2a=-8$ $\quad \therefore a=-4$

03 $m(x+2)-3x=-2x+7$에 $x=3$을 대입하면
$5m-9=-6+7,\ 5m=10$
$\therefore m=2$

04 $3x+k=6-2(1-2x)$에 $x=-1$을 대입하면
$-3+k=6-6$ $\quad \therefore k=3$

05 $3(x-a)+2=a(x+3)$에 $x=-2$를 대입하면
$3(-2-a)+2=a,\ -6-3a+2=a,\ -4a=4$
$\therefore a=-1$

07 $2x+3=x-7$을 풀면
$x=-10$
$x=-10$을 $ax-5=5$에 대입하면
$-10a-5=5,\ -10a=10$
$\therefore a=-1$

08 $3x-1=x+9$를 풀면
$2x=10$ $\quad \therefore x=5$
$x=5$를 $2x+a=4x-6$에 대입하면
$10+a=20-6$ $\quad \therefore a=4$

09 $2(x-5)=-3x+5$를 풀면
$2x-10=-3x+5,\ 5x=15$
$\therefore x=3$
$x=3$을 $(4+a)x=x+3$에 대입하면
$3(4+a)=3+3,\ 12+3a=6$
$3a=-6$ $\quad \therefore a=-2$

10분 연산 TEST 1회

131쪽

01 ○ **02** × **03** ○ **04** ○ **05** $x=-6$
06 $x=2$ **07** $x=-7$ **08** $x=9$ **09** $x=-10$ **10** $x=6$
11 $x=-10$ **12** $x=15$ **13** $x=-6$ **14** $x=-\dfrac{2}{3}$ **15** $x=2$
16 $x=-7$ **17** $x=-6$ **18** $x=-10$ **19** 5 **20** 3

01 $x+5=3-8x$에서
$x+5-3+8x=0$ $\quad \therefore 9x+2=0$
따라서 일차방정식이다.

02 $-3(4-x)=3x-12$에서
$-12+3x=3x-12,\ -12+3x-3x+12=0$
$\therefore 0=0$
따라서 일차방정식이 아니다.

03 $x^2+x-2=x^2+4x$에서
$x^2+x-2-x^2-4x=0$ $\quad \therefore -3x-2=0$
따라서 일차방정식이다.

04 $x(x-5)=x^2-5$에서
$x^2-5x=x^2-5,\ x^2-5x-x^2+5=0$
$\therefore -5x+5=0$
따라서 일차방정식이다.

05 $2x-11=4x+1$에서 $2x-4x=1+11$
$-2x=12$ $\quad \therefore x=-6$

06 $8-3x=6x-10$에서 $-3x-6x=-10-8$
$-9x=-18$ $\quad \therefore x=2$

07 $5(x+4)=2x-1$에서 $5x+20=2x-1$
$5x-2x=-1-20,\ 3x=-21$
$\therefore x=-7$

08 $7(x+2)=2-5(3-2x)$에서
$7x+14=2-15+10x,\ 7x-10x=-13-14$
$-3x=-27$ $\quad \therefore x=9$

09 $0.4x+3=0.1x$의 양변에 10을 곱하면
$4x+30=x,\ 4x-x=-30$
$3x=-30$ $\quad \therefore x=-10$

10 $0.7x+0.2=0.9x-1$의 양변에 10을 곱하면
$7x+2=9x-10,\ 7x-9x=-10-2$
$-2x=-12$ $\quad \therefore x=6$

11 $0.05x-0.4=0.2x+1.1$의 양변에 100을 곱하면
$5x-40=20x+110,\ 5x-20x=110+40$
$-15x=150$ $\therefore x=-10$

12 $\dfrac{2}{5}x-1=\dfrac{1}{3}x$의 양변에 15를 곱하면
$6x-15=5x,\ 6x-5x=15$
$\therefore x=15$

13 $\dfrac{3}{4}x-\dfrac{3}{2}=\dfrac{1}{3}x-4$의 양변에 12를 곱하면
$9x-18=4x-48,\ 9x-4x=-48+18$
$5x=-30$ $\therefore x=-6$

14 $\dfrac{x+2}{4}=\dfrac{2x+3}{5}$의 양변에 20을 곱하면
$5(x+2)=4(2x+3),\ 5x+10=8x+12$
$5x-8x=12-10,\ -3x=2$
$\therefore x=-\dfrac{2}{3}$

15 $\dfrac{1}{2}x+\dfrac{5}{3}=\dfrac{1}{3}(5x-2)$의 양변에 6을 곱하면
$3x+10=2(5x-2),\ 3x+10=10x-4$
$3x-10x=-4-10,\ -7x=-14$
$\therefore x=2$

16 $0.3x-\dfrac{4}{5}=\dfrac{1}{2}x+0.6$에서 소수를 분수로 고치면
$\dfrac{3}{10}x-\dfrac{4}{5}=\dfrac{1}{2}x+\dfrac{3}{5}$
양변에 10을 곱하면
$3x-8=5x+6,\ 3x-5x=6+8$
$-2x=14$ $\therefore x=-7$

17 $\dfrac{2}{3}x+1.5=\dfrac{1}{6}(2x-3)$에서 소수를 분수로 고치면
$\dfrac{2}{3}x+\dfrac{3}{2}=\dfrac{1}{6}(2x-3)$
양변에 6을 곱하면
$4x+9=2x-3,\ 4x-2x=-3-9$
$2x=-12$ $\therefore x=-6$

18 $\dfrac{1}{4}(x-4)=0.4x+0.5$에서 소수를 분수로 고치면
$\dfrac{1}{4}(x-4)=\dfrac{2}{5}x+\dfrac{1}{2}$
양변에 20을 곱하면
$5(x-4)=8x+10,\ 5x-20=8x+10$
$5x-8x=10+20,\ -3x=30$
$\therefore x=-10$

19 $(5x-1):3=(3x+1):2$에서
$2(5x-1)=3(3x+1),\ 10x-2=9x+3$
$10x-9x=3+2$ $\therefore x=5$

20 $12x-5-a=ax+10$에 $x=2$를 대입하면
$24-5-a=2a+10$
$-3a=-9$ $\therefore a=3$

132쪽

10분 연산 TEST 2회

01 ○	02 ○	03 ×	04 ○	05 $x=2$
06 $x=-2$	07 $x=10$	08 $x=-\dfrac{2}{5}$		09 $x=-2$
10 $x=5$	11 $x=3$	12 $x=10$	13 $x=-5$	14 $x=4$
15 $x=3$	16 $x=4$	17 $x=-3$	18 $x=2$	19 12
20 8				

01 $2x=3x-5$에서
$2x-3x+5=0$ $\therefore -x+5=0$
따라서 일차방정식이다.

02 $7-x^2=3x-x^2+4$에서
$7-x^2-3x+x^2-4=0$ $\therefore -3x+3=0$
따라서 일차방정식이다.

03 $2x^2-x=1-2x$에서
$2x^2-x-1+2x=0$ $\therefore 2x^2+x-1=0$
따라서 일차방정식이 아니다.

04 $-x(x+5)=5-x^2$에서
$-x^2-5x=5-x^2$ $\therefore -5x-5=0$
따라서 일차방정식이다.

05 $7x-6=4x$에서
$7x-4x=6,\ 3x=6$ $\therefore x=2$

06 $-5x+13=7-8x$에서 $-5x+8x=7-13$
$3x=-6$ $\therefore x=-2$

07 $2x+9=4-(5-3x)$에서 $2x+9=4-5+3x$
$2x-3x=-1-9,\ -x=-10$ $\therefore x=10$

08 $2(x-5)=-3(2-4x)$에서
$2x-10=-6+12x,\ 2x-12x=-6+10$
$-10x=4$ $\therefore x=-\dfrac{2}{5}$

09 $0.5-0.9x=2.3$의 양변에 10을 곱하면
$5-9x=23,\ -9x=23-5$
$-9x=18$ $\therefore x=-2$

10 $0.03x+0.4=0.8-0.05x$의 양변에 100을 곱하면
$3x+40=80-5x$, $3x+5x=80-40$
$8x=40$ ∴ $x=5$

11 $0.3(x+1)=3-0.6x$의 양변에 10을 곱하면
$3(x+1)=30-6x$, $3x+3=30-6x$
$3x+6x=30-3$, $9x=27$ ∴ $x=3$

12 $\dfrac{6}{5}x=\dfrac{1}{2}x+7$의 양변에 10을 곱하면
$12x=5x+70$, $12x-5x=70$
$7x=70$ ∴ $x=10$

13 $\dfrac{2}{3}x+\dfrac{5}{2}=\dfrac{1}{6}x$의 양변에 6을 곱하면
$4x+15=x$, $4x-x=-15$
$3x=-15$ ∴ $x=-5$

14 $\dfrac{4}{9}x-\dfrac{4}{3}=\dfrac{1}{6}x-\dfrac{2}{9}$의 양변에 18을 곱하면
$8x-24=3x-4$, $8x-3x=-4+24$
$5x=20$ ∴ $x=4$

15 $\dfrac{x+6}{4}=\dfrac{7x-3}{8}$의 양변에 8을 곱하면
$2(x+6)=7x-3$, $2x+12=7x-3$
$2x-7x=-3-12$, $-5x=-15$ ∴ $x=3$

16 $\dfrac{1}{5}x=0.7x-2$에서 소수를 분수로 고치면
$\dfrac{1}{5}x=\dfrac{7}{10}x-2$
양변에 10을 곱하면
$2x=7x-20$, $2x-7x=-20$
$-5x=-20$ ∴ $x=4$

17 $\dfrac{1}{4}(x-5)=-0.5(x+7)$에서 소수를 분수로 고치면
$\dfrac{1}{4}(x-5)=-\dfrac{1}{2}(x+7)$
양변에 4를 곱하면
$x-5=-2(x+7)$, $x-5=-2x-14$
$x+2x=-14+5$, $3x=-9$ ∴ $x=-3$

18 $\dfrac{x+1}{3}=0.6x-0.2$에서 소수를 분수로 고치면
$\dfrac{x+1}{3}=\dfrac{3}{5}x-\dfrac{1}{5}$
양변에 15를 곱하면
$5(x+1)=9x-3$, $5x+5=9x-3$
$5x-9x=-3-5$, $-4x=-8$ ∴ $x=2$

19 $(x-4):2=(x+8):5$에서
$5(x-4)=2(x+8)$, $5x-20=2x+16$
$5x-2x=16+20$, $3x=36$ ∴ $x=12$

20 $ax+3=5x-3$에 $x=-2$를 대입하면
$-2a+3=-10-3$, $-2a=-16$ ∴ $a=8$

12 일차방정식의 활용 (1)

01 (1) 5, 3x, 5, 3x (2) $x=5$ (3) 5
02 (1) $3x-7=2x+6$ (2) $x=13$ (3) 13
03 (1) 1, 1, 1, 1, 39 (2) $x=13$ (3) 12, 13, 14
04 (1) $(x-2)+x+(x+2)=60$ (2) $x=20$ (3) 18, 20, 22
05 (1) 30, 3, 3, 30, 18 (2) $x=5$ (3) 35
06 (1) $70+x=2(10x+7)-1$ (2) $x=3$ (3) 37
07 (1) 4, 4, 34 (2) $x=15$ (3) 15세
08 (1) $37+x=3(5+x)$ (2) $x=11$ (3) 11년 후
09 (1) 9, 900, 9, 900, 9, 10500 (2) $x=5$ (3) 5, 4
10 (1) $2x+3(20-x)=48$ (2) $x=12$ (3) 12
11 (1) 5, 5, 38 (2) $x=12$ (3) 12 cm
12 (1) $2(3x+x)=48$ (2) $x=6$ (3) 6 cm

01 (2) $2x+5=3x$에서 $-x=-5$ ∴ $x=5$

03 (2) $(x-1)+x+(x+1)=39$에서
$3x=39$ ∴ $x=13$

04 (1) 연속하는 세 짝수는 $x-2$, x, $x+2$이고, 세 짝수의 합이 60이므로
$(x-2)+x+(x+2)=60$
(2) $(x-2)+x+(x+2)=60$에서
$3x=60$ ∴ $x=20$

05 (2) $10x+3=(30+x)+18$에서
$9x=45$ ∴ $x=5$
(3) 십의 자리의 숫자가 3이고 일의 자리의 숫자가 5이므로 처음 수는 35이다.

06 (1) 처음 수는 $10x+7$이고, 십의 자리의 숫자와 일의 자리의 숫자를 바꾼 수는 $70+x$이므로
$70+x=2(10x+7)-1$
(2) $70+x=2(10x+7)-1$에서
$70+x=20x+14-1$, $-19x=-57$
∴ $x=3$

(3) 십의 자리의 숫자가 3이고 일의 자리의 숫자가 7이므로 처음 수는 37이다.

07 (2) $x+(x+4)=34$에서
$2x=30$　　∴ $x=15$

08 (1) x년 후의 아버지의 나이는 $(37+x)$세, 아들의 나이는 $(5+x)$세이고, 아버지의 나이가 아들의 나이의 3배가 되므로
$37+x=3(5+x)$
(2) $37+x=3(5+x)$에서 $37+x=15+3x$
$-2x=-22$　　∴ $x=11$

09 (2) $900x+1500(9-x)=10500$에서
$900x+13500-1500x=10500$
$-600x=-3000$　　∴ $x=5$
(3) 과자의 개수는 5, 초콜릿의 개수는 $9-5=4$

10 (1) 예원이가 맞힌 3점짜리 문제의 개수는 $20-x$이고, 예원이가 받은 총 점수가 48점이므로
$2x+3(20-x)=48$
(2) $2x+3(20-x)=48$에서 $2x+60-3x=48$
$-x=-12$　　∴ $x=12$

11 (2) $2\{x+(x-5)\}=38$에서
$2(2x-5)=38$, $4x-10=38$
$4x=48$　　∴ $x=12$

12 (1) 가로의 길이는 $3x$ cm이고, 직사각형의 둘레의 길이가 48 cm이므로
$2(3x+x)=48$
(2) $2(3x+x)=48$에서
$8x=48$　　∴ $x=6$

13 일차방정식의 활용 (2)

──── 136쪽 ────

01 (1) 3, 3, 5　(2) $x=6$　(3) 6 km
02 (1) $\dfrac{x}{4}+\dfrac{x}{2}=3$　(2) $x=4$　(3) 4 km
03 (1) 1, 1　(2) $x=3$　(3) 3 km
04 (1) $\dfrac{x}{80}+\dfrac{x-1}{60}=\dfrac{90}{60}$　(2) $x=52$　(3) 52 km

01 (2) $\dfrac{x}{2}+\dfrac{x}{3}=5$의 양변에 6을 곱하면
$3x+2x=30$, $5x=30$　　∴ $x=6$

02 (2) $\dfrac{x}{4}+\dfrac{x}{2}=3$의 양변에 4를 곱하면
$x+2x=12$, $3x=12$　　∴ $x=4$

03 (2) $\dfrac{x}{3}+\dfrac{x+1}{4}=2$의 양변에 12를 곱하면
$4x+3(x+1)=24$, $4x+3x+3=24$
$7x=21$　　∴ $x=3$

04 (2) $\dfrac{x}{80}+\dfrac{x-1}{60}=\dfrac{90}{60}$ 의 양변에 240을 곱하면
$3x+4(x-1)=360$, $3x+4x-4=360$
$7x=364$　　∴ $x=52$

01 (2) $3x+7=5x-1$에서
$-2x=-8$　　∴ $x=4$
따라서 어떤 수는 4이다.

02 (1) 연속하는 세 홀수는 $x-2$, x, $x+2$이고, 세 홀수의 합이 93이므로
$(x-2)+x+(x+2)=93$
(2) $(x-2)+x+(x+2)=93$에서
$3x=93$　　∴ $x=31$
따라서 연속하는 세 홀수는 29, 31, 33이다.

03 (1) 처음 수는 $80+x$이고, 십의 자리의 숫자와 일의 자리의 숫자를 바꾼 수는 $10x+8$이므로
$10x+8=(80+x)-36$
(2) $10x+8=(80+x)-36$에서
$9x=36$　　∴ $x=4$
따라서 처음 수는 84이다.

04 (1) x년 전에 아버지의 나이는 $(42-x)$세, 딸의 나이는 $(12-x)$세이고, 아버지의 나이가 딸의 나이의 4배였으므로
$$42-x=4(12-x)$$
(2) $42-x=4(12-x)$에서
$$42-x=48-4x$$
$$3x=6 \qquad \therefore x=2$$
따라서 2년 전에 아버지의 나이가 딸의 나이의 4배였다.

05 (1) 배의 개수는 $7-x$이므로
$$1800x+2200(7-x)=13800$$
(2) $1800x+2200(7-x)=13800$에서
$$1800x+15400-2200x=13800$$
$$-400x=-1600 \qquad \therefore x=4$$
따라서 사과의 개수는 4, 배의 개수는 $7-4=3$

06 (1) 가로의 길이는 $(x+3)$ cm이고, 직사각형의 둘레의 길이가 34 cm이므로
$$2\{(x+3)+x\}=34$$
(2) $2\{(x+3)+x\}=34$에서
$$2(2x+3)=34, \ 4x+6=34$$
$$4x=28 \qquad \therefore x=7$$
따라서 직사각형의 세로의 길이는 7 cm이다.

07 (1) 집에서 서점까지 가는 데 걸린 시간은 $\dfrac{x}{20}$시간이고,
서점에서 집까지 오는 데 걸린 시간은 $\dfrac{x}{5}$시간이므로
$$\dfrac{x}{20}+\dfrac{x}{5}=\dfrac{75}{60}$$

주의 단위를 통일해야 한다. → 15분 $=\dfrac{15}{60}$시간

(2) $\dfrac{x}{20}+\dfrac{x}{5}=\dfrac{75}{60}$의 양변에 60을 곱하면
$$3x+12x=75, \ 15x=75$$
$$\therefore x=5$$
따라서 집에서 서점까지의 거리는 5 km이다.

08 (1) 시속 12 km로 자전거를 타고 갈 때 걸리는 시간은 $\dfrac{x}{12}$
시간이고, 시속 6 km로 뛰어갈 때 걸리는 시간은 $\dfrac{x}{6}$ 시간이므로
$$\dfrac{x}{12}=\dfrac{x}{6}-\dfrac{20}{60}$$
(2) $\dfrac{x}{12}=\dfrac{x}{6}-\dfrac{20}{60}$의 양변에 60을 곱하면
$$5x=10x-20, \ -5x=-20$$
$$\therefore x=4$$
따라서 집에서 학교까지의 거리는 4 km이다.

10분 연산 TEST 2회

138쪽

01 (1) $4x-11=\dfrac{1}{3}x$ (2) 3

02 (1) $(x-1)+x+(x+1)=72$ (2) 25

03 (1) $50+x=(10x+5)+27$ (2) 25

04 (1) $46+x=2(13+x)$ (2) 20년 후

05 (1) $2x+3(10-x)=27$ (2) 3

06 (1) $\dfrac{1}{2}\times(8+10)\times x=36$ (2) 4 cm

07 (1) $\dfrac{x}{12}+\dfrac{x}{4}=1$ (2) 3 km

08 (1) $\dfrac{x}{24}=\dfrac{x}{8}-\dfrac{30}{60}$ (2) 6 km

01 (2) $4x-11=\dfrac{1}{3}x$의 양변에 3을 곱하면
$$12x-33=x, \ 11x=33 \qquad \therefore x=3$$
따라서 어떤 수는 3이다.

02 (1) 연속하는 세 자연수는 $x-1$, x, $x+1$이고, 세 자연수의 합이 72이므로
$$(x-1)+x+(x+1)=72$$
(2) $(x-1)+x+(x+1)=72$에서
$$3x=72 \qquad \therefore x=24$$
따라서 연속하는 세 자연수는 23, 24, 25이므로 가장 큰 수는 25이다.

03 (1) 처음 수는 $10x+5$, 십의 자리의 숫자와 일의 자리의 숫자를 바꾼 수는 $50+x$이므로
$$50+x=(10x+5)+27$$
(2) $50+x=(10x+5)+27$에서
$$-9x=-18 \qquad \therefore x=2$$
따라서 처음 수는 25이다.

04 (1) x년 후의 어머니의 나이는 $(46+x)$세, 아들의 나이는 $(13+x)$세이고, 어머니의 나이가 아들의 나이의 2배가 되므로
$$46+x=2(13+x)$$
(2) $46+x=2(13+x)$에서
$$46+x=26+2x$$
$$-x=-20 \qquad \therefore x=20$$
따라서 20년 후에 어머니의 나이가 아들의 나이의 2배가 된다.

05 (1) 민지가 넣은 3점짜리 슛의 개수는 $10-x$이고, 총 27점을 득점하였으므로
$$2x+3(10-x)=27$$

(2) $2x+3(10-x)=27$에서

$2x+30-3x=27$

$-x=-3$ ∴ $x=3$

따라서 민지가 넣은 2점짜리 슛의 개수는 3이다.

06 (2) $\frac{1}{2}\times(8+10)\times x=36$에서

$9x=36$ ∴ $x=4$

따라서 사다리꼴의 높이는 4 cm이다.

07 (1) 집에서 영화관까지 가는 데 걸린 시간은 $\frac{x}{12}$시간이고,

영화관에서 집까지 오는 데 걸린 시간은 $\frac{x}{4}$시간이므로

$\frac{x}{12}+\frac{x}{4}=1$

(2) $\frac{x}{12}+\frac{x}{4}=1$의 양변에 12를 곱하면

$x+3x=12$, $4x=12$

∴ $x=3$

따라서 집에서 영화관까지의 거리는 3 km이다.

08 (1) 시속 24 km로 버스를 타고 갈 때 걸린 시간은 $\frac{x}{24}$시간이

고, 시속 8 km로 뛰어갈 때 걸린 시간은 $\frac{x}{8}$시간이므로

$\frac{x}{24}=\frac{x}{8}-\frac{30}{60}$

(2) $\frac{x}{24}=\frac{x}{8}-\frac{30}{60}$의 양변에 120을 곱하면

$5x=15x-60$

$-10x=-60$ ∴ $x=6$

따라서 집에서 도서관까지의 거리는 6 km이다.

학교 시험 PREVIEW
⊢139쪽~141쪽⊣

스스로 개념 점검

(1) 등식 (2) 방정식 ① 미지수 ② 해 (3) 항등식

(4) 이항 (5) 일차방정식

01 ③	**02** ②	**03** ⑤	**04** ②	**05** ⑤
06 ③	**07** ③	**08** ⑤	**09** ④	**10** ③
11 ①	**12** ⑤	**13** ②	**14** ④	**15** ③
16 ③	**17** ②	**18** 소 : 8마리, 닭 : 5마리		

01 ① $x+7=11$ ② $\frac{x}{5}=5500$

④ $14-x=3$ ⑤ $30-4x=2$

02 주어진 해를 각 일차방정식에 대입하여 좌변과 우변을 비교하면

① $4-2\neq6$

② $2\times\left(-\frac{1}{2}\right)+5=4$

③ $4\times(0-1)\neq4$

④ $-\frac{1}{3}\times3\neq1$

⑤ $5\times1\neq2\times1-7$

따라서 주어진 일차방정식의 해인 것은 ②이다.

03 ⑤ (좌변)$=3(x-3)+4=3x-5$

(우변)$=3x-5$

즉, (좌변)$=$(우변)이므로 항등식이다.

04 $ax+6=2(x-b)$에서 $ax+6=2x-2b$

(좌변)$=$(우변)이어야 하므로

$a=2$, $6=-2b$ ∴ $a=2$, $b=-3$

∴ $a+b=2+(-3)=-1$

05 ⑤ $a=\frac{b}{3}$의 양변에 6을 곱하면 $6a=2b$

07 ③ $3x\underline{+7}=\underline{x}-2$ ➡ $3x-x=-2-7$

08 ⑤ $9-2x=-\frac{1}{3}(6x+3)$에서

$9-2x=-2x-1$, $9-2x+2x+1=0$

∴ $10=0$

따라서 일차방정식이 아니다.

09 $7x+6=3x-4$에서 $4x=-10$

∴ $x=-\frac{5}{2}$

$5x+3=-7$에서 $5x=-10$

∴ $x=-2$

따라서 $a=-\frac{5}{2}$, $b=-2$이므로

$ab=\left(-\frac{5}{2}\right)\times(-2)=5$

10 $0.32(x-2)=0.3x-0.16$의 양변에 100을 곱하면

$32(x-2)=30x-16$

$32x-64=30x-16$, $2x=48$

∴ $x=24$

11 $\frac{3}{4}x+1=\frac{x}{2}-\frac{1}{4}$의 양변에 4를 곱하면

$3x+4=2x-1$

∴ $x=-5$

12 $5:(3x+1)=2:(-x+7)$에서

$5(-x+7)=2(3x+1)$

$-5x+35=6x+2, \ -11x=-33$

$\therefore x=3$

13 $\dfrac{a}{2}(x+1)-5(x-a)=6$에 $x=3$을 대입하면

$\dfrac{a}{2}(3+1)-5(3-a)=6$

$2a-15+5a=6, \ 7a=21$

$\therefore a=3$

14 $\dfrac{x}{2}-\dfrac{x-1}{3}=2$의 양변에 6을 곱하면

$3x-2(x-1)=12$

$3x-2x+2=12 \qquad \therefore x=10$

$x=10$을 $x-3=a$에 대입하면

$10-3=a \qquad \therefore a=7$

15 연속하는 세 홀수 중 가운데 수를 x라 하면

$(x-2)+x+(x+2)=69$

$3x=69 \qquad \therefore x=23$

따라서 세 홀수는 21, 23, 25이므로 가장 큰 수는 25이다.

16 처음 정삼각형의 한 변의 길이를 $x\,\mathrm{cm}$라 하면

$(x+1)+(x+2)+(x+3)=54$

$3x+6=54, \ 3x=48 \qquad \therefore x=16$

따라서 처음 정삼각형의 한 변의 길이는 16 cm이다.

17 태민이가 올라갈 때 걸은 거리를 $x\,\mathrm{km}$라 하면

$\dfrac{x}{2}+\dfrac{x+4}{3}=3$

양변에 6을 곱하면 $3x+2(x+4)=18$

$3x+2x+8=18, \ 5x=10$

$\therefore x=2$

따라서 태민이가 올라갈 때 걸은 거리는 2 km이다.

18 서술형

소의 수를 x마리라 하면 닭의 수는 $(13-x)$마리이므로

$4x+2(13-x)=42$ ······ ❶

$4x+26-2x=42, \ 2x=16 \qquad \therefore x=8$ ······ ❷

따라서 소는 8마리, 닭은 $13-8=5$(마리) ······ ❸

채점 기준	비율
❶ 소의 수를 x마리라 하고, 방정식 세우기	40 %
❷ 방정식 풀기	30 %
❸ 소와 닭이 각각 몇 마리인지 구하기	30 %

Ⅳ. 좌표평면과 그래프

1 좌표평면과 그래프

01 수직선 위의 점의 좌표

145쪽

01 $-3, \ -1, \ 1, \ \dfrac{5}{2}$ **02** $\mathrm{A}(-4), \ \mathrm{B}(-2), \ \mathrm{C}(0), \ \mathrm{D}\left(\dfrac{3}{2}\right)$

03 $\mathrm{A}\left(-\dfrac{4}{3}\right), \ \mathrm{B}\left(\dfrac{1}{2}\right), \ \mathrm{C}(3), \ \mathrm{D}(4)$

04 $\mathrm{A}\left(-\dfrac{5}{2}\right), \ \mathrm{B}\left(\dfrac{1}{3}\right), \ \mathrm{C}(2), \ \mathrm{D}\left(\dfrac{7}{2}\right)$

05 ~ **08**

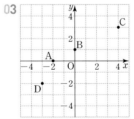
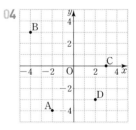

02 좌표평면 위의 점의 좌표

146쪽~147쪽

01 $2, \ 3, \ -1, \ 2, \ -4, \ -1, \ 3, \ -2$

02 $1, \ -3, \ -3, \ 4, \ 0, \ 0, \ 0, \ -4$

03 **04**

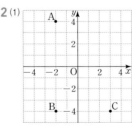

05 $\mathrm{O}(0, 0)$ **06** $\mathrm{A}(1, -4)$ **07** $\mathrm{B}(-3, 2)$ **08** $\mathrm{C}(4, 0)$

09 $\mathrm{D}(-3, 0)$ **10** $\mathrm{E}(0, 6)$ **11** $\mathrm{F}(0, -5)$

12 (1)   (2) 20 / 5, 20

13   , 15

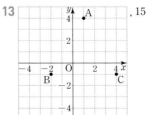

14 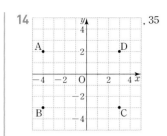 , 35

13 세 점 A$(1, 4)$, B$(-2, -1)$, C$(4, -1)$을 좌표평면 위에 나타내고 세 점을 선분으로 연결하면 오른쪽 그림과 같으므로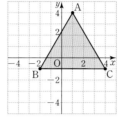
(삼각형 ABC의 넓이)
$= \dfrac{1}{2} \times ($밑변의 길이$) \times ($높이$)$
$= \dfrac{1}{2} \times 6 \times 5 = 15$

14 네 점 A$(-4, 2)$, B$(-4, -3)$, C$(3, -3)$, D$(3, 2)$를 좌표평면 위에 나타내고 네 점을 선분으로 연결하면 오른쪽 그림과 같으므로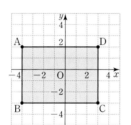
(사각형 ABCD의 넓이)
$= ($가로의 길이$) \times ($세로의 길이$)$
$= 7 \times 5 = 35$

03 사분면

01~04

A$(3, 2)$ ➡ 제1사분면
B$(-2, -4)$ ➡ 제3사분면
C$(1, -3)$ ➡ 제4사분면
D$(-4, 1)$ ➡ 제2사분면

05 제2사분면 / 음수, 양수, 2　　**06** 제1사분면

07 제3사분면　　**08** 제4사분면

09 어느 사분면에도 속하지 않는다.

10 어느 사분면에도 속하지 않는다.　**11** $-$, 제4사분면

12 $+$, 1　**13** $-$, $-$, 제3사분면　**14** $-$, $+$, 제2사분면

15 $-$, $+$, 제2사분면　**16** $-$, $-$, 제3사분면

17 제2사분면 / $-$, $+$, 2　　**18** 제4사분면

19 제1사분면　　**20** 제3사분면

21 제4사분면　　**22** 제2사분면

06 (x좌표)>0, (y좌표)>0이므로 제1사분면 위의 점이다.

07 (x좌표)<0, (y좌표)<0이므로 제3사분면 위의 점이다.

08 (x좌표)>0, (y좌표)<0이므로 제4사분면 위의 점이다.

09 y축 위의 점이므로 어느 사분면에도 속하지 않는다.

10 x축 위의 점이므로 어느 사분면에도 속하지 않는다.

11 $a>0$, $b<0$에서 점 A의 좌표의 부호는 ($+$, $-$)이므로 점 A는 제4사분면 위의 점이다.

13 $a>0$, $b<0$이므로 $-a<0$, $b<0$
점 C의 좌표의 부호는 ($-$, $-$)이므로
점 C는 제3사분면 위의 점이다.

14 $a>0$, $b<0$이므로 $-a<0$, $-b>0$
점 D의 좌표의 부호는 ($-$, $+$)이므로
점 D는 제2사분면 위의 점이다.

15 $a>0$, $b<0$이므로 $b<0$, $a>0$
점 E의 좌표의 부호는 ($-$, $+$)이므로
점 E는 제2사분면 위의 점이다.

16 $a>0$, $b<0$이므로 $b<0$, $-a<0$
점 F의 좌표의 부호는 ($-$, $-$)이므로
점 F는 제3사분면 위의 점이다.

18 점 P(a, b)가 제3사분면 위의 점이므로 $a<0$, $b<0$
$-a>0$, $b<0$이므로 점 B의 좌표의 부호는 ($+$, $-$)이다.
따라서 점 B는 제4사분면 위의 점이다.

19 점 P(a, b)가 제3사분면 위의 점이므로 $a<0$, $b<0$
$-a>0$, $-b>0$이므로 점 C의 좌표의 부호는 ($+$, $+$)이다.
따라서 점 C는 제1사분면 위의 점이다.

20 점 P(a, b)가 제3사분면 위의 점이므로 $a<0$, $b<0$
$b<0$, $a<0$이므로 점 D의 좌표의 부호는 ($-$, $-$)이다.
따라서 점 D는 제3사분면 위의 점이다.

21 점 $P(a, b)$가 제3사분면 위의 점이므로 $a<0$, $b<0$
$-b>0$, $a<0$이므로 점 E의 좌표의 부호는 $(+, -)$이다.
따라서 점 E는 제4사분면 위의 점이다.

22 점 $P(a, b)$가 제3사분면 위의 점이므로 $a<0$, $b<0$
$a+b<0$, $ab>0$이므로 점 F의 좌표의 부호는 $(-, +)$
이다.
따라서 점 F는 제2사분면 위의 점이다.

> **참고** ① $a>0$, $b>0$이면 $a+b>0$, $ab>0$, $\dfrac{b}{a}>0$
>
> ② $a<0$, $b<0$이면 $a+b<0$, $ab>0$, $\dfrac{b}{a}>0$

13 $a<0$, $b>0$이므로 $-a>0$, $b>0$
점 A의 좌표의 부호는 $(+, +)$이므로
점 A는 제1사분면 위의 점이다.

14 $a<0$, $b>0$이므로 $a<0$, $-b<0$
점 B의 좌표의 부호는 $(-, -)$이므로
점 B는 제3사분면 위의 점이다.

15 $a<0$, $b>0$이므로 $b>0$, $a<0$
점 C의 좌표의 부호는 $(+, -)$이므로
점 C는 제4사분면 위의 점이다.

10분 연산 TEST 1회
〜150쪽〜

01 $A(-3)$, $B\left(-\dfrac{1}{2}\right)$, $C(1)$, $D\left(\dfrac{11}{3}\right)$

02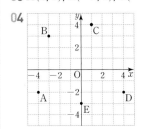

03 $A(3, 2)$, $B(-2, 1)$, $C(-3, 0)$, $D(0, -1)$, $E(5, -2)$

04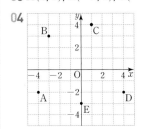

05 $A(2, 5)$ 06 $B(-3, -4)$
07 $C(-1, 0)$ 08 $D(0, 4)$ 09 제2사분면
10 제1사분면 11 제3사분면
12 어느 사분면에도 속하지 않는다. 13 제1사분면
14 제3사분면 15 제4사분면

10분 연산 TEST 2회
〜151쪽〜

01 $A\left(-\dfrac{10}{3}\right)$, $B(-1)$, $C\left(\dfrac{3}{2}\right)$, $D(4)$

02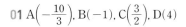

03 $A(-3, -3)$, $B(2, 3)$, $C(-1, 0)$, $D(-2, 4)$, $E(3, -4)$

04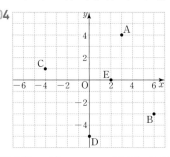

05 $A(3, -1)$ 06 $B(-5, 2)$ 07 $C(7, 0)$
08 $D(0, -3)$ 09 제4사분면
10 제2사분면 11 제3사분면
12 어느 사분면에도 속하지 않는다. 13 제1사분면
14 제3사분면 15 제4사분면

09 (x좌표)<0, (y좌표)>0이므로 제2사분면 위의 점이다.

10 (x좌표)>0, (y좌표)>0이므로 제1사분면 위의 점이다.

11 (x좌표)<0, (y좌표)<0이므로 제3사분면 위의 점이다.

12 x축 위의 점이므로 어느 사분면에도 속하지 않는다.

09 (x좌표)>0, (y좌표)<0이므로 제4사분면 위의 점이다.

10 (x좌표)<0, (y좌표)>0이므로 제2사분면 위의 점이다.

11 (x좌표)<0, (y좌표)<0이므로 제3사분면 위의 점이다.

12 y축 위의 점이므로 어느 사분면에도 속하지 않는다.

13 $a>0$, $b<0$이므로 $-b>0$, $a>0$
점 A의 좌표의 부호는 $(+, +)$이므로
점 A는 제1사분면 위의 점이다.

14 $a>0$, $b<0$이므로 $-2a<0$, $b<0$
점 B의 좌표의 부호는 $(-, -)$이므로
점 B는 제3사분면 위의 점이다.

15 $a>0$, $b<0$이므로 $a-b>0$, $ab<0$
점 C의 좌표의 부호는 $(+, -)$이므로
점 C는 제4사분면 위의 점이다.

> **참고** ① $a>0$, $b<0$이면 $a-b>0$, $b-a<0$, $ab<0$
> ② $a<0$, $b>0$이면 $a-b<0$, $b-a>0$, $ab<0$

04 그래프

153쪽

01 -2, 6, -3, 9, -1, 12, 5, 15, 7, 18, 5, 21, 2

02
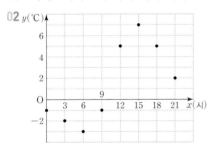

03 100, 150, 200, 250

04 $(1, 50)$, $(2, 100)$, $(3, 150)$, $(4, 200)$, $(5, 250)$

05
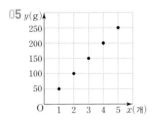

05 그래프의 해석

153쪽~154쪽

01~04 (선 연결 문제)   **05** 4 km / 4, 4   **06** 5분 후

07 5분   **08** 5 km

09 200 m / 200, 200   **10** 500 m

11 15분   **12** 5분   **13** 10분

14 소정 : 1.5 km, 한울 : 1 km   **15** 15분 후   **16** 1 km

17 3 km   **18** 5분

01 병의 폭이 일정하므로 물의 높이가 일정하게 증가한다.

02 병의 폭이 위로 갈수록 좁아지므로 물의 높이가 점점 빠르게 증가한다.

03 병의 폭이 위로 갈수록 넓어지므로 물의 높이가 점점 느리게 증가한다.

04 병의 폭이 넓고 일정한 부분에서 물의 높이는 일정하게 증가하고, 병의 폭이 좁고 일정한 부분에서 물의 높이는 폭이 넓은 아랫부분보다 빠르고 일정하게 증가한다.

06 그래프가 점 $(5, 2)$를 지나므로 집으로부터 2 km 이동하였을 때는 집에서 출발한 지 5분 후이다.

07 x의 값이 10에서 15까지 증가할 때, y의 값은 4로 일정하므로 $15-10=5$(분) 동안 휴식 시간을 가졌다.

08 그래프가 점 $(20, 5)$에서 끝나므로 지수네 집에서 할머니 댁까지의 거리는 5 km이다.

10 그래프가 점 $(15, 500)$을 지나므로 출발한 지 15분 후에 집으로부터 떨어진 거리는 500 m이다.

11 x의 값이 15일 때, y의 값이 처음으로 500이 되므로 집에서 편의점까지 가는 데 걸린 시간은 15분이다.

12 x의 값이 15에서 20까지 증가할 때, y의 값은 500으로 일정하므로 편의점에 머문 시간은 $20-15=5$(분)

13 x의 값이 20에서 30까지 증가할 때, y의 값은 500에서 0까지 감소하므로 편의점에서 집으로 돌아오는 데 걸린 시간은 $30-20=10$(분)

14 소정이의 그래프는 점 $(10, 1.5)$, 한울이의 그래프는 점 $(10, 1)$을 지나므로 소정이가 10분 동안 이동한 거리는 1.5 km, 한울이가 10분 동안 이동한 거리는 1 km이다.

15 두 그래프가 원점에서 만난 후 점 $(15, 1.5)$에서 처음으로 다시 만나므로 소정이와 한울이는 출발한 지 15분 후에 처음으로 다시 만난다.

16 두 그래프에서 x의 값이 25일 때, y의 값은 각각 1.5, 2.5이므로 출발한 지 25분 후에 소정이와 한울이 사이의 거리는 $2.5-1.5=1$(km)

17 소정이의 그래프는 점 $(35, 3)$, 한울이의 그래프는 점 $(30, 3)$에서 끝나므로 학교에서 서점까지의 거리는 $3\,km$이다.

18 소정이는 35분, 한울이는 30분이 걸렸으므로 두 사람이 서점에 도착하는 데 걸린 시간의 차는 $35-30=5(분)$

10분 연산 TEST 1회

155쪽

01 2, 4, 6, 8, 10

02
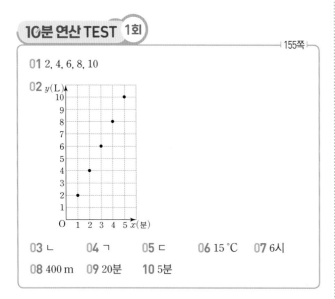

03 ㄴ   **04** ㄱ   **05** ㄷ   **06** 15 ℃   **07** 6시

08 400 m   **09** 20분   **10** 5분

03 음료수의 양이 일정하게 감소하므로 알맞은 그래프는 ㄴ이다.

04 시간이 지날수록 양초의 길이는 일정하게 감소하다가 불이 꺼진 후 그 길이가 유지되므로 알맞은 그래프는 ㄱ이다.

05 열기구가 위로 움직일 때는 지면으로부터의 높이가 높아지고, 아래로 움직일 때는 지면으로부터의 높이가 낮아지므로 알맞은 그래프는 ㄷ이다.

06 그래프가 점 $(15, 15)$를 지나므로 15시일 때의 기온은 15 ℃이다.

07 x의 값이 6일 때, y의 값이 5로 가장 작으므로 기온이 가장 낮았던 시각은 6시이다.

08 그래프가 점 $(10, 400)$을 지나므로 10분 동안 이동한 거리는 400 m이다.

09 x의 값이 10에서 30까지 증가할 때, y의 값은 400으로 일정하므로 도서관에 머문 시간은 $30-10=20(분)$

10 x의 값이 30에서 35까지 증가할 때, y의 값은 400에서 0까지 감소하므로 도서관에서 집으로 돌아오는 데 걸린 시간은 $35-30=5(분)$

10분 연산 TEST 2회

156쪽

01 4, 8, 12, 16, 20

02
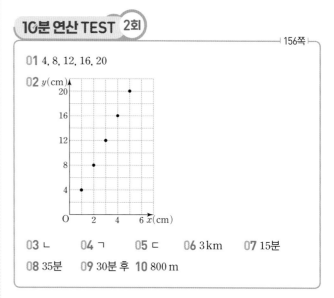

03 ㄴ   **04** ㄱ   **05** ㄷ   **06** 3 km   **07** 15분

08 35분   **09** 30분 후   **10** 800 m

03 우유의 양이 일정하게 감소하다가 마시는 것을 멈춘 후 그 양이 유지되므로 알맞은 그래프는 ㄴ이다.

04 물의 온도가 점점 빠르게 증가하므로 알맞은 그래프는 ㄱ이다.

05 토마토의 싹의 키가 일정하게 증가하므로 알맞은 그래프는 ㄷ이다.

06 그래프가 점 $(10, 3)$을 지나므로 10분 동안 이동한 거리는 $3\,km$이다.

07 x의 값이 10에서 25까지 증가할 때, y의 값은 3으로 일정하므로 편의점에 머문 시간은 $25-10=15(분)$

08 그래프가 점 $(35, 5)$에서 끝나므로 집에서 공원까지 가는 데 걸린 시간은 35분이다.

09 두 그래프가 원점에서 만난 후 점 $(30, 600)$에서 처음으로 다시 만나므로 효진이와 민수는 출발한 지 30분 후에 처음으로 다시 만난다.

10 효진이의 그래프는 점 $(40, 800)$, 민수의 그래프는 점 $(45, 800)$에서 끝나므로 학교에서 영화관까지의 거리는 800 m이다.

스스로 개념 점검

(1) 좌표 (2) x축, y축, 좌표축 (3) 원점

(4) 좌표평면 (5) 순서쌍 (6) x좌표, y좌표

(7) 제1사분면, 제2사분면, 제3사분면, 제4사분면 (8) 변수

(9) 그래프

| 01 ④ | 02 ④ | 03 ④ | 04 ② | 05 ⑤ |
| 06 ④ | 07 ⑤ | 08 ④ | 09 ① | 10 10 |

01 ④ $D\left(\dfrac{11}{2}\right)$

02 $a=-2$이고 $7=2b-1$이므로 $-2b=-8$ $\therefore b=4$
$\therefore a+b=-2+4=2$

03 ④ $D(0,\ -1)$

04 x축 위의 점은 y좌표가 0이고 y축 위의 점은 x좌표가 0이다.
따라서 좌표축 위의 점이 아닌 것은 ② $(3, 2)$이다.

05 ⑤ 제3사분면 위의 점의 y좌표는 음수이다.

06 $x<0$, $y>0$이므로 $-x>0$, $-y<0$
따라서 점 $P(-x,\ -y)$는 제4사분면 위의 점이다.

07 일정한 속력으로 걸어올 때는 그래프의 모양이 오른쪽 아래로 향하는 직선이 되고, 잠시 멈추었을 때는 거리가 변하지 않으므로 그래프의 모양이 수평이 된다.

08 ④ 7초 동안 초속 30 m로 달렸으므로 이동한 거리는
$30\times7=210\,(\mathrm{m})$

09 서준이는 45분, 소희는 35분이 걸렸으므로 소희가 공원에 도착한 지 $45-35=10$(분) 후에 서준이가 도착했다.

10 서술형

세 점 $A(3, 2)$, $B(3, -2)$, $C(-2, 0)$을 좌표평면 위에 나타내면 오른쪽 그림과 같다. ······❶

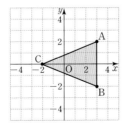

$\therefore$ (삼각형 ABC의 넓이)

$=\dfrac{1}{2}\times$ (밑변의 길이) $\times$ (높이)

$=\dfrac{1}{2}\times4\times5=10$ ······❷

채점 기준	비율
❶ 세 점을 좌표평면 위에 나타내기	40 %
❷ 삼각형 ABC의 넓이 구하기	60 %

② 정비례와 반비례

01 정비례 관계

⎸160쪽

01 (1) 750, 1000 (2) $y=250x$ / 정비례, 250

02 (1) 3, 6, 9, 12 (2) $y=3x$ **03** ○ **04** ×

05 ○ **06** × **07** ○ **08** $10x$, ○ **09** $x+3$, ×

10 $4x$, ○

02 (2) y는 x에 정비례하고 y의 값이 x의 값의 3배이므로
$y=3x$

06 $xy=2$에서 $y=\dfrac{2}{x}$이므로 y가 x에 정비례하지 않는다.

07 $\dfrac{y}{x}=3$에서 $y=3x$이므로 y가 x에 정비례한다.

02 정비례 관계 $y=ax\ (a\neq0)$의 그래프 그리기

⎸161쪽~162쪽

01 (1) $-6, -3, 0, 3, 6$

(2) 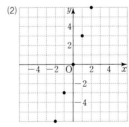 (3)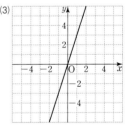

02 $6, 4, 2, 0, -2, -4, -6$,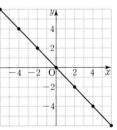

03 $-2, -1, 0, 1, 2$,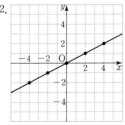

04 ❶ 0 ❷ 4, 1, 4, 4,

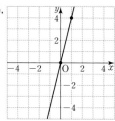

05 ❶ 0 ❷ −2, 3, −2, −2,

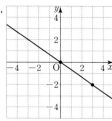

06 0, 1,

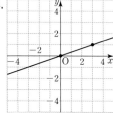

07 0, −3,

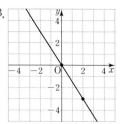

08 0, 3,

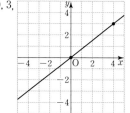

03 정비례 관계 $y=ax$ $(a≠0)$의 그래프의 성질

163쪽

01 위	02 1, 3	03 증가	04 ㉠	05 아래
06 2, 4	07 감소	08 ㉢	09 ×	10 ○
11 ×	12 ㄱ, ㄷ, ㅁ	13 ㄴ, ㄹ, ㅂ	14 ㄴ, ㄹ, ㅂ	

09 정비례 관계 $y=2x$의 그래프는 오른쪽 위로 향하는 직선
이다.

11 정비례 관계 $y=-3x$의 그래프는 x의 값이 증가하면 y의
값은 감소한다.

04 정비례 관계 $y=ax$ $(a≠0)$의 그래프 위의 점

164쪽

01 ○	02 ×	03 ×	04 ○
05 −8 / −2, −8		06 −2	07 −6	08 $\frac{1}{2}$
09 3	10 $-\frac{8}{3}$	11 6 / a, a, 6	12 −4

01 $y=-2x$에 $x=2$, $y=-4$를 대입하면
$-4=-2×2$
따라서 점 $(2, -4)$는 정비례 관계 $y=-2x$의 그래프 위
의 점이다.

02 $y=-2x$에 $x=\frac{1}{4}$, $y=\frac{1}{2}$을 대입하면
$\frac{1}{2}≠-2×\frac{1}{4}$
따라서 점 $\left(\frac{1}{4}, \frac{1}{2}\right)$은 정비례 관계 $y=-2x$의 그래프 위
의 점이 아니다.

03 $y=-2x$에 $x=-\frac{1}{2}$, $y=2$를 대입하면
$2≠-2×\left(-\frac{1}{2}\right)$
따라서 점 $\left(-\frac{1}{2}, 2\right)$는 정비례 관계 $y=-2x$의 그래프 위
의 점이 아니다.

04 $y=-2x$에 $x=-3$, $y=6$을 대입하면
$6=-2×(-3)$
따라서 점 $(-3, 6)$은 정비례 관계 $y=-2x$의 그래프 위
의 점이다.

06 $y=-5x$에 $x=a$, $y=10$을 대입하면
$10=-5×a$ ∴ $a=-2$

07 $y=\frac{3}{2}x$에 $x=-4$, $y=a$를 대입하면
$a=\frac{3}{2}×(-4)=-6$

08 $y=6x$에 $x=a$, $y=3$을 대입하면
$3=6×a$ ∴ $a=\frac{1}{2}$

09 $y=-9x$에 $x=-\frac{1}{3}$, $y=a$를 대입하면
$a=-9×\left(-\frac{1}{3}\right)=3$

10 $y=-\dfrac{3}{4}x$에 $x=a$, $y=2$를 대입하면

$2=-\dfrac{3}{4}\times a$

$\therefore a=2\times\left(-\dfrac{4}{3}\right)=-\dfrac{8}{3}$

12 그래프가 점 $(a,\,2)$를 지나므로

$y=-\dfrac{1}{2}x$에 $x=a$, $y=2$를 대입하면

$2=-\dfrac{1}{2}\times a$　$\therefore a=-4$

05 정비례 관계 $y=ax\,(a\neq0)$의 식 구하기

01 4 / 2, 2, 4　　**02** -3　　**03** $\dfrac{5}{2}$　　**04** $-\dfrac{1}{3}$

05 6　　**06** $-\dfrac{2}{3}$　　**07** $\dfrac{3}{2}$ / 3, 3, $\dfrac{3}{2}$　　**08** $-\dfrac{1}{4}$

09 $\dfrac{3}{4}$　　**10** $-\dfrac{5}{2}$　　**11** $y=\dfrac{1}{2}x$ / ❶ -1, $\dfrac{1}{2}$　❷ $\dfrac{1}{2}$

12 $y=-\dfrac{4}{3}x$　　**13** $y=\dfrac{3}{5}x$

14 $a=5$, $b=10$ / ❶ 5, 5　❷ 10　　**15** $a=\dfrac{3}{2}$, $b=-4$

16 $a=-\dfrac{1}{4}$, $b=-8$　　**17** $a=-\dfrac{5}{3}$, $b=-10$

18 $2x$, -3 / ❶ 4, 2, 2　❷ -3

19 $-\dfrac{3}{4}x$, $\dfrac{3}{2}$　　**20** $\dfrac{1}{2}x$, 3

02 $y=ax$에 $x=-1$, $y=3$을 대입하면

$3=a\times(-1)$　$\therefore a=-3$

03 $y=ax$에 $x=2$, $y=5$를 대입하면

$5=a\times2$　$\therefore a=\dfrac{5}{2}$

04 $y=ax$에 $x=6$, $y=-2$를 대입하면

$-2=a\times6$　$\therefore a=-\dfrac{1}{3}$

05 $y=ax$에 $x=\dfrac{1}{3}$, $y=2$를 대입하면

$2=a\times\dfrac{1}{3}$　$\therefore a=6$

06 $y=ax$에 $x=\dfrac{3}{4}$, $y=-\dfrac{1}{2}$을 대입하면

$-\dfrac{1}{2}=a\times\dfrac{3}{4}$　$\therefore a=-\dfrac{1}{2}\times\dfrac{4}{3}=-\dfrac{2}{3}$

08 그래프가 점 $(-4,\,1)$을 지나므로

$y=ax$에 $x=-4$, $y=1$을 대입하면

$1=a\times(-4)$　$\therefore a=-\dfrac{1}{4}$

09 그래프가 점 $(-4,\,-3)$을 지나므로

$y=ax$에 $x=-4$, $y=-3$을 대입하면

$-3=a\times(-4)$　$\therefore a=\dfrac{3}{4}$

10 그래프가 점 $(2,\,-5)$를 지나므로

$y=ax$에 $x=2$, $y=-5$를 대입하면

$-5=a\times2$　$\therefore a=-\dfrac{5}{2}$

12 그래프가 원점을 지나는 직선이므로 그래프가 나타내는 식을 $y=ax\,(a\neq0)$로 놓고

$y=ax$에 $x=-3$, $y=4$를 대입하면

$4=a\times(-3)$　$\therefore a=-\dfrac{4}{3}$

$\therefore y=-\dfrac{4}{3}x$

13 그래프가 원점을 지나는 직선이므로 그래프가 나타내는 식을 $y=ax\,(a\neq0)$로 놓고

$y=ax$에 $x=5$, $y=3$을 대입하면

$3=a\times5$　$\therefore a=\dfrac{3}{5}$

$\therefore y=\dfrac{3}{5}x$

15 $y=ax$에 $x=2$, $y=3$을 대입하면

$3=a\times2$　$\therefore a=\dfrac{3}{2}$

$\therefore y=\dfrac{3}{2}x$

$y=\dfrac{3}{2}x$에 $x=b$, $y=-6$을 대입하면

$-6=\dfrac{3}{2}\times b$　$\therefore b=-6\times\dfrac{2}{3}=-4$

16 $y=ax$에 $x=4$, $y=-1$을 대입하면

$-1=a\times4$　$\therefore a=-\dfrac{1}{4}$

$\therefore y=-\dfrac{1}{4}x$

$y=-\dfrac{1}{4}x$에 $x=b$, $y=2$을 대입하면

$2=-\dfrac{1}{4}\times b$　$\therefore b=-8$

IV. 좌표평면과 그래프　**77**

17 $y=ax$에 $x=-3$, $y=5$를 대입하면

$5=a\times(-3)$ $\quad\therefore a=-\dfrac{5}{3}$

$\therefore y=-\dfrac{5}{3}x$

$y=-\dfrac{5}{3}x$에 $x=6$, $y=b$를 대입하면

$b=-\dfrac{5}{3}\times6=-10$

19 그래프가 원점을 지나는 직선이므로 그래프가 나타내는 식을 $y=ax\ (a\neq0)$로 놓고

$y=ax$에 $x=4$, $y=-3$을 대입하면

$-3=a\times4$ $\quad\therefore a=-\dfrac{3}{4}$

$\therefore y=-\dfrac{3}{4}x$

$y=-\dfrac{3}{4}x$에 $x=-2$, $y=b$를 대입하면

$b=-\dfrac{3}{4}\times(-2)=\dfrac{3}{2}$

20 그래프가 원점을 지나는 직선이므로 그래프가 나타내는 식을 $y=ax\ (a\neq0)$로 놓고

$y=ax$에 $x=-2$, $y=-1$을 대입하면

$-1=a\times(-2)$ $\quad\therefore a=\dfrac{1}{2}$

$\therefore y=\dfrac{1}{2}x$

$y=\dfrac{1}{2}x$에 $x=b$, $y=\dfrac{3}{2}$을 대입하면

$\dfrac{3}{2}=\dfrac{1}{2}\times b$ $\quad\therefore b=3$

06 정비례 관계의 활용

167쪽

01 (1) 4, 8, 12, 16 (2) $y=4x$ (3) 80 ℃
02 (1) $y=2x$ (2) 32 L
03 (1) $y=500x$ (2) 16분
04 (1) $y=6x$ (2) 12대

01 (3) $y=4x$에 $x=20$을 대입하면

$y=4\times20=80$

따라서 이 액체를 20분 동안 가열하면 온도가 80 ℃가 된다.

02 (2) $y=2x$에 $x=16$을 대입하면

$y=2\times16=32$

따라서 물을 채우기 시작한 지 16분 후 물통 안에 들어 있는 물의 양은 32 L이다.

03 (2) 8 km=8000 m이므로

$y=500x$에 $y=8000$을 대입하면

$8000=500x$ $\quad\therefore x=16$

따라서 현성이가 자전거를 타고 8 km를 가는 데 16분이 걸린다.

04 (2) $y=6x$에 $y=72$를 대입하면

$72=6x$ $\quad\therefore x=12$

따라서 72명이 타려면 배가 적어도 12대 필요하다.

10분 연산 TEST 1회

168쪽

01 ○	02 ×	03 ×	04 ○	05 $\dfrac{1}{2}$
06 $-\dfrac{1}{10}$	07 -6	08 $-\dfrac{7}{2}$	09 4	10 2
11 $-\dfrac{1}{2}$	12 (1) $y=3x$ (2) 75 kcal			

01 $y=900x$이므로 y가 x에 정비례한다.

02 $y=\dfrac{800}{x}$이므로 y가 x에 정비례하지 않는다.

03 정비례 관계 $y=\dfrac{1}{7}x$의 그래프는 x의 값이 증가하면 y의 값도 증가한다.

05 $y=\dfrac{1}{4}x$에 $x=2$, $y=a$를 대입하면

$a=\dfrac{1}{4}\times2=\dfrac{1}{2}$

06 $y=-5x$에 $x=a$, $y=\dfrac{1}{2}$을 대입하면

$\dfrac{1}{2}=-5\times a$ $\quad\therefore a=-\dfrac{1}{10}$

07 그래프가 점 $(3,\ a)$를 지나므로

$y=-2x$에 $x=3$, $y=a$를 대입하면

$a=-2\times3=-6$

08 $y=ax$에 $x=-2$, $y=7$을 대입하면

$$7=a\times(-2) \qquad \therefore a=-\frac{7}{2}$$

09 $y=ax$에 $x=\frac{1}{4}$, $y=1$을 대입하면

$$1=a\times\frac{1}{4} \qquad \therefore a=4$$

10 그래프가 원점을 지나는 직선이므로 그래프가 나타내는 식을 $y=kx\,(k\neq0)$로 놓고

$y=kx$에 $x=-4$, $y=3$을 대입하면

$$3=k\times(-4) \qquad \therefore k=-\frac{3}{4}$$

$$\therefore y=-\frac{3}{4}x$$

$y=-\frac{3}{4}x$에 $x=a$, $y=-\frac{3}{2}$을 대입하면

$$-\frac{3}{2}=-\frac{3}{4}\times a \qquad \therefore a=-\frac{3}{2}\times\left(-\frac{4}{3}\right)=2$$

11 그래프가 원점을 지나는 직선이므로 그래프가 나타내는 식을 $y=kx\,(k\neq0)$로 놓고

$y=kx$에 $x=4$, $y=1$을 대입하면

$$1=k\times4 \qquad \therefore k=\frac{1}{4}$$

$$\therefore y=\frac{1}{4}x$$

$y=\frac{1}{4}x$에 $x=-2$, $y=a$를 대입하면

$$a=\frac{1}{4}\times(-2)=-\frac{1}{2}$$

12 (2) $y=3x$에 $x=25$를 대입하면

$$y=3\times25=75$$

따라서 걷기 운동을 25분 동안 하면 소모되는 열량은 75 kcal이다.

10분 연산 TEST 2회

01 ○	02 ×	03 ○	04 ×	05 -3
06 -2	07 6	08 $-\frac{5}{3}$	09 $\frac{1}{6}$	10 $\frac{5}{2}$
11 -6	12 (1) $y=5x$ (2) 8 cm			

01 $y=500x$이므로 y가 x에 정비례한다.

02 $y=\dfrac{24}{x}$이므로 y가 x에 정비례하지 않는다.

04 정비례 관계 $y=\dfrac{3}{4}x$의 그래프는 제1사분면과 제3사분면을 지난다.

05 $y=\dfrac{3}{5}x$에 $x=-5$, $y=a$를 대입하면

$$a=\frac{3}{5}\times(-5)=-3$$

06 $y=-3x$에 $x=a$, $y=6$을 대입하면

$$6=-3\times a \qquad \therefore a=-2$$

07 $y=\dfrac{1}{3}x$에 $x=a$, $y=2$를 대입하면

$$2=\frac{1}{3}\times a \qquad \therefore a=6$$

08 $y=ax$에 $x=3$, $y=-5$를 대입하면

$$-5=a\times3 \qquad \therefore a=-\frac{5}{3}$$

09 $y=ax$에 $x=2$, $y=\dfrac{1}{3}$을 대입하면

$$\frac{1}{3}=a\times2 \qquad \therefore a=\frac{1}{6}$$

10 그래프가 원점을 지나는 직선이므로 그래프가 나타내는 식을 $y=kx\,(k\neq0)$로 놓고

$y=kx$에 $x=-5$, $y=-2$를 대입하면

$$-2=k\times(-5) \qquad \therefore k=\frac{2}{5}$$

$$\therefore y=\frac{2}{5}x$$

$y=\frac{2}{5}x$에 $x=a$, $y=1$을 대입하면

$$1=\frac{2}{5}\times a \qquad \therefore a=1\times\frac{5}{2}=\frac{5}{2}$$

11 그래프가 원점을 지나는 직선이므로 그래프가 나타내는 식을 $y=kx\,(k\neq0)$로 놓고

$y=kx$에 $x=-1$, $y=3$을 대입하면

$$3=k\times(-1) \qquad \therefore k=-3$$

$$\therefore y=-3x$$

$y=-3x$에 $x=2$, $y=a$를 대입하면

$$a=-3\times2=-6$$

12 (1) $y=\dfrac{1}{2}\times x\times10=5x$

(2) $y=5x$에 $y=40$을 대입하면

$$40=5x \qquad \therefore x=8$$

따라서 삼각형의 넓이가 $40\,\text{cm}^2$일 때, 밑변의 길이는 8 cm이다.

07 반비례 관계

170쪽

01 (1) 8, 6 (2) $y=\dfrac{24}{x}$ / 반비례, 24, 24

02 (1) 36, 18, 12, 9 (2) $y=\dfrac{36}{x}$ 03 ○ 04 ×

05 × 06 ○ 07 × 08 $\dfrac{20}{x}$, ○ 09 $2x$, ×

02 (2) y는 x에 반비례하고 $xy=36$으로 일정하므로

$$y=\dfrac{36}{x}$$

06 $xy=7$에서 $y=\dfrac{7}{x}$이므로 y가 x에 반비례한다.

07 $\dfrac{y}{x}=4$에서 $y=4x$이므로 y가 x에 반비례하지 않는다.

08 반비례 관계 $y=\dfrac{a}{x}\,(a\neq0)$의 그래프 그리기

171쪽

01 (1) $-1, -2, -4, 4, 2, 1$

(2) 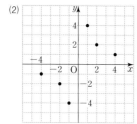 (3)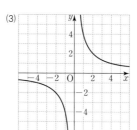

02 1, 2, 3, 6, -6, -3, -2, -1,

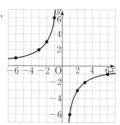

03 $-2, -3, -4, -6, 6, 4, 3, 2,$

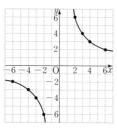

09 반비례 관계 $y=\dfrac{a}{x}\,(a\neq0)$의 그래프의 성질

172쪽~173쪽

01 1, 3 02 감소 03 ㉢ 04 ㉢ 05 2, 4

06 증가 07 ㉠ 08 ㉠ 09 1, 3, 감소

10 2, 4, 증가 11 1, 3, 감소 12 2, 4, 증가

13 × 14 ○ 15 × 16 ○ 17 ×

18 ×

19 ㄴ, ㄹ, ㅁ 20 ㄱ, ㄷ, ㅂ 21 ㄴ, ㄹ, ㅁ

04 $y=\dfrac{1}{x}$, $y=\dfrac{3}{x}$, $y=\dfrac{6}{x}$ 중에서 $|1|<|3|<|6|$이므로 반비례 관계 $y=\dfrac{1}{x}$의 그래프는 원점에 가장 가까운 그래프인 ㉢이다.

08 $y=-\dfrac{1}{x}$, $y=-\dfrac{3}{x}$, $y=-\dfrac{6}{x}$ 중에서

$|-1|<|-3|<|-6|$이므로 반비례 관계 $y=-\dfrac{6}{x}$의 그래프는 원점에서 가장 멀리 떨어진 그래프인 ㉠이다.

13 반비례 관계 $y=\dfrac{12}{x}$의 그래프는 원점을 지나지 않는다.

15 반비례 관계 $y=\dfrac{12}{x}$의 그래프는 $x>0$일 때, x의 값이 증가하면 y의 값은 감소한다.

17 반비례 관계 $y=-\dfrac{4}{x}$의 그래프는 제2사분면과 제4사분면을 지난다.

18 반비례 관계 $y=-\dfrac{4}{x}$의 그래프는 $x<0$일 때, x의 값이 증가하면 y의 값도 증가한다.

10 반비례 관계 $y=\dfrac{a}{x}\,(a\neq0)$의 그래프 위의 점

174쪽

01 × 02 ○ 03 × 04 ○

05 -6 / -2, -6 06 2 07 -5 08 5

09 -2 10 -8 11 -2 / a, a, -2 12 -3

01 $y=\dfrac{16}{x}$에 $x=2$, $y=6$을 대입하면

$$6\neq\dfrac{16}{2}$$

따라서 점 $(2, 6)$은 반비례 관계 $y=\dfrac{16}{x}$의 그래프 위의 점이 아니다.

02 $y=\dfrac{16}{x}$에 $x=-8$, $y=-2$를 대입하면

$$-2=\dfrac{16}{-8}$$

따라서 점 $(-8,\,-2)$는 반비례 관계 $y=\dfrac{16}{x}$의 그래프 위의 점이다.

03 $y=\dfrac{16}{x}$에 $x=-4$, $y=4$를 대입하면

$$4\neq\dfrac{16}{-4}$$

따라서 점 $(-4,\,4)$는 반비례 관계 $y=\dfrac{16}{x}$의 그래프 위의 점이 아니다.

04 $y=\dfrac{16}{x}$에 $x=6$, $y=\dfrac{8}{3}$을 대입하면

$$\dfrac{8}{3}=\dfrac{16}{6}$$

따라서 점 $\left(6,\,\dfrac{8}{3}\right)$은 반비례 관계 $y=\dfrac{16}{x}$의 그래프 위의 점이다.

06 $y=\dfrac{10}{x}$에 $x=a$, $y=5$를 대입하면

$$5=\dfrac{10}{a} \qquad \therefore a=2$$

07 $y=-\dfrac{15}{x}$에 $x=a$, $y=3$을 대입하면

$$3=-\dfrac{15}{a} \qquad \therefore a=-5$$

08 $y=\dfrac{20}{x}$에 $x=4$, $y=a$를 대입하면

$$a=\dfrac{20}{4}=5$$

09 $y=-\dfrac{6}{x}$에 $x=a$, $y=3$을 대입하면

$$3=-\dfrac{6}{a} \qquad \therefore a=-2$$

10 $y=\dfrac{2}{x}$에 $x=a$, $y=-\dfrac{1}{4}$을 대입하면

$$-\dfrac{1}{4}=\dfrac{2}{a} \qquad \therefore a=-8$$

12 그래프가 점 $(4,\,a)$를 지나므로

$y=-\dfrac{12}{x}$에 $x=4$, $y=a$를 대입하면

$$a=-\dfrac{12}{4}=-3$$

11 반비례 관계 $y=\dfrac{a}{x}\,(a\neq0)$의 식 구하기

⊢175쪽~176쪽⊣

01 15 / 5, 15   **02** 9   **03** -14 **04** -18

05 30   **06** 4   **07** 6 / 1, 1, 1, 6   **08** 8

09 -12 **10** -24 **11** $y=\dfrac{8}{x}$ / ❶ -4, 8   ❷ $\dfrac{8}{x}$

12 $y=-\dfrac{14}{x}$ **13** $y=\dfrac{27}{x}$

14 $a=12$, $b=3$ / ❶ 12, $\dfrac{12}{x}$ ❷ 3   **15** $a=20$, $b=10$

16 $a=-28$, $b=-\dfrac{7}{2}$

17 $-\dfrac{12}{x}$, 6 / ❶ -4, -12, $-\dfrac{12}{x}$ ❷ 6   **18** $\dfrac{6}{x}$, -1

19 $-\dfrac{24}{x}$, -6

02 $y=\dfrac{a}{x}$에 $x=3$, $y=3$을 대입하면

$$3=\dfrac{a}{3} \qquad \therefore a=9$$

03 $y=\dfrac{a}{x}$에 $x=-2$, $y=7$을 대입하면

$$7=\dfrac{a}{-2} \qquad \therefore a=-14$$

04 $y=\dfrac{a}{x}$에 $x=3$, $y=-6$을 대입하면

$$-6=\dfrac{a}{3} \qquad \therefore a=-18$$

05 $y=\dfrac{a}{x}$에 $x=-6$, $y=-5$를 대입하면

$$-5=\dfrac{a}{-6} \qquad \therefore a=30$$

06 $y=\dfrac{a}{x}$에 $x=-8$, $y=-\dfrac{1}{2}$을 대입하면

$$-\dfrac{1}{2}=\dfrac{a}{-8} \qquad \therefore a=4$$

08 그래프가 점 $(-4,\,-2)$를 지나므로

$y=\dfrac{a}{x}$에 $x=-4$, $y=-2$를 대입하면

$$-2=\dfrac{a}{-4} \qquad \therefore a=8$$

09 그래프가 점 $(4,\,-3)$을 지나므로

$y=\dfrac{a}{x}$에 $x=4$, $y=-3$을 대입하면

$$-3=\dfrac{a}{4} \qquad \therefore a=-12$$

10 그래프가 점 $(-6, 4)$를 지나므로

$y=\dfrac{a}{x}$에 $x=-6$, $y=4$를 대입하면

$4=\dfrac{a}{-6}$ $\quad \therefore a=-24$

12 그래프가 한 쌍의 매끄러운 곡선이므로 그래프가 나타내는

식을 $y=\dfrac{a}{x}$ $(a\neq0)$로 놓고

$y=\dfrac{a}{x}$에 $x=7$, $y=-2$를 대입하면

$-2=\dfrac{a}{7}$ $\quad \therefore a=-14$ $\quad \therefore y=-\dfrac{14}{x}$

13 그래프가 한 쌍의 매끄러운 곡선이므로 그래프가 나타내는

식을 $y=\dfrac{a}{x}$ $(a\neq0)$로 놓고

$y=\dfrac{a}{x}$에 $x=3$, $y=9$를 대입하면

$9=\dfrac{a}{3}$ $\quad \therefore a=27$ $\quad \therefore y=\dfrac{27}{x}$

15 $y=\dfrac{a}{x}$에 $x=-4$, $y=-5$를 대입하면

$-5=\dfrac{a}{-4}$ $\quad \therefore a=20$ $\quad \therefore y=\dfrac{20}{x}$

$y=\dfrac{20}{x}$에 $x=b$, $y=2$를 대입하면

$2=\dfrac{20}{b}$ $\quad \therefore b=10$

16 $y=\dfrac{a}{x}$에 $x=7$, $y=-4$를 대입하면

$-4=\dfrac{a}{7}$ $\quad \therefore a=-28$ $\quad \therefore y=-\dfrac{28}{x}$

$y=-\dfrac{28}{x}$에 $x=8$, $y=b$를 대입하면

$b=-\dfrac{28}{8}=-\dfrac{7}{2}$

18 그래프가 한 쌍의 매끄러운 곡선이므로 그래프가 나타내는

식을 $y=\dfrac{a}{x}$ $(a\neq0)$로 놓고

$y=\dfrac{a}{x}$에 $x=3$, $y=2$를 대입하면

$2=\dfrac{a}{3}$ $\quad \therefore a=6$ $\quad \therefore y=\dfrac{6}{x}$

$y=\dfrac{6}{x}$에 $x=-6$, $y=b$를 대입하면

$b=\dfrac{6}{-6}=-1$

19 그래프가 한 쌍의 매끄러운 곡선이므로 그래프가 나타내는

식을 $y=\dfrac{a}{x}$ $(a\neq0)$로 놓고

$y=\dfrac{a}{x}$에 $x=8$, $y=-3$을 대입하면

$-3=\dfrac{a}{8}$ $\quad \therefore a=-24$ $\quad \therefore y=-\dfrac{24}{x}$

$y=-\dfrac{24}{x}$에 $x=b$, $y=4$를 대입하면

$4=-\dfrac{24}{b}$ $\quad \therefore b=-6$

12 반비례 관계의 활용
177쪽

01 (1) 2, 1, $\dfrac{2}{3}$, $\dfrac{1}{2}$ (2) $y=\dfrac{2}{x}$ (3) $\dfrac{1}{4}$ L

02 (1) $y=\dfrac{80}{x}$ (2) 5도막 **03** (1) $y=\dfrac{480}{x}$ (2) 32개

04 (1) $y=\dfrac{40}{x}$ (2) $\dfrac{8}{3}$ cm

01 (3) $y=\dfrac{2}{x}$에 $x=8$을 대입하면

$y=\dfrac{2}{8}=\dfrac{1}{4}$

따라서 8명이 나누어 마실 때, 한 사람이 마시는 주스의

양은 $\dfrac{1}{4}$ L이다.

02 (2) $y=\dfrac{80}{x}$에 $y=16$을 대입하면

$16=\dfrac{80}{x}$ $\quad \therefore x=5$

따라서 한 도막의 길이가 16 cm가 되게 하려면 5도막으

로 잘라야 한다.

03 (2) $y=\dfrac{480}{x}$에 $y=15$를 대입하면

$15=\dfrac{480}{x}$ $\quad \therefore x=32$

따라서 의자를 나열한 줄이 15줄이 되게 하려면 한 줄에

나열해야 하는 의자는 32개이다.

04 (1) $x\times y=40$에서 $y=\dfrac{40}{x}$

(2) $y=\dfrac{40}{x}$에 $x=15$를 대입하면

$y=\dfrac{40}{15}=\dfrac{8}{3}$

따라서 가로의 길이가 15 cm일 때, 세로의 길이는

$\dfrac{8}{3}$ cm이다.

01 ×	02 ○	03 ○	04 ×	05 $\dfrac{3}{2}$
06 −8	07 −4	08 21	09 −5	
10 $a=12, b=-\dfrac{3}{2}$		11 (1) $y=\dfrac{72}{x}$ (2) 6기압		

01 $y=30-x$이므로 y가 x에 반비례하지 않는다.

02 $y=\dfrac{150}{x}$이므로 y가 x에 반비례한다.

04 반비례 관계 $y=-\dfrac{1}{x}$의 그래프는 제2사분면과 제4사분면을 지난다.

05 $y=\dfrac{6}{x}$에 $x=4$, $y=a$를 대입하면

$a=\dfrac{6}{4}=\dfrac{3}{2}$

06 $y=-\dfrac{24}{x}$에 $x=a$, $y=3$을 대입하면

$3=-\dfrac{24}{a}$　　∴ $a=-8$

07 그래프가 점 $(a, 4)$를 지나므로

$y=-\dfrac{16}{x}$에 $x=a$, $y=4$를 대입하면

$4=-\dfrac{16}{a}$　　∴ $a=-4$

08 $y=\dfrac{a}{x}$에 $x=-3$, $y=-7$을 대입하면

$-7=\dfrac{a}{-3}$　　∴ $a=21$

09 $y=\dfrac{a}{x}$에 $x=15$, $y=-\dfrac{1}{3}$을 대입하면

$-\dfrac{1}{3}=\dfrac{a}{15}$　　∴ $a=-5$

10 $y=\dfrac{a}{x}$에 $x=2$, $y=6$을 대입하면

$6=\dfrac{a}{2}$　　∴ $a=12$

∴ $y=\dfrac{12}{x}$

$y=\dfrac{12}{x}$에 $x=-8$, $y=b$를 대입하면

$b=\dfrac{12}{-8}=-\dfrac{3}{2}$

11 (1) y가 x에 반비례하므로 그래프가 나타내는 식을

$y=\dfrac{a}{x}$ $(a\neq0, x>0)$로 놓고

$y=\dfrac{a}{x}$에 $x=8$, $y=9$를 대입하면

$9=\dfrac{a}{8}$　　∴ $a=72$

∴ $y=\dfrac{72}{x}$

(2) $y=\dfrac{72}{x}$에 $y=12$를 대입하면

$12=\dfrac{72}{x}$　　∴ $x=6$

따라서 이 기체의 부피가 $12\,\text{mL}$일 때, 압력은 6기압이다.

01 ×	02 ○	03 ×	04 ○	05 4
06 −2	07 3	08 −10	09 −3	
10 $a=18, b=-2$		11 $a=-10, b=5$		
12 (1) $y=\dfrac{900}{x}$ (2) 150 mL				

01 $y=4x$이므로 y가 x에 반비례하지 않는다.

02 $y=\dfrac{700}{x}$이므로 y가 x에 반비례한다.

03 반비례 관계 $y=-\dfrac{5}{x}$의 그래프는 $x<0$일 때 x의 값이 증가하면 y의 값도 증가한다.

05 $y=-\dfrac{8}{x}$에 $x=-2$, $y=a$를 대입하면

$a=-\dfrac{8}{-2}=4$

06 $y=\dfrac{12}{x}$에 $x=a$, $y=-6$을 대입하면

$-6=\dfrac{12}{a}$　　∴ $a=-2$

07 $y=-\dfrac{15}{x}$에 $x=a$, $y=-5$를 대입하면

$-5=-\dfrac{15}{a}$　　∴ $a=3$

08 $y=\dfrac{a}{x}$에 $x=-2$, $y=5$를 대입하면

$5=\dfrac{a}{-2}$ $\therefore a=-10$

09 $y=\dfrac{a}{x}$에 $x=9$, $y=-\dfrac{1}{3}$을 대입하면

$-\dfrac{1}{3}=\dfrac{a}{9}$ $\therefore a=-3$

10 $y=\dfrac{a}{x}$에 $x=3$, $y=6$을 대입하면

$6=\dfrac{a}{3}$ $\therefore a=18$

$\therefore y=\dfrac{18}{x}$

$y=\dfrac{18}{x}$에 $x=-9$, $y=b$를 대입하면

$b=\dfrac{18}{-9}=-2$

11 $y=\dfrac{a}{x}$에 $x=-2$, $y=5$를 대입하면

$5=\dfrac{a}{-2}$ $\therefore a=-10$

$\therefore y=-\dfrac{10}{x}$

$y=-\dfrac{10}{x}$에 $x=b$, $y=-2$를 대입하면

$-2=-\dfrac{10}{b}$ $\therefore b=5$

12 (2) $y=\dfrac{900}{x}$에 $x=6$을 대입하면

$y=\dfrac{900}{6}=150$

따라서 6명이 똑같이 나누어 마실 때, 한 사람이 마시는 우유의 양은 150 mL이다.

학교 시험 PREVIEW

180쪽~182쪽

스스로 개념 점검

(1) 정비례
(2) ① 원점 ② 3 ③ 증가
(3) ① 아래 ② 2 ③ 감소
(4) 반비례
(5) ① 1 ② 감소
(6) ① 4 ② 증가

01 ①, ③	02 ④	03 ②, ④	04 ②	05 ④
06 ⑤	07 ⑤	08 ②	09 ③	10 ③, ④
11 ③	12 ②, ⑤	13 ④	14 ②	15 ⑤
16 ①	17 $\dfrac{12}{5}$ cm			

01 ① $y=1200x$

② $y=\dfrac{400}{x}$

③ $y=3x$

④ $y=\dfrac{100}{x}$

⑤ $y=5000-1500x$

따라서 y가 x에 정비례하는 것은 ①, ③이다.

02 y가 x에 정비례하므로 $y=ax$ $(a\neq0)$로 놓고

$y=ax$에 $x=2$, $y=10$을 대입하면

$10=2a$ $\therefore a=5$

$\therefore y=5x$

$y=5x$에 $y=20$을 대입하면

$20=5x$ $\therefore x=4$

03 ② 제2사분면과 제4사분면을 지난다.

④ x의 값이 증가하면 y의 값은 감소한다.

따라서 옳지 않은 것은 ②, ④이다.

04 정비례 관계 $y=ax$ $(a\neq0)$의 그래프는 a의 절댓값이 클수록 y축에 가까워진다.

따라서 $\left|\dfrac{1}{4}\right|<\left|-\dfrac{1}{3}\right|<\left|\dfrac{3}{5}\right|<|1|<|-3|$이므로 y축에 가장 가까운 것은 ②이다.

05 ㄱ. $y=-\dfrac{3}{8}x$에 $x=-8$, $y=3$을 대입하면

$3=-\dfrac{3}{8}\times(-8)$

ㄴ. $y=-\dfrac{3}{8}x$에 $x=0$, $y=0$을 대입하면

$0=-\dfrac{3}{8}\times0$

ㄷ. $y=-\dfrac{3}{8}x$에 $x=3$, $y=-8$을 대입하면

$-8\neq-\dfrac{3}{8}\times3$

ㄹ. $y=-\dfrac{3}{8}x$에 $x=4$, $y=\dfrac{3}{2}$을 대입하면

$\dfrac{3}{2}\neq-\dfrac{3}{8}\times4$

ㅁ. $y=-\dfrac{3}{8}x$에 $x=8$, $y=-6$을 대입하면

$-6\neq-\dfrac{3}{8}\times8$

ㅂ. $y=-\dfrac{3}{8}x$에 $x=\dfrac{8}{3}$, $y=-1$을 대입하면

$-1=-\dfrac{3}{8}\times\dfrac{8}{3}$

따라서 정비례 관계 $y=-\dfrac{3}{8}x$의 그래프 위의 점은 ㄱ, ㄴ, ㅂ이다.

06 $y=\dfrac{2}{5}x$에 $x=a$, $y=-4$를 대입하면

$$-4=\dfrac{2}{5}\times a \qquad \therefore a=-4\times\dfrac{5}{2}=-10$$

07 $y=4x$에 $x=3$, $y=a$를 대입하면

$a=4\times3=12$

$y=4x$에 $x=b$, $y=-8$을 대입하면

$-8=4\times b \qquad \therefore b=-2$

$\therefore a+b=12+(-2)=10$

08 $y=ax$에 $x=6$, $y=2$를 대입하면

$2=a\times6 \qquad \therefore a=\dfrac{1}{3}$

$\therefore y=\dfrac{1}{3}x$

$y=\dfrac{1}{3}x$에 $x=-3$, $y=b$를 대입하면

$b=\dfrac{1}{3}\times(-3)=-1$

$\therefore a+b=\dfrac{1}{3}+(-1)=-\dfrac{2}{3}$

09 x와 y 사이의 관계를 식으로 나타내면

$y=90x$

$y=90x$에 $y=240$을 대입하면

$240=90x \qquad \therefore x=\dfrac{8}{3}$

따라서 240 km를 이동하는 데 걸리는 시간은 $\dfrac{8}{3}\left(=2\dfrac{40}{60}\right)$

시간, 즉 2시간 40분이다.

10 ③ $xy=-1$에서 $y=-\dfrac{1}{x}$

따라서 y가 x에 반비례하는 것은 ③, ④이다.

11 ㄴ. $y=-\dfrac{12}{x}$에 $x=-2$, $y=-6$을 대입하면

$$-6\neq-\dfrac{12}{-2}$$

ㅁ. $x>0$일 때, x의 값이 증가하면 y의 값도 증가한다.

따라서 옳은 것은 ㄱ, ㄷ, ㄹ의 3개이다.

12 정비례 관계 $y=ax$의 그래프와 반비례 관계 $y=\dfrac{a}{x}$의 그래프는

$a>0$일 때, 제1사분면과 제3사분면을 지나고,

$a<0$일 때, 제2사분면과 제4사분면을 지난다.

따라서 그래프가 제2사분면과 제4사분면을 지나는 것은 ②, ⑤이다.

13 ④ $y=-\dfrac{36}{x}$에 $x=8$, $y=-\dfrac{7}{2}$을 대입하면

$$-\dfrac{7}{2}\neq-\dfrac{36}{8}$$

따라서 반비례 관계 $y=-\dfrac{36}{x}$의 그래프 위의 점이 아닌 것은 ④이다.

14 $y=\dfrac{a}{x}$에 $x=3$, $y=6$을 대입하면

$$6=\dfrac{a}{3} \qquad \therefore a=18$$

15 그래프가 한 쌍의 매끄러운 곡선이므로 그래프가 나타내는

식을 $y=\dfrac{a}{x}\,(a\neq0)$로 놓고

$y=\dfrac{a}{x}$에 $x=-2$, $y=-7$을 대입하면

$$-7=\dfrac{a}{-2} \qquad \therefore a=14$$

$\therefore y=\dfrac{14}{x}$

16 $y=\dfrac{a}{x}$에 $x=-8$, $y=2$를 대입하면

$2=\dfrac{a}{-8} \qquad \therefore a=-16$

$\therefore y=-\dfrac{16}{x}$

$y=-\dfrac{16}{x}$에 $x=4$, $y=b$를 대입하면

$b=-\dfrac{16}{4}=-4$

$\therefore a+b=-16+(-4)=-20$

17 서술형

(평행사변형의 넓이)=(밑변의 길이)×(높이)이므로

x와 y 사이의 관계를 식으로 나타내면

$$xy=48 \qquad \therefore y=\dfrac{48}{x} \qquad\qquad \cdots\cdots \mathbf{①}$$

$y=\dfrac{48}{x}$에 $y=20$을 대입하면

$$20=\dfrac{48}{x} \qquad \therefore x=\dfrac{48}{20}=\dfrac{12}{5} \qquad\qquad \cdots\cdots \mathbf{②}$$

따라서 밑변의 길이는 $\dfrac{12}{5}$ cm이다.

채점 기준	비율
❶ x와 y 사이의 관계를 식으로 나타내기	40 %
❷ 높이가 20 cm일 때, 밑변의 길이 구하기	60 %

 MEMO

MEMO

 MEMO

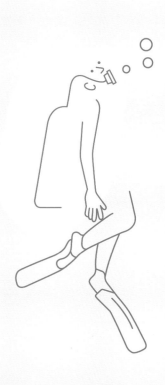